高等职业教育公共基础课系列教材

计算机应用基础

（第二版）

主　编　宋益众　戚海燕　金信苗
副主编　陈　红　朱哲燕

科学出版社
北　京

内 容 简 介

本书为高职高专院校计算机或非计算机专业开设的“计算机应用基础”或“办公软件应用”课程的教材。

本书共 8 个模块，分为基础篇和应用篇。其中，基础篇包括了解计算机、计算思维与计算机语言、计算机网络技术、新一代技术 4 个模块；应用篇包括系统与文件管理、Word 文档处理、电子表格处理和演示文稿制作 4 个模块。每个模块都涉及若干工作情景和任务，每个任务由任务目标、任务描述、任务分析与相关知识、任务实施、能力拓展、评价反馈等部分组成，让学生在完成具体任务过程中学习相关理论知识，并发展职业能力。

本书既可作为高职高专院校学生及计算机应用基础培训班的学员学习的教材，又可作为计算机初学者的自学参考书。

图书在版编目(CIP)数据

计算机应用基础 / 宋益众，戚海燕，金信苗主编. —2 版. —北京：科学出版社，2023.9

（高等职业教育公共基础课系列教材）

ISBN 978-7-03-076254-2

Ⅰ. ①计…　Ⅱ. ①宋…　②戚…　③金…　Ⅲ. ①电子计算机-高等职业教育-教材　Ⅳ. ①TP3

中国国家版本馆 CIP 数据核字（2023）第 159938 号

责任编辑：薛飞丽　袁星星 / 责任校对：赵丽杰

责任印制：吕春珉 / 封面设计：东方人华平面设计部

科学出版社出版

北京东黄城根北街 16 号

邮政编码：100717

http://www.sciencep.com

三河市骏杰印刷有限公司印刷

科学出版社发行　各地新华书店经销

*

2018 年 8 月第　一　版　开本：787×1092　1/16

2023 年 9 月第　二　版　印张：20 1/2

2024 年 1 月第十一次印刷　字数：479 000

定价：76.00 元

（如有印装质量问题，我社负责调换〈骏杰〉）

销售部电话 010-62136230　编辑部电话 010-62135397-2039

前　言

教育、科技、人才是全面建设社会主义现代化国家的基础性、战略性支撑。随着智能化时代的到来，计算机技术已经在经济活动和社会活动中得到普及和应用。各专业的学生步入社会后，在学习、工作、生活中均离不开计算机。计算机的应用能力是学生应掌握的最基本素质之一，是学生应具有计算机基础知识结构的需要，是培养高素质技能型人才的需要，是信息化、智能化社会发展的需要；同时为学生后续课程和专业的学习奠定了坚实的计算机技能基础，起到纵向支撑作用，对学生职业能力和职业素质的养成起到促进作用。

编者在编写本书过程中坚持科技是第一生产力、人才是第一资源、创新是第一动力的思想理念，在内容编排上，打破学科逻辑的界线，抛弃呈现完整的学科体系的思路与想法，打破以知识传授为主要特征的传统学科教材编写模式，以工作任务为中心组织课程内容；在内容选取上，注意工作实例与知识点的衔接，实现从对学习内容的关注到对课程学习活动的关注的转变，立足高职“教、学、做”一体化，设计“三位一体”的教材；从“教什么、怎么教”“学什么、怎么学”“做什么、怎么做”3个问题出发，合理安排知识、技能的深度和广度，融入职业素养，使本书最大限度地满足社会、企业对高职高专学生所具备的计算机应用技能的要求。

本书由宋益众、戚海燕、金信苗任主编；陈红、朱哲燕任副主编；戚海燕负责统稿，宋益众负责统筹。具体分工如下：模块一由戚海燕和张倩编写，模块二和模块三由凌非编写，模块四由孙萌编写，模块五和模块八由陈红编写，模块六由朱哲燕编写，模块七由戚海燕和金信苗编写。参加本书编写的所有人员都是在教学一线从事公共类计算机课程教学多年的教师，不仅教学经验丰富，还对高职教育有深入的研究和独特的见解。

编者在本书的编写过程中，受到了同行众多著作的启发，更得到了浙江经济职业技术学院教务处、数字信息技术学院相关领导的精心指导，还得到了兄弟学校同人们的真诚关怀，以及科学出版社的鼎力支持，在此深表感谢。

由于计算机技术发展较快，且本书涉及的内容较多，加之作者水平有限，书中难免有不足之处，请广大读者不吝赐教。

目　录

基　础　篇

应　用　篇

基　础　篇

模块一　了解计算机

导读

进入 21 世纪，随着科学技术的发展，信息如同能源一样被广泛地应用于国民经济的各领域，给人类社会带来了翻天覆地的变化。电子计算机的发明是现代人类文明进入高速发展时期的重要标志之一，是新技术革命的重要基础。如今计算机已进入千家万户，渗入各行各业，正改变着人们传统的工作、学习和生活方式，推动着社会的发展。

学习目标

知识目标	● 能说出计算机的发展、特点、分类和应用 ● 能列举计算机硬件系统的组成及性能指标 ● 能归纳计算机软件系统的组成 ● 能概述软件著作权
能力要求	● 会制定计算机硬件的配置方案 ● 会安装计算机软件
职业素养	● 形成科学的世界观、人生观和道德观 ● 具备基本的科学素养 ● 体会集体主义和爱国主义精神 ● 培养良好的敬业精神和创新意识

任务一 认识计算机

任务目标

- 能说出我国计算机的发展、现状和未来。
- 能说明计算机的发展、特点和分类。
- 能列举计算机的应用领域。
- 能列举计算机的主要硬件组成。

任务描述

小明是一名大一新生，他了解到学习专业知识和技能需要经常使用计算机，并且在今后的职业生涯中也会应用计算机来提高工作效率。为选择一台适合自己的计算机，小明需要了解和掌握计算机的基础知识和硬件组成。

任务分析与相关知识

根据以上任务描述进行分析，小明计划从了解计算机基础知识、了解计算机工作原理、掌握计算机系统构成着手，学习相关知识。

一、计算机的发展

计算机技术是现代信息技术的支柱技术之一，是信息处理的核心，它的发展和应用从根本上改变了人们收集、处理和利用信息的方法。

1946年2月，世界上第一台真正意义上的电子数字计算机（electronic numerical integrator and calculator，ENIAC）宣告研制成功，这是人类信息技术发展史上的一座里程碑，它将计算技术由手工或者说由机械时代推进到电子时代。虽然ENIAC的计算能力无法与现在的计算机相比，但它为后来的计算机发展奠定了基础，开启了人类用计算机处理信息的崭新时代。

从ENIAC的诞生至今已有70多年，计算机已发生了翻天覆地的变化。人们根据逻辑元器件的不同，将计算机的发展划分为以下4个阶段。

- 第一代（1946～1958年）：电子管计算机，也叫真空管计算机，主要逻辑元器件为电子管。它体积大、耗电量大、可靠性差、维护困难且计算机速度慢，存储容量有限，主要用于科学计算。
- 第二代（1959～1964年）：晶体管计算机，它的运算速度提高到每秒几十万次，内存储器采用磁芯，内存容量扩大到几十万字节，可靠性增强。它的应用领域扩大到数据处理，开始进入商业市场。

- 第三代（1965～1970 年）：中小规模集成电路计算机，体积小，速度和稳定性都较前一代计算机有了一定程度的提高，内存储器普遍采用半导体器件，内存容量可达到兆字节，运算速度可达到每秒几十万次到几百万次，系统管理程序上升为操作系统。它已开始广泛应用于各领域。
- 第四代（1971 年初至今）：大规模和超大规模集成电路计算机，体积更小，采用半导体芯片作为存储器，在硅半导体基片上集成几百到几千甚至几万个电子元器件，可靠性更强，稳定性更高，速度更快，运算速度可达到每秒几百万次甚至上亿次，寿命更长，计算机软件的配置空前丰富，操作系统更加完美，开启了计算机网络时代。

提到中国计算机，就不得不提起华罗庚教授，他是我国计算技术的奠基人和最主要的开拓者之一。当冯·诺依曼（Von Neumann）开创性地提出并着手设计存储程序通用电子计算机时，正在美国普林斯顿（Princeton）大学工作的华罗庚参观过他的实验室，并经常与他讨论相关学术问题。华罗庚教授于 1950 年回国，在中国科学院数学所内建立了中国第一个电子计算机科研小组，开始研制通用数字电子计算机，即第一代电子管计算机。

1958 年 8 月 1 日，我国第一台电子计算机诞生。为纪念这个日子，该机被定名为八一型数字电子计算机。该机在国营 738 厂开始小批量生产，改名为 103 型计算机（即 DJS-1 型），共生产 38 台，如图 1-1 所示。

图 1-1　我国 103 型计算机

我国研制的巨型计算机主要有“银河”系列、“天河”系列和“曙光”系列。2022 年全球超级计算机大会上发布了“世界 TOP500 超级计算机”名单，由中国国家并行计算机工程技术研究中心研发的“神威·太湖之光”超级计算机排名第七，如图 1-2 所示；

由中国国防科技大学开发的“天河二号”计算机系统位列第十。中国共有162台计算机入围“世界TOP 500超级计算机”总榜单，入围数量稳居世界第一。

图1-2 “神威·太湖之光”超级计算机

现在人们已经在研制第五代计算机。第五代计算机应该是具有高智能的，它不仅具有存储和记忆功能，还应该具有学习和掌握知识的机制，并能模拟人的感觉、行为和思维等。虽然至今还没有出现真正意义上的第五代计算机，但计算机技术正大踏步向前迈进。计算机的硬件性能不断得到提高，软件也得到了空前的发展。未来的计算机发展方向将是巨型化、微型化、智能化、网络化和多媒体化。未来计算机的研究目标是打破计算机现有的结构体系，使计算机能像人那样具有思维、推理和判断的能力。

二、计算机的特点

计算机在信息处理中处于核心地位，跟它的特点是分不开的。计算机的主要特点包括以下几个方面。

1. 运算速度快

目前世界上已经有运算速度超过每秒千万亿次的巨型计算机。巨型计算机具有极强的处理能力，特别是能在地质、能源、气象、航天航空及各种大型工程中发挥重要作用。

2. 计算精度高

目前使用的计算机字长较长、精度较高，因此计算机的计算精度高。计算机的计算精度在理论上不受限制，通过技术处理可以满足任何精度的要求。

3. 存储容量大

计算机能存储大量数字、文字、图像、声音等信息，且“记忆力”非常惊人，可以“记住”一个大型图书馆的所有资料，并且可以长期保存数据，以备调用。计算机不仅能够存储需要长期保存的大量信息，还能够快速准确地存入或取出信息。因为计算机具有这一特点，所以程序控制成为可能。

4. 具有复杂的逻辑判断能力

计算机具有逻辑判断能力，可以根据运算结果自动执行指令。虽然现在的计算机还不具备像人类那样的思考能力，但在信息查询等方面，它能根据要求进行匹配检索。

5. 高度的自动化

计算机是一个自动化程度极高的电子装置，在工作过程中不需要人工干预，能自动执行存放在计算机中的程序。计算机内部的所有操作与运算都是根据程序员预先编制好的程序控制来完成的。程序员可以将这些运算和操作事先编写成程序并输入计算机中存储起来，在计算机开始工作后从存储器取出指令，用来控制计算机的操作，从而实现处理（操作）的自动化。这种工作方式称为“存储程序”与“程序控制”。

计算机除具有以上特点外，还具有通用性强、应用领域广泛等特点。

三、计算机的分类

随着计算机的发展与应用，计算机呈现出多样化。我们可以根据不同的方面对计算机进行分类。

1. 按用途划分

按用途可将计算机分为专用计算机和通用计算机。

专用计算机针对某类问题能表现出最有效、最快速和最经济的特性，但它的适应性较差，不适于在其他方面应用，如在飞机的自动驾驶仪、坦克的火控系统中应用的计算机；而通用计算机适应性很强，应用面很广，但其运行效率、速度和经济性会因应用对象的不同而受到不同程度的影响，它一般用于科学计算、学术研究、工程设计和数据处理等。

2. 按性能划分

按规模、速度和功能等性能可将计算机分为巨型计算机、大型计算机、中型计算机、小型计算机、微型计算机和单片机。

巨型计算机又称超级计算机，是计算机中功能最强、运算速度最快、存储容量最大的一类计算机，主要用于气象、航天、能源、医药等领域中尖端研究和战略武器研制中的复杂计算。大型计算机是用来处理大容量数据的计算机，运算速度快、存储容量大、联网功能完善、可靠性高、安全性好，但价格较高，一般用于大中型企业、事业单位的数据存储、管理和处理，承担企业级服务器的功能。微型计算机又称个人计算机，具有体积小、价格便宜、使用方便等特点，包括笔记本计算机、平板计算机等。单片机是一种以应用为中心，对性能有严格要求的专用计算机，如自动售货机、空调等电器上的控制板。中型计算机和小型计算机性能介于大型计算机和微型计算机之间。

四、计算机的应用

随着计算机硬件性能的提升、软件产品功能的增强和丰富，计算机的应用已深入人类生活的各方面，并与高科技和高度自动化紧密联系在一起，取得了良好的经济效益和社会效益。计算机的应用概括起来主要有以下几个方面。

1. 科学计算

科学计算是计算机最早的应用领域，也是其最基本的功能。随着科学技术的不断发展，各领域需求解的问题越来越复杂，使用手工或简单的计算工具难以解决这些问题，因此必须借助计算机来完成，如航天轨迹的计算、解决科学实验和工程技术中的数学问题、核动力设计等都要利用计算机进行运算，才能快速、及时、准确地获得计算结果。

2. 信息处理

信息处理也叫数据处理，是指非数值形式的数据处理，这是目前计算机应用最广的领域，在计算机所有应用中占 80%以上。当今社会是一个信息社会，对浩如烟海的各种信息进行的收集、存储、加工、分类、分析和发布等工作，都属于信息处理，都需要借助计算机来完成。计算机信息处理的特点是信息处理量大、及时、准确，并能输出不同格式的文件。计算机信息处理包括办公自动化（office automation，OA）、企业管理、事务处理、情报资料处理和检索等。

3. 实时控制

实时控制就是利用计算机及时地对采样搜集的检测数据进行处理，按最佳值对控制对象进行自动控制或调节的一种方式。实时控制在科学技术、军事、工农业生产、航天等领域及日常生活中都得到了全面的应用。用于实时控制的计算机对运算的速度要求不高，但对可靠性、及时性和精度的要求高。

4. 计算机辅助系统

计算机辅助系统是指利用计算机帮助人们完成某些工作，主要有计算机辅助教学（computer aided instruction，CAI）、计算机辅助设计（computer aided design，CAD）、计算机辅助制造（computer aided manufacturing，CAM）、计算机辅助测试（computer aided test，CAT）、计算机辅助工程（computer aided engineering，CAE）等系统。目前，计算机辅助系统已广泛应用于课堂教学，船舶、飞机、建筑、水利、机械制造，以及大规模集成电路等设计中。

5. 人工智能

人工智能（artificial intelligence，AI）是将人脑在演绎推理过程中的思维过程、规则和采取的策略、技巧等编成计算机程序，在计算机中存储一些公理和推理规则，然后让计算机自动探索解题的方法。当前人工智能研究和应用的领域主要有知识工程、自然语言的理解与生成、模式识别、自动定理证明、数据库智能检索、专家系统等。人工智能逐步进入各领域，必将给社会带来巨大的经济效益。

6. 网络应用

计算机网络就像电话系统连接电话机那样，把计算机与计算机资源连接到一起，从而实现资源共享与数据传输。目前，已有越来越多的科研部门、各类院校和企事业单位甚至个人，利用网络发布电子新闻、信息检索、收发电子邮件和开展电子商务等。

7. 数字娱乐

运用计算机和网络进行娱乐活动。网络上有丰富的数字娱乐资源，人们可通过网络和计算机进行娱乐游戏。将计算机和电视机相结合，使电视机从传统的单向播放转变为交互模式。人们在家里就可以通过电视机进行节目的点播。

五、计算机硬件

一个完整的计算机系统由硬件系统和软件系统两部分组成，如图 1-3 所示，硬件系统和软件系统是一个有机的结合体，是计算机系统不可或缺的部分。没有软件的计算机是无法工作的，就像汽车没有汽油一样；反之，计算机硬件为计算机软件的工作提供了一个平台，没有硬件支持的软件就像无源之水、无本之木，是无法工作的。

计算机的工作原理

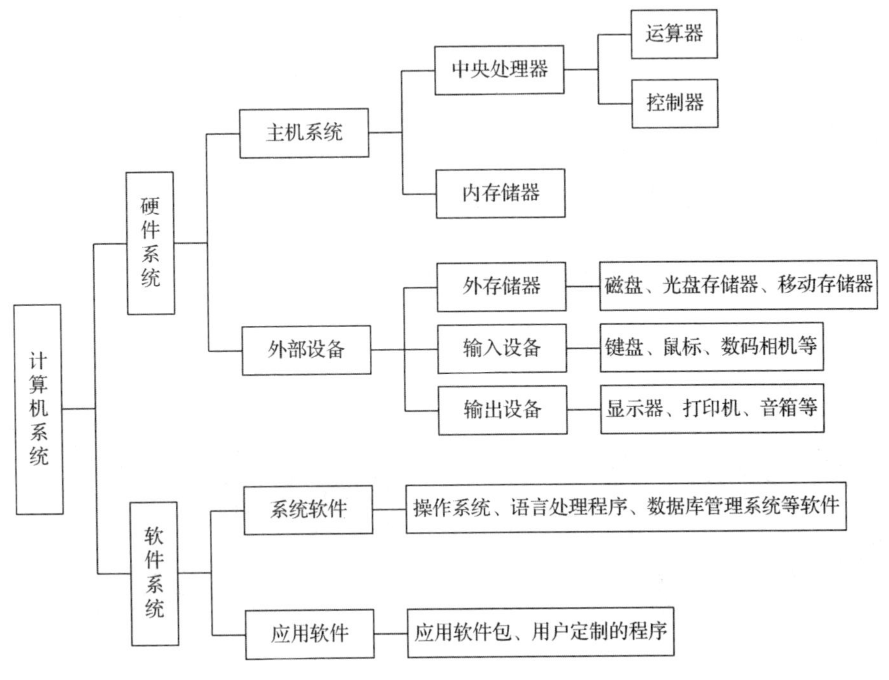

图 1-3 计算机系统的组成

硬件系统简称为硬件，是指组成计算机的物理设备的总称，它是由电子器件和机电装置组成的计算机实体。目前使用的计算机基本上还是采用计算机的经典结构——冯·诺依曼结构，即由运算器、控制器、存储器、输入设备和输出设备五大部件组成，如图 1-4 所示。计算机采用存储程序、程序控制原理，存储程序和数据，一步步按照指令执行操作。

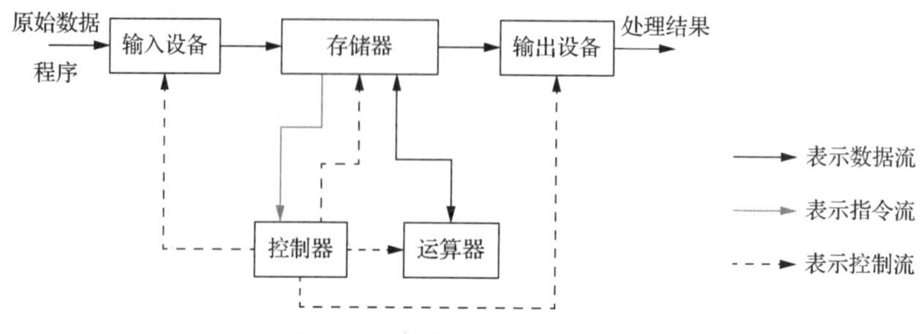

图 1-4 计算机硬件的体系结构

常见计算机的硬件设备有：中央处理器（central processing unit，CPU）、主板、内存储器、外存储器、显卡、声卡、网卡、输入/输出设备等。

1. CPU

CPU 是计算机硬件系统中的核心部件，也叫微处理器，如图 1-5 所示。它对于计算机而言，就像人的大脑一样重要。CPU 通常集成在一个芯片上，由控制器和运算器组成，用于完成计算机的控制和运算功能。

2. 主板

主板，又称系统底板，是计算机硬件系统的核心，如图 1-6 所示。它是固定在计算机主机箱内的一块电路板，是计算机最基本、最重要的部件之一，在整个计算机系统中扮演着举足轻重的角色。计算机的各关键部件都是通过插入主板相结合的。主板质量的好坏，决定了硬件系统的稳定性。主板上有多个插槽，可插入 CPU、内存条、显卡、声卡、网卡等；主板上还有多组插针，可与电源及一些外设相连。

图 1-5 CPU

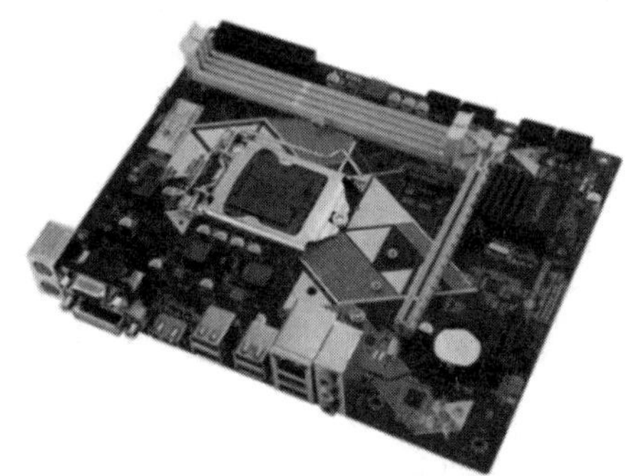

图 1-6 主板

主板上的总线是一组连接计算机多个部件的公共信息传输线，可以分时发送与接收信息。按照传送信息的不同，可将总线划分为地址总线、数据总线和控制总线 3 种，分别用于传送地址、数据和控制信号。

3. 内存储器

内存储器是计算机硬件系统中的一个重要组成部分。现在计算机的内存储器都采用内存条，如图 1-7 所示。它被直接插在主板的内存条插槽上，用于暂时存放 CPU 中的运算数据和与硬盘等外存储器交换的数据。内存条性能的强弱直接影响计算机整体功能的发挥。

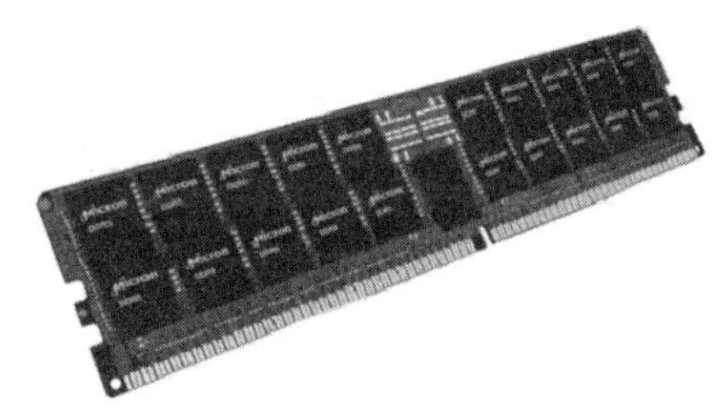

图 1-7　内存条

4. 外存储器

外存储器属于外部设备，主要有磁盘存储器、光盘存储器、可移动存储设备等，它们的共同特点是相对于内存储器容量大、可以长期保存信息，但存储速度较慢。常用外存储器如表 1-1 所示。

表 1-1　常用外存储器

设备名称	实物图	说明
硬盘		硬盘是计算机最主要的存储设备。我们平时所说的硬盘是指硬盘和硬盘驱动器，二者往往集成在一起，密封在一个盒装装置内部并作为计算机主要的存储器
光盘存储器		光盘存储器具有记录密度高、存储容量大、易携带、可长期保存数据等优点，克服了硬盘不易携带的缺点，在外存储器中占有重要的地位。它的缺点是数据传输速率较低
U 盘		U 盘集磁盘存储技术、闪存技术及通用串行总线技术于一体，通过 USB 接口连接计算机，是数据输入/输出的通道，使用方便，可以反复存取数据，便于携带，容量较大
移动硬盘		移动硬盘主要采用 USB 接口，可以随时连接计算机，是小巧而便于携带的硬盘存储器，可以较高的速度与系统进行数据传输，具有速度快、体积小、安全可靠的特点，逐渐成为重要的数据存储设备

5. 显卡

显卡又称显示适配器，是主机和显示器之间连接的“桥梁”，用来控制计算机的图形输出，因此显卡的性能决定了计算机的显示质量。显卡一般插在主板上的扩展槽里，主要由显示主板、显示芯片、显示存储器、散热器等部分组成。显卡可分为集成显卡、独立显卡、核芯显卡。

6. 声卡

声卡又称音频卡，是计算机多媒体系统最基本的组成部分，是实现声波/数字信号相互转换的一种硬件。

7. 网卡

网卡又称网络适配器或网络接口卡，是一块用来让计算机在网络上进行连接和通信的硬件。现在大部分计算机都在主板上集成了网卡、声卡和显卡。

8. 输入/输出设备

在计算机硬件系统中，输入/输出设备是必不可少的组成部分。常见的输入设备有键盘、鼠标、数码相机（摄像机）、扫描仪、触摸屏等；常见的输出设备有显示器、打印机、绘图仪等。主要设备介绍如下。

（1）键盘

键盘是计算机最常用、最主要的输入设备。一般计算机用户普遍采用的是 104 键的键盘，这些按键大致可以分为 4 个区，即主键盘区、副键盘区、功能键区和数字键盘区。键盘与主机的接口主要有 PS/2 和 USB 接口，还有一些键盘采用无线连接。

（2）鼠标

鼠标是一种常用的计算机输入设备，它可以对当前屏幕上的光标进行定位，并通过按键和滚轮装置对光标所经过位置的屏幕元素进行操作。

（3）显示器

显示器是计算机必不可少的一种图文输出设备。现在主流的显示器是液晶显示器。

（4）打印机

打印机是计算机的一种常用输出设备，用于把字符、图形、图像打印在纸上，以永久保存。打印机按其工作原理，可以分为击打式和非击打式两大类。击打式打印机主要有针式打印机，其打印速度慢，噪声大，适用于打印票据；非击打式打印机主要有喷墨打印机、激光打印机和热敏打印机，其噪声小，速度快，成为家用和办公打印首选，具体如下。

1）喷墨打印机，具有打印照片和彩色打印成本低、质量高的优点，同时没有臭氧和粉尘排放；缺点是长期不用喷嘴容易堵。

2）激光打印机，具有打印速度快、故障少的优点；缺点是打印时会产生一点粉尘和臭氧，彩色打印效果没有喷墨打印机好。

3）热敏打印机，具有小巧、打印速度快、无空气污染、打印噪声小的优点；缺点是不适合一次性大量打印，打印出来的图文保存时间取决于热敏纸质量，有的可以保存1年，有的可以保存10年，一般用来打印超市小票和单据。

六、微型计算机的主要性能指标

一台微型计算机的性能，不是由某一项指标单独决定的，而是由它的系统结构、指令系统、硬件组成、软件配置等多方面的因素综合决定的。对于不同用途的计算机，考虑其性能的侧重面不同，因此衡量其性能的指标也有所不同。但是对于大多数的普通用户来说，可以用以下几个指标来大体评价计算机的性能。

1. 运算速度

运算速度是衡量计算机性能的一项重要指标。通常所说的计算机运算速度（平均运算速度）是指计算机每秒所能执行的指令条数，一般用“百万条指令/秒”（million instructions per second，MIPS）来描述。影响计算机运算速度的主要因素如下。

（1）CPU的主频

一般说来，CPU的主频越高，单位时间内完成的指令数越多，CPU的运算速度也就越快。但是，CPU的主频并不直接代表运算速度，因为CPU的运算速度还要看CPU流水线的各方面性能指标（如缓存、指令系统、CPU的位数等）。

（2）字长

字长是计算机进行数据处理时一次存取、加工和传送的二进制数据位数。在计算机其他指标固定的情况下，字长越长，计算机一次所能处理信息的实际位数就越多，最终表现为计算机的运算速度更快、存储的数值精度更高。

（3）内存储器存取速度与容量

内存储器的存取速度将直接影响指令和数据的读写速度，从而影响计算机的整体性能。内存容量越大，一次读入的程序数据就越多，这样可以避免频繁地读取外存储器中的信息，可以大大提高计算机的运行速度。

（4）输入输出数据传输速率

输入输出数据传输速率是指CPU与外部设备进行数据交换的速度。随着CPU主频速度的提升、存储器容量的扩大，对于高速设备如硬盘、显卡等，数据传输效率就显得十分重要。因此，提高计算机的输入输出传输速率可以提高计算机的整体速度。

2. 存储容量

存储容量主要是指计算机的硬盘容量的大小，它直接反映了计算机存储信息的能力。

3. 系统的可靠性

系统的可靠性是指单位时间内计算机系统能够正常运行的概率。系统的可靠性越高，则计算机的性能越好。一般用平均无故障时间来衡量系统的可靠性。

除了上述主要性能指标，微型计算机还有其他性能指标，如所配置外围设备的性能指标、所配置系统软件的情况等。另外，各项指标之间也不是彼此孤立的。在实际应用时，应该综合考虑，同时要遵循“性能价格比”的原则。

任务实施——组装计算机设备

小明在了解了计算机各硬件组成部分及主要性能指标后，根据自己的需要，订购了一台个人计算机。到货后开箱验货并确认货齐全后，他发现要将所有计算机外接设备正确连接到主机箱的相应接口上，计算机才能正常工作，而这些接口形状大小不一，需要注意识别。

1. 查看主机箱，识别各类接口

主机是用于放置主板及其他主要部件的控制箱体，通常包括 CPU、内存、主板、硬盘、光驱、电源、机箱、散热系统及其他输入输出控制器和接口。计算机买来时，主机一般已经集成安装完毕，只需要将各外部设备接入主机。

主机箱上有电源开关及指示灯、USB 接口、音频输出接口、音响接口、220V 电源接口、鼠标接口、键盘接口、网卡接口、显卡接口等，如图 1-8 所示。

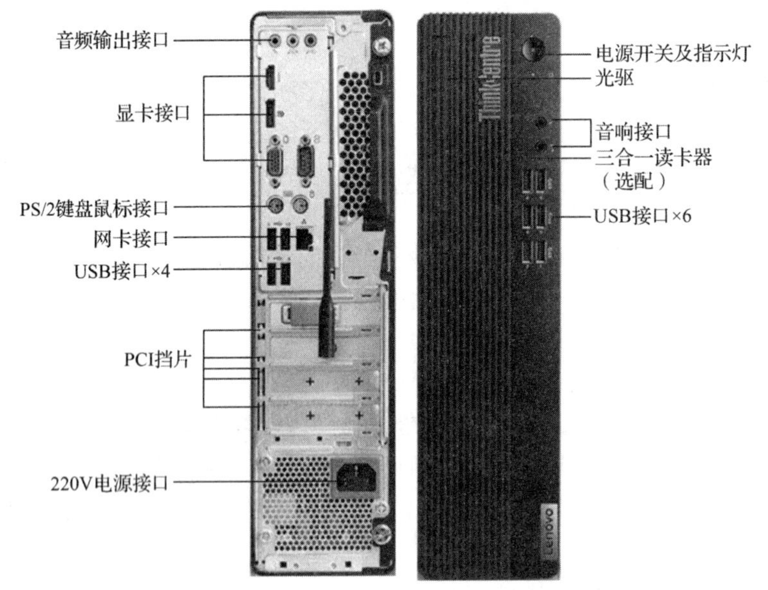

图 1-8　主机箱及各类接口标注

1）电源开关及指示灯：按此按钮可以打开和关闭计算机；电源灯亮表示计算机电源已接通。

2）USB 接口：用于连接 USB 接口设备。

3）音频输出接口（绿色）：用于连接音箱或耳机。
4）音响接口（粉色）：用于接音响，可将音频信号输入计算机中。
5）220V 电源接口：用于向主机供电。
6）鼠标接口（绿色）：用于连接 PS/2 接口的鼠标。
7）键盘接口（紫色）：用于连接 PS/2 接口的键盘。
8）网卡接口：用于连接局域网或者宽带上网设备。
9）显卡接口：用于连接显示器的信号线，将显示信号传到显示器。

2. 将各类外部设备连接到主机箱上并进行自检

将各类信号线、数据线、电源线连接正确，从以下几个方面检查连接是否完成。
1）连通计算机主机、显示器电源。
2）连接显示器和主机。
3）将鼠标、键盘与主机连接。
4）将网线接口插入主机。
5）启动计算机，查看是否能正常开机。

打开显示器开关，如果电源灯亮，则表示显示器接通电源；按下主机箱上的电源开关，电源指示灯亮，接着硬盘指示灯亮，随着“嘀”的一声响起，计算机进入自检过程，同时能听到电源风扇和 CPU 风扇开始转动。计算机自检完成后，进入系统启动程序。

能力拓展——设计计算机组装配置方案

小明计划配置一台个人计算机，预算在 6000 元左右，主要在平时的学习和生活中使用，侧重轻办公类型，偶尔用来玩游戏。请访问与计算机相关的各类网站，了解最新行业信息，查阅相关资料，帮他设计一套合适的个人装机配置方案。

评价反馈

自评表

序号	评价内容	评价标准	自评分数	教师评分
1	计算机硬件组成	能辨认计算机硬件		
2	主机接口	能列举主机各接口		
3	计算机硬件性能	能说出 CPU、主板、内存、硬盘等的主要性能指标		
4	计算机启动过程	能复述计算机启动的过程		
考核评价	总分（每项评价内容为 25 分，满分 100 分）			
	指导教师评语			

任务二　走进计算机

任务目标

- 能说出软件的分类、应用及其功能。
- 能归纳系统软件和应用软件的应用及其功能。
- 能列举移动智能终端软件的应用。
- 能概述软件著作权。

任务描述

小明购买了计算机后，想知道计算机的硬件配置是否和当初购买的产品配置一致，然后安装自己常用的软件，同时卸载机器原有自带的一些软件，最后查看硬盘空间是否够用。

任务分析与相关知识

根据以上任务描述进行分析，小明计划从了解计算机软件系统和移动终端软件应用着手。

一、计算机软件系统

计算机软件系统是指在计算机硬件设备上运行的各种程序、数据和相关资料的总称。程序是由计算机最基本的操作指令组成的，计算机所有指令的集合称为机器的指令系统。数据是程序加工和处理的对象；文档是与软件研制、维护和使用有关的资料，包括电子资料和书面资料。程序和软件是有分别的，软件并不等于程序。

二、软件的分类

目前，计算机软件内容非常丰富，种类繁多。按照软件功能的不同，可以粗略地将其分为系统软件和应用软件两大类，它们与硬件的关系如图 1-9 所示。

1. 系统软件

系统软件是指负责管理、控制、维护计算机资源，为用户提供各种服务，方便用户使用计算机所必需的软件。系统软件一般由操作系统（operating system，OS）、程序设计语言和语言处理程序、数据库管理系统（data base management system，DBMS）和系统服务程序组成。

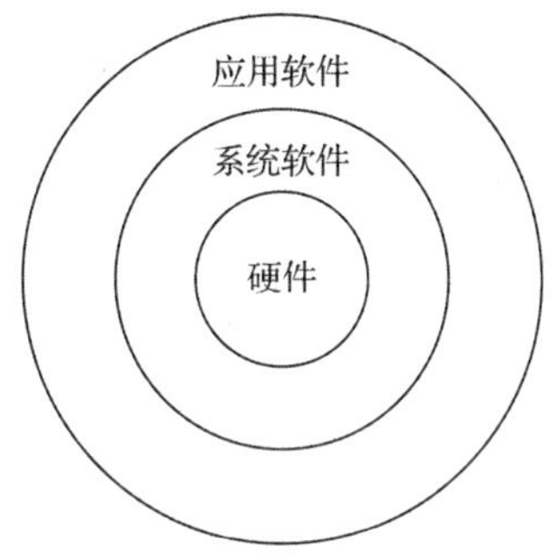

图 1-9　计算机软件与硬件关系图

（1）操作系统

操作系统是直接运行在裸机上的最底层的系统软件，它的主要功能是管理计算机的各种软、硬件资源，组织计算机的工作流程，提高资源利用率，方便用户使用计算机并为其他软件的开发与使用提供必要的支持。

（2）程序设计语言和语言处理程序

利用计算机解决实际问题时，首先要编制程序。程序设计语言是供程序员编制软件、实现数据处理的特殊语言，但是这些程序语言是计算机无法直接识别的。必须将这些由程序设计语言编写的程序转换成计算机可以直接认识的语言。语言处理程序为用户提供对程序进行编辑、解释、编译、连接的功能。现在一般都在一个集成的环境中完成程序编制的所有功能，如 Visual C++、Python 等。

（3）数据库管理系统

数据处理在计算机应用中占有很大的比重。为了有效地利用大量的数据、妥善地保存和管理这些数据，20 世纪 70 年代，数据库应运而生。20 世纪 80 年代，随着计算机的普及，数据库得到了广泛的应用。数据库管理系统的主要功能是保障数据系统的正常运行，响应数据库用户的操作请求。

关系型数据库管理系统采用二维表来表示数据，具有直观、使用方便等优点，受到广大用户的青睐，因此得到了广泛应用，如 Access、Microsoft SQL Server、Oracle、Sybase 等，都是关系型数据库管理系统。

（4）系统服务程序

系统服务程序是指执行指定系统功能的程序、例程或进程，以便支持其他程序，尤其是接近硬件的程序。

2. 应用软件

应用软件是用户为了解决某些具体问题而开发和研制或向开发商购买的专用软件，

是针对某一应用领域、面向最终用户的软件。应用软件需要系统软件的支持。应用软件可以是应用软件包，也可以是用户定制的程序。

应用软件包是标准的商业软件，通常是计算机制造商或软件开发公司为了向不同组织销售多份备份软件而开发出来的。目前，应用软件包种类繁多，几乎涉及各种计算机应用领域，如办公自动化软件（如 WPS）、辅助设计软件（如 AutoCAD）、财务软件（如用友财务软件）等。

用户定制的程序是面向特定的用户、为解决特定的具体问题而开发的软件。它可以由单位中的程序员或个人编制而成，也可以委托软件公司编制而成。

三、移动智能终端软件

随着移动智能终端技术的发展与普及，智能手机、平板计算机、可穿戴设备等智能移动终端设备逐渐进入我们的生活。移动智能终端软件是指安装在这些智能移动设备上的软件。一些移动智能终端软件是由移动智能终端生产企业预置的；还有一些移动智能终端软件是用户可以自主下载安装的，是在移动智能终端主平面或辅助屏幕界面内为用户提供交互入口、可满足用户不同应用需求、可独立使用的软件程序。具体如下。

1. 操作系统

操作系统是移动智能终端设备中最重要的软件，其运算能力及功能比传统设备的操作系统更强，具有友好的用户界面，常用的如 Harmony OS、Android、iOS 等。除了新兴手机系统 Harmony OS，这些操作系统的应用软件之间是互不兼容的。

2. 功能性软件

根据移动智能终端本身的特性，按照必需功能将其分为基本功能软件、通信功能软件和应用程序。基本功能软件用于提供系统稳定运行所需的基本功能，如“系统设置”“显示时间”等；通信功能软件用于提供通信设备所需的基本功能，如智能手机中的“电话”“短信”“通讯录”等；应用程序下载程序为扩展移动终端提供基本功能，如华为手机的“应用市场”等。

3. 其他应用软件

用户可以根据自身需要选择其他第三方应用软件下载并安装使用，如社交类软件、金融类软件、新闻类软件、音乐类软件、学习类软件、游戏类软件等。

扩展性应用软件可以极大地方便我们的工作和生活，但同时也会带来一些新的问题。例如，有些不常用的软件会占据有限的存储空间，降低系统运行效率，影响用户体验；有些应用会在开机后自动运行，在用户不知情的情况下消耗流量；还有一些应用在后台收集手机数据，造成个人隐私和手机数据泄露。因此，我们要养成良好的习惯，如通过正规渠道安装应用、及时关闭不用的应用、定期清理不用的应用软件等。

四、软件著作权

计算机软件著作权是指自然人、法人或其他组织对计算机软件作品享有的财产权利和精神权利的总称，简称软件著作权、计算机软著或软著。就权利的性质而言，它属于一种民事权利，具备民事权利的共同特征。著作权是知识产权中的例外，因为著作权的取得无须经过个别确认，这就是人们常说的“自动保护”原则。软件经过登记后，软件著作权人享有发表权、开发者身份权、使用权、使用许可权和获得报酬权。

1. 软件著作权的作用

软件著作权登记是指根据《中华人民共和国著作权法》（以下简称《著作权法》）和《计算机软件保护条例》，由国家主管机关依职权对软件进行的著作权登记活动。国家著作权行政管理部门鼓励软件登记，并对登记的软件予以重点保护。计算机软件著作权登记证书是对软件著作权有效或登记申请文件所述事实的初步证明。

软件著作权登记申请人通过登记后，可以向社会宣传自己的产品；在发生软件著作权争议时，软件著作权登记证书是主张软件权利的有力武器，同时也是向人民法院提起诉讼、请求司法保护的重要证明；在进行软件版权贸易时，软件著作权登记证书作为权利证明，有利于交易的顺利完成；软件著作权登记申请人通过登记后，可以合法在我国境内经营或者销售该软件产品，并可以出版发行该软件产品，在部分地区还有税收优惠，具体请查阅各地相关政策；软件著作权登记申请人通过登记后，可享受产业政策所规定的有关鼓励政策，如技术入股等；办理科技成果登记时，以软件申请的技术成果需要提交软件著作权登记证书。

2. 软件著作权的获取

（1）独立开发

这种开发是最普遍的情况，软件著作权当然属于软件开发者。

（2）合作开发

合作开发是指两个以上自然人、法人或者其他组织合作开发的软件，一般由合作开发者签订书面合同约定软件著作权归属。如果没有书面合同或者合同中并未明确约定软件著作权的归属，且合作开发的软件可以分割使用，则合作开发者对各自开发的软件部分单独享有著作权；如果合作开发的软件不能分割使用，则其著作权由合作开发者共同享有。

（3）委托开发

对于接受他人委托开发的软件，一般由委托人与受托人签订书面合同约定该软件著作权的归属；如无书面合同或者合同中未明确约定的，则软件著作权由受托人享有。

（4）国家机关下达任务开发

由国家机关下达任务开发的软件，一般是由国家机关与接受任务的法人或者其他组织依照项目任务书或者合同规定来确定软件著作权的归属和行使。

（5）职务开发

自然人和法人或者其他组织在任职期间所开发的软件著作权由该法人或者其他组织享有。

（6）继承和转让

软件著作权是可以继承的。软件著作权是属于自然人的；该自然人死亡后，在软件著作权的保护期限内，软件著作权的继承人可以依据相关法律的规定，继承除署名权以外的其他软件著作权，包括人身权和财产权。

3. 软件著作权保护范围

（1）程序

计算机程序是指为了得到某种结果而可以由计算机等具有信息处理能力的装置执行的代码化指令序列，或者可以被自动转换成代码化指令序列的符号化指令序列或符号化语句序列。同一计算机程序的源程序和目标程序为同一作品。

（2）计算机软件的文档

计算机软件的文档是指用来描述程序的内容、组成、设计、功能规格、开发情况、测试结果及使用方法的文字资料和图表，如程序设计说明书、流程图、用户手册等。

（3）计算机软件的保护范围

计算机软件著作权的保护不延及开发软件所用的思想、处理过程、操作方法或者数学概念等。

受《著作权法》保护的作品不仅有形式要件，还要求内容合法，不得违反宪法、法律、法规、党的政策和决议等，如恶毒攻击社会主义制度的反动作品、企图为违法犯罪活动提供便利条件的作品等，不受《著作权法》的保护；保护期届满后，作品即进入公有领域，其著作财产权不受《著作权法》保护，任何人都可以不经作者同意、不支付任何报酬而加以利用，但不能损害作品作者的人身权。

4. 软件著作权保护时效

自然人的软件著作权，保护期为自然人终生及其死亡后 50 年，截止于自然人死亡后第 50 年的 12 月 31 日；软件是合作开发的，保护期截至最后死亡的自然人死亡后第 50 年的 12 月 31 日。

法人或者其他组织的软件著作权，保护期为 50 年，截止于软件首次发表后第 50 年的 12 月 31 日，但软件自开发完成之日起 50 年内未发表的，不再给予保护。

5. 软件著作权的侵权行为及后果

侵权行为包括以下几种。

1）未经软件著作权人的同意而发表或者登记其软件作品。

2）将他人开发的软件当作自己的作品发表或者登记。

3）未经合作者同意，将与他人合作开发的软件当作自己独立完成的作品发表或者登记。

4）在他人开发的软件上署名或者更改他人开发的软件上的署名。

5）未经软件著作权人或者其合法受让者的许可，修改、翻译其软件作品。

6）未经软件著作权人或其合法受让者的许可，复制或部分复制其软件作品。

7）未经软件著作权人及其合法受让者同意，向公众发行、出租其软件的复制品。

8）未经软件著作权人或其合法受让者同意，向任何第三方办理软件权利许可或转让事宜。

9）未经软件著作权人及其合法受让者同意，通过信息网络传播著作权人的软件。

侵犯软件著作权的责任。根据法律规定，侵犯软件著作权主要有以下责任。

1）行政责任。由国家软件著作权行政部门给予没收非法所得、罚款等处罚。

2）民事责任。责令其停止侵害、消除影响、公开赔礼道歉、赔偿损失。计算机软件著作权许可合同或转让合同当事人不履行合同义务或者履行合同义务不符合约定条件的，应承担违约责任。软件持有者不知道或者没有合理的依据表明其知道该软件是侵权作品的，其侵权责任由该软件的提供者承担。

3）刑事责任。对于侵权人情节严重、构成犯罪的，由司法机关追究其刑事责任。

任务实施——查看计算机软硬件配置

查看计算机硬件配置、型号、参数等，可以将计算机主机箱打开，逐一查看计算机的各硬件。如果感觉这样太麻烦，则可以借助操作系统中的工具软件来查看软、硬件配置。

1. 打开系统窗口

右击桌面左下角 Windows 图标，在打开的快捷菜单中选择“系统”选项，打开“设置”窗口，选择“关于”选项，打开“关于”窗格。

2. 查看硬件配置

在“关于”窗格中，可以查看操作系统及其版本、CPU 型号及速度，以及内存大小等信息，如图 1-10 所示。

3. 查看软件配置

在“设置”窗口的“关于”窗格中，可以查看操作系统的版本。要查看已经安装的软件及其版本，可通过在“Windows 设置”窗格中选择“应用”选项来查看。选择“开始”→“设置”选项，打开“Windows 设置”窗格，如图 1-11 所示，选择“应用”选项，在打开的“设置”窗口的“应用和功能”窗格中，能看到已安装的软件。

如果要卸载某个软件，则可以在“应用和功能”窗格的程序列表中单击该软件的名称，选择“卸载”选项。

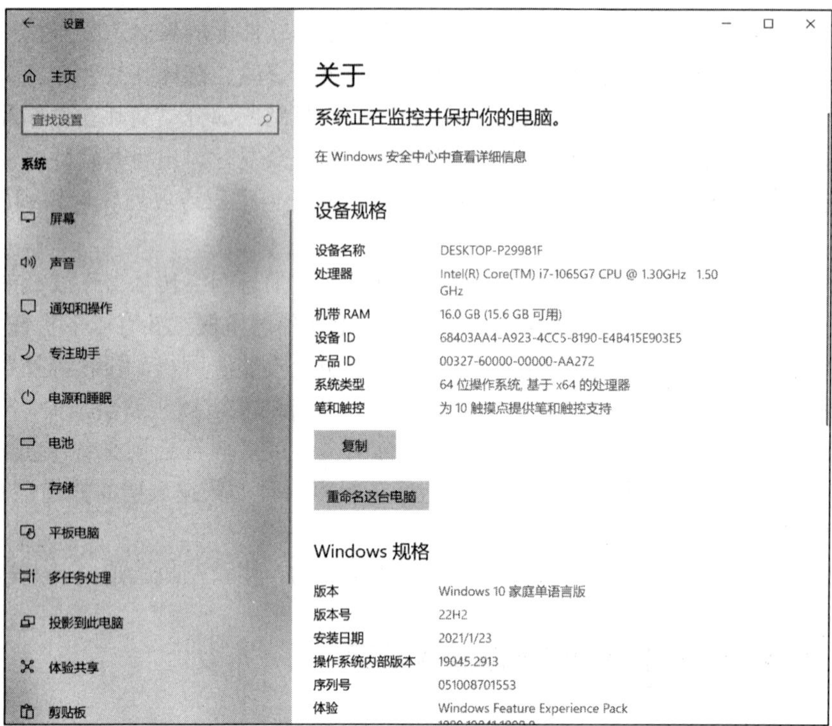

图 1-10 “关于”窗格

图 1-11 “Windows 设置”窗格

能力拓展——下载安装 VPN

小明想在学校生活区利用计算机登录学校内网，查询图书资料。他得知需要在计算机端安装虚拟专用网络（virtual private network，VPN）。VPN 的功能是在公用网络上建立专用网络，进行加密通信，是一种远程访问技术。具体操作如下。

1. 下载安装 Easy Connect 软件

打开浏览器，在地址栏输入网址：http://vpn.zjtie.edu.cn。在网页窗口中，单击“下载安装组件”链接，如图 1-12 所示，在打开的窗口中单击“下载”按钮，下载完成后，单击浏览窗口左下角的文件名，即可进行安装。

图 1-12　VPN 下载页面

2. VPN 登录

安装完成后，在桌面双击 Easy Connect 图标，在打开的“EasyConnect”对话框中，输入服务器地址、用户名及密码（数字经院的账号和密码），如图 1-13 所示。在计算机任务栏托盘区中出现图标时，表示 VPN 登录成功。然后可以在该网络中查阅图书资料、进行计算机操作训练等。

图 1-13　Easy Connect 登录界面

评价反馈

自评表

序号	评价内容	评价标准	自评分数	教师评分
1	计算机系统软件	会查看常用系统软件的配置		
2	计算机应用软件	会安装、卸载及使用常用应用软件		
3	移动智能终端软件	会运用常用的移动智能终端软件		
4	软件著作权	能概述软件著作权相关知识		
考核评价	总分（每项评价内容为 25 分，满分 100 分）			
	指导教师评语			

模 块 测 试

□ 请扫描二维码，进行本模块学习内容的自我测评。

模块二　计算思维与计算机语言

导读

计算是利用计算机解决问题的过程，计算机科学是关于计算的学问。计算机科学家在用计算机解决问题的过程中形成了特有的思维方式和解决方法，即计算思维。从问题的计算机表示、算法设计到编程实现，计算思维贯穿于计算的全过程。学习计算思维，就是学会像计算机科学家一样思考和解决问题。

学习目标

知识目标	● 能解析计算机中的数制 ● 能归纳计算思维 ● 能列举计算思维的典型案例 ● 能区分计算机的编程语言
能力要求	● 会完成常见进制数间的转换 ● 会利用计算思维解决工作中的问题
职业素养	● 具备基本的科学素养 ● 体会集体主义和爱国主义精神 ● 培养良好的敬业精神和创新意识

任务一　探索数据与计算思维

任务目标

- 能列举计算机的信息表示。
- 会解析计算机的数制。
- 会使用计算思维。
- 能列举计算思维的典型应用。

任务描述

小明是一名大一新生，他了解到现在的生活和学习都离不开计算机。为了知道计算机内部是如何进行理解和表示的，小明需要了解和掌握计算机中的信息表示和计算思维。

任务分析与相关知识

根据以上任务描述进行分析，小明计划从了解计算机的信息表示开始，熟悉计算机工作中的计算思维。

一、计算机的信息表示

计算机要处理的信息是多种多样的，如日常的十进制数、文字、符号、图形、图像和语言等。但是计算机无法直接理解这些信息，因此计算机需要采用数字化编码的形式对信息进行存储、加工和传送。在计算机中，无论是指令、图形、声音，还是各种符号，其底层都以二进制数来表示。二进制是数制的一种。

在计算机内部，信息都是采用二进制的形式进行存储、运算、处理和传输的。信息存储单位有位、字节和字等。位（bit）是二进制数中的一个数位，可以是 0 或者 1，它是计算机中数据的最小单位。字节（Byte）是计算机中数据的基本单位，每 8 位数组成 1 字节，常用字母“B”来表示。在计算机中存储、处理各种信息至少需要 1 字节，如一个汉字用 2 字节表示。字（Word）也是信息存储单位，每个字由 2 字节组成。一个汉字的存储单位是一个字。

计算机的各种存储设备的存储容量单位有 KB、MB、GB、TB 和 PB 等。这些不是新的存储单位，而是基于字节换算的。它们的换算关系如下。

1B（Byte，字节）=8bit

1KB（Kilobyte，千字节）=1024B

1MB（Megabyte，兆字节，简称“兆”）=1024KB

1GB（Gigabyte，吉字节，又称“千兆”）=1024MB

1TB（Trillionbyte，万亿字节，太字节）=1024GB

1PB（Petabyte，千万亿字节，拍字节）=1024TB

1EB（Exabyte，百亿亿字节，艾字节）=1024PB

1ZB（Zettabyte，十万亿亿字节，泽字节）=1024EB

1YB（Yottabyte，一亿亿亿字节，尧字节）=1024ZB

1BB（Brontobyte，一千亿亿亿字节）= 1024YB

二、计算机的数制

1. 数制

进位计数制简称数制，是用一组固定的数码符号和一定规则来表示数值的方法。有二进制、十进制、八进制等多种数制。为了区分各种数制，在数字后加 B、O、D、H 分别表示二进制、八进制、十进制、十六进制数，也可用下标来表示各种数制。例如，R 进制有 R 个基本数码，规则是逢 R 进一，通常表示为$(数)_R$，如十进制数 68 表示为$(68)_{10}$或 68D。

数码是数制中表示基本数值大小的不同数字符号。例如，十进制有 10 个数码：0、1、2、3、4、5、6、7、8、9。基数是基本数码的数量，即 R，如二进制数基数为 2，十进制数基数为 10。数位是指数码在一个数中所处的位置，数码的位置不同，它所代表的数值也不同，十进制中数位就是常说的个位、十位、百位等。位权是指某个位置上的数代表的数量大小，表示此数在整个数中所占的分量，如十进制数 88，十位上的 8 表示 8 个 10，个位上的 8 表示 8 个 1。数可以按位权展开，“位权”的一般形式为 $R^n(n=\cdots,2,1,0,-1,-2,\cdots)$，例如：

$$(183.65)_{10}=1\times10^2+8\times10^1+3\times10^0+6\times10^{-1}+5\times10^{-2}$$

$$(1101.01)_2=1\times2^3+1\times2^2+0\times2^1+1\times2^0+0\times2^{-1}+1\times2^{-2}$$

2. 二进制

在计算机里，所有数据都以二进制数表示，其优势是表示容易、运算简单、工作可靠、逻辑性强。采用二进制，只有 0 和 1 两种数码，而能表示 0、1 两种状态的电子器件很多，如利用开关的断开和接通、电位电平的低与高等都可表示 0 和 1 两个数码。二进制只有两个基本符号，运算简单，使计算机运算器结构大大简化，使数字传输与处理不容易出错。二进制 0 和 1 可以与逻辑代数的假（false）和真（true）相对应，便于进行逻辑运算。

二进制是计算机中使用的数制，十进制是日常工作和生活中最常用的数制。用计算机处理十进制数，必须先把它转化成二进制数，才能被计算机所接收。同理，输出计算结果时，应将二进制数转换成人们习惯的十进制数。如何实现它们之间的转换呢？

十进制数转换为二进制数的方法是：十进制数不断用商除 2，直到商为 0 为止，然后将所得的余数倒取。

二进制数转换为十进制数的方法是：按位权展开后，相加即得。

例如：$(1011)_2=1\times2^3+0\times2^2+1\times2^1+1\times2^0=(11)_{10}$。

二进制数的算术运算包括加减乘除四则运算，加法是最基本的运算，加法运算规则如下。

$$0+0=0$$
$$0+1=1$$
$$1+0=1$$
$$1+1=0\text{（逢二进一，向高位进位）}$$

例如：对$(1011)_2$和$(1010)_2$求和，每一位为本位的被加数、加数和来自低位的进位相加，得出$(1011)_2+(1010)_2=(10101)_2$。

在计算机中除了常用的二进制，还有八进制和十六进制。八进制数的数码是用 0、1、2、3、4、5、6、7 这八个符号来表示，也就是基数 $R=8$，采用的计数规则是：逢八进一。十六进制数的数码是用 0、1、…、9、A、B、C、D、E、F 16 个符号来表示的，其基数 $R=16$，采用的计数规则是逢十六进一。

3. 数制转换

（1）二进制数、八进制数、十六进制数转换为十进制数

将一个二进制数、八进制数或十六进制数转换为一个等值的十进制数，其方法为：先将这个数按“位权”展开成多项式，再用十进制的运算法则计算该多项式的值，即可得到与该数制等值的十进制数。

（2）十进制数转换为二进制数、八进制数、十六进制数

将一个十进制数转换为二进制数，其方法为：首先将这个十进制数分为整数部分和小数部分，然后对整数部分采用“除以 2 取余”法，得到相应二进制数的整数部分，对小数部分则采用“乘以 2 取整”法，得到相应的二进制数的小数部分，最后将两部分合起来，得到与原十进制数等值的二进制数。

例如：将十进制数 30.375 转换为等值的二进制数。

将整数部分 30 进行转换，经过如图 2-1 左半部所示的计算过程，得到 30D=11110B；将小数部分 0.375 进行转换，经过如图 2-1 右半部所示的计算过程，得到 0.375D=0.011B；将整数部分和小数部分拼合得到结果 30.375D=11110.011B 或$(30.375)_{10}=(11110.011)_2$。

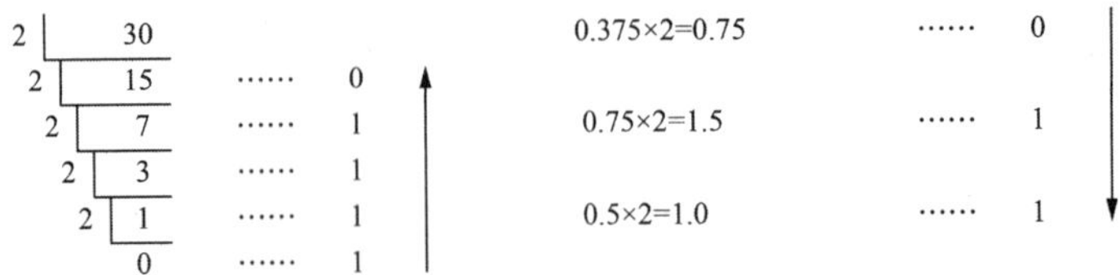

图 2-1 十进制数转换成二进制数的过程示意图

同理，将十进制数转换为八进制数，可以对整数部分采用“除以 8 取余”法，对小

数部分采用“乘以 8 取整”法求得结果；将十进制数转换为十六进制数，可以对整数部分采用“除以 16 取余”法，对小数部分采用“乘以 16 取整”法求得结果。

（3）二进制数与八进制、十六进制数之间的相互转换

将要转换的二进制数从小数点开始分别向左（整数部分）和向右（小数部分）每三（四）位二进制数码分成一组，在最左或最右不足三（四）位的用 0 补足。补 0 的原则是：整数部分补在左边，小数部分补在右边。如表 2-1 所示，分别将三（四）位二进制数码转换成一位八（十六）进制数码后，将这些八（十六）进制数码连接起来就是相应的八（十六）进制数了。

表 2-1　八（十六）进制数码与三（四）位二进制数的替换关系

二进制	八进制	二进制	十六进制	二进制	十六进制
000	0	0000	0	1000	8
001	1	0001	1	1001	9
010	2	0010	2	1010	A
011	3	0011	3	1011	B
100	4	0100	4	1100	C
101	5	0101	5	1101	D
110	6	0110	6	1110	E
111	7	0111	7	1111	F

同理，可以将一个八（十六）进制数的每位八（十六）进制数码用对应的三（四）位二进制数替换，并去掉整数部分最左边的 0 和小数部分最右边的 0。

例如：将二进制数 11010011010.11101010011 分别转换为等值的八进制数和十六进制数。

二进制数 11010011010.11101010011 转换为等值的八进制数为 3232.7246，即 11010011010.11101010011B=3232.7246O，如图 2-2 所示。

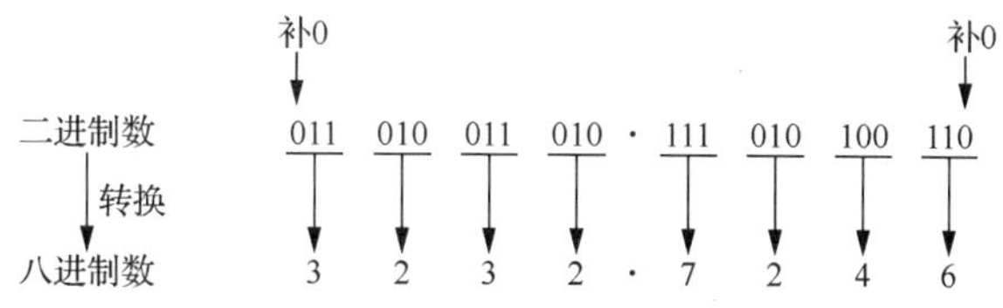

图 2-2　二进制数转换为八进制数示意图

将二进制数 11010011010.11101010011 转换为等值的十六进制数为 69A.EA6，即 11010011010.11101010011B=69A.EA6H，如图 2-3 所示。

4. 字符编码

在计算机中，处理文字和符号时需要进行数字化处理，即用二进制的 0 和 1 组合来表示字母、数字及专门符号，即为字符编码。计算机中常用的字符编码有美国标准信息交换码（American standard code for information interchange，ASCII）、汉字编码等。

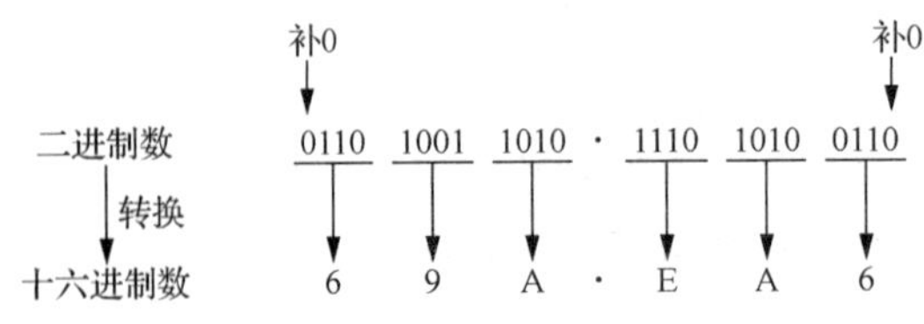

图 2-3　二进制数转换为十六进制数示意图

（1）美国标准信息交换码

美国有关的标准化组织出台了 ASCII，规定了常用符号用二进制数来表示的方法。ASCII 现在已成为国际标准。

ASCII 表示了 128 个常用符号，包括控制字符、阿拉伯数字、大小写英文字母、标点符号和运算符号，其中控制字符包括换行符、回车符、删除符等。

ASCII 是用 1 字节（8 位二进制数）来表示一个字符。例如，控制字符回车符在 ASCII 中被定义为 00001101，即十进制数 13；字符#在 ASCII 中被定义为 00100011，即十进制数 35；大写字母 A 在 ASCII 中被定义为 01000001，即十进制数 65。注意，ASCII 不是十进制数，是二进制数，只是用十进制数来表示更符合用户习惯。

（2）汉字编码

相对于英文字符，汉字字符数量大、字形复杂、同音字多，这给汉字在计算机内部的存储、传输、交换、输入、输出等带来了一系列的问题。对应于汉字处理过程中的输入、内部处理及输出环节，汉字的编码包括输入码、国标码、内部码和字形码。处理汉字时，应进行如下代码转换：输入码→国标码→机内码→字形码。

1）输入码（外码）。为了将汉字通过键盘输入计算机，必须将汉字编码，将其转换成键盘上有的符号，一般是英文字母。有多种汉字编码方法，如根据字形编码（如五笔）、根据拼音编码等。

2）国标码。1980 年我国颁布了《信息交换用汉字编码字符集 基本集》（GB/T 2312—1980），这是国家规定的用于汉字信息处理的代码依据，称为国标码，用于汉字外码和机内码的转换。

3）机内码。机内码是汉字在计算机内的表示形式，是计算机对汉字进行识别、存储、处理和传输所用的编码。

4）字形码。字形码是表示汉字字形信息（汉字的结构、形状、笔画等）的编码，用来实现计算机对汉字的显示和打印输出。

三、计算与计算思维

1. 认识计算

数的四则运算，是在“数据”和“运算符”的操作下，按照计算“规则”进行的数据变换。函数计算，如对数与指数、微分与积分，可使每个输入值都得到相应的计算结果。还有生物计算、社会计算、量子计算、情感计算、可穿戴计算等，计算无处不在。

什么是计算？计算就是基于规则的符号集变换过程，即从一个按照规则组织的符号集合开始，按照既定的规则一步一步地改变这些符号集合，经过有限步骤之后得到一个确定的结果。广义的计算就是执行信息变换，即对信息进行加工和处理。许多自然的、人工的和社会系统中的过程变化，都属于计算，如财务系统、搜索引擎等。

2. 计算思维的提出

计算思维

2006 年 3 月，周以真教授首次提出计算思维。计算思维是指运用计算机科学的基础概念进行问题求解、系统设计，以及人类行为理解等涵盖计算机科学的一系列思维活动。计算思维的本质就是抽象（abstraction）与自动化（automation），即在不同层面进行抽象，以及使这些抽象自动化。计算思维关注的是人类思维中有关可行性、可构造性和可评价性的部分。

（1）计算机求解问题的基本过程

1）分析问题。只有对问题进行定性、定量的分析，找出已知和未知的条件，才能设计算法。定性分析是对问题进行“质”的分析，确定问题的性质；定量分析是对要解决的问题的数量特征、数量关系与数量变化进行分析。

2）确定数学模型。确定数学模型就是把实际问题直接或间接转化为数学问题。建模是计算机解题中的难点，也是计算机解题成败的关键。

3）算法设计。算法是求解问题的方法和步骤，学习程序设计最重要的部分是学习算法思想。

4）程序编写、编辑、编译和连接。计算机是不能直接执行源程序的。在编译方式下，必须通过编译程序将源程序翻译成目标程序。生成的目标程序也不能被执行，需要生成可执行文件才能被执行。

5）运行和测试。测试的目的是找出程序中的错误。测试是以程序通过编译没有语法和连接上的错误为前提的。

（2）利用计算思维解决计算问题的基本方法

1）计算思维的本质是抽象和自动化（编写程序）。

2）自动化就是机械地一步一步自动执行，其基础和前提是对问题的抽象。

3）在计算机科学中，抽象是简化复杂的现实问题的最佳途径，抽象的具体形式是多种多样的，但是离不开两个要素，即形式化和数学建模。

4）数学建模包括龙卷风模型、潮汐模型等。

5）抽象以后就是自动化，抽象是自动化的前提和基础。计算机通过程序实现自动化，而程序的核心是算法。因此，自动化分为两步：设计算法和编写程序。设计算法又包括自然语言描述算法和伪代码描述算法等。

6）计算思维的特点是有限性、确定性和机械性。

7）当面对复杂的问题时，求解的形式极其复杂，但是抽象和自动化是不会变的。

四、计算思维的算法设计

1. 算法

（1）算法的概念

算法是一种有限的、确定的、有效的、适合用计算机程序来实现的、用来解决问题的方法。算法详尽描述了如何完成某项任务，就像菜谱中详细描述了如何做出一道菜。

（2）算法的特性

1）输入：在算法中可以有 0 个或多个输入。

2）输出：在算法中至少有一个或多个输出。

3）有穷性：任意一个算法在执行有穷个计算步骤后必须终止。

4）确定性：算法的每一步都具有确定的含义，不会出现二义性。

5）可行性：算法的每一步都必须是可行的，即每一步都能够通过执行有限次数来完成。

（3）算法的分类

根据处理的数据是数值数据还是非数值数据，可以将算法分为数值计算算法和非数值计算算法。数值计算算法的特点是少量的输入、输出，复杂的运算。非数值计算算法的特点是大量的输入、输出，简单的算术运算和大量的逻辑运算。

2. 算法的表示方法

常用的算法表示方法有自然语言、传统的流程图、N-S（Nassi-Shneiderman，纳西•施奈德曼）图、伪代码和计算机语言等。一般不用自然语言来描述算法，除非是很简单的问题。

美国国家标准学会（American National Standards Institute，ANSI）对常用的流程图做了规定。例如，用流程图表示的计算阶乘的算法如图 2-4 所示。

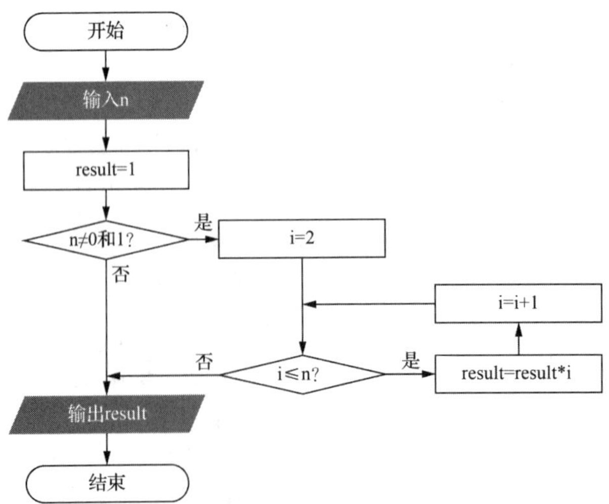

图 2-4 计算阶乘算法流程图

N-S 图是一种简化的流程图，去掉了流程图中的流程线，将全部算法写在一个矩形框中。N-S 图有 3 种基本结构，即顺序结构、选择结构（条件结构、switch 结构）和循环结构，如图 2-5 所示。

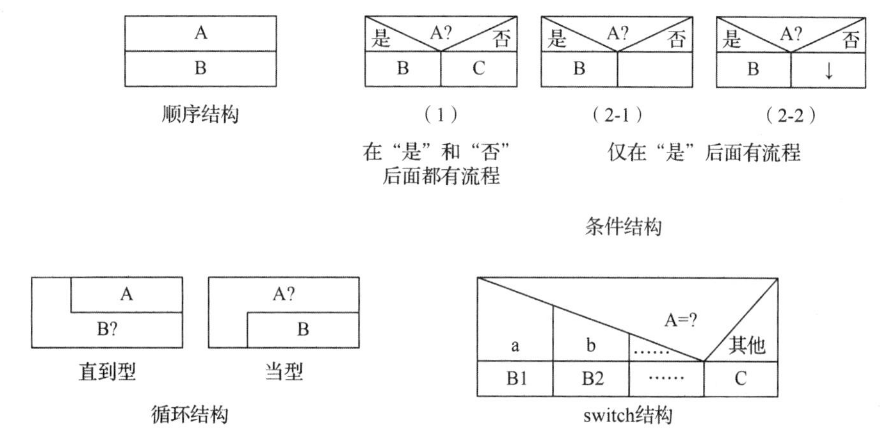

图 2-5　N-S 图

所谓“伪代码”就是使用介于自然语言和计算机语言之间的文字和符号的描述算法。用伪代码写的算法是一种假代码——不能被计算机所理解，其优势是便于转换成用某种语言编写的计算机程序。例如，从键盘输入 3 个数，输出其中最大的数。伪代码编写实例如图 2-6 所示。

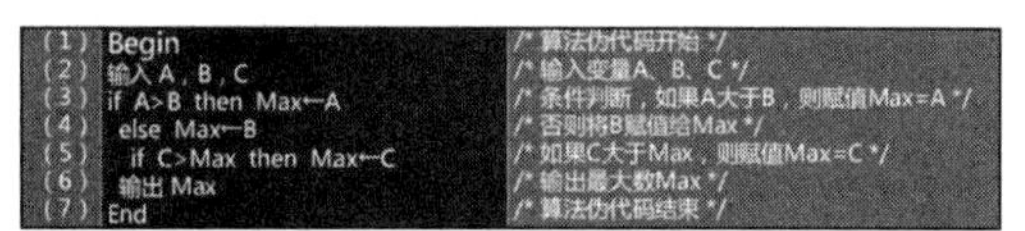

```
Begin                          /* 算法伪代码开始 */
输入 A，B，C                    /* 输入变量A、B、C */
if A>B then Max←A              /* 条件判断，如果A大于B，则赋值Max=A */
 else Max←B                    /* 否则将B赋值给Max */
  if C>Max then Max←C          /* 如果C大于Max，则赋值Max=C */
 输出 Max                       /* 输出最大数Max */
End                            /* 算法伪代码结束 */
```

图 2-6　伪代码编写实例

只有用计算机语言编写的程序，才能被计算机执行（当然还要被编译成目标程序）。因此，最终要将算法转换成计算机语言程序。

3. 算法的复杂度

按算法的复杂度，可将其分为时间复杂度和空间复杂度。时间复杂度是指运行算法所需要的计算工作量；而空间复杂度是指运行算法所需要的内存空间。

（1）时间复杂度

执行一个算法所耗费的时间，从理论上是不能算出来的，必须上机运行测试才能知道。但我们不可能也没有必要对每个算法都上机测试，只需知道哪个算法花费的时间多、哪个算法花费的时间少，并且一个算法花费的时间与算法中语句的执行次数成正比，哪个算法中语句执行次数多，它花费的时间就多。一个算法中的语句执行次数称为语句频度或时间频度，记为 $T(n)$，n 为问题的规模，当 n 不断变化时，时间频度 $T(n)$也会不断变化。如果我们想知道算法变化时呈现什么规律，则可以引入时间复杂度概念，记为 $O(n)$，这种方法又称大 O 表示法。

（2）空间复杂度

一个程序的空间复杂度是指运行完一个程序所需要的内存大小。利用程序的空间复杂度，可以对程序运行所需要的内存进行预先估计。执行一个程序时，除了需要存储空间和存储本身所使用的指令、常数、变量和输入数据，还需要一些对数据进行操作的工作单元和存储计算所需信息的辅助空间。程序执行时所需存储空间包括以下两部分。

1）固定部分。这部分空间的大小与输入/输出的数据的个数、数值无关，主要包括指令空间（即代码空间）、数据空间（常量、简单变量）等所占的空间。这部分属于静态空间。

2）可变空间。这部分空间主要包括动态分配的空间，以及递归栈所需的空间等。这部分空间的大小与算法有关。

五、计算思维的典型案例

用计算机解决问题，首先要建立关于问题的计算机表示。问题表示与问题求解是紧密相关的，如果问题的表示合适，那么得到问题的解法就如水到渠成，反之则可能如逆水行舟一般难以得到解法。

抽象（abstraction）是用于问题表示的重要思维工具。例如，小朋友经过学习知道将应用题“原来有 5 个苹果，吃掉 2 个后还剩几个？”抽象表示为“5-2=?”，这里显然只抽取了问题中的数量特性，完全忽略了苹果的颜色或吃法等不相关特性。一般意义上的抽象，是指这种忽略研究对象的具体的或无关的特性，而只抽取其一般的或相关的特性。计算机科学中的抽象包括数据抽象和控制抽象，简言之就是将现实世界中的各种数量关系、空间关系、逻辑关系和处理过程等表示为计算机世界中的数据结构（数值、字符串、列表、堆栈、树等）和控制结构（基本指令、顺序执行、分支、循环等），或者建立关于实际问题的计算模型。

其中，顺序执行的例子如下：正常的食物消化过程是按口腔、咽、食道、胃、小肠（十二指肠、空肠、回肠）、大肠（盲肠、结肠、直肠、肛管）等消化器官及其各部位依次进行的过程，缺一不可。分支执行的例子如下：当你在乘坐电梯时，每次打开电梯门，你都会在内心进行一次判断，判断当前所在楼层是否是你的目的地，是则走出电梯，不是则继续待在电梯内。

另外，抽象还用于在不改变意义的前提下隐去或减少过多的具体细节，以便每次只关注少数特性，从而有利于理解和处理复杂系统。显然，通过抽象还能发现一些看似不同的问题的共性，从而建立相同的计算模型。总之，抽象是计算机科学中广泛使用的思维方式之一。

任务实施——常见进制转换

小明在了解了计算机的信息表示与计算思维后，发现之前订购的个人计算机的硬盘容量是 500GB，但在计算机系统里看到硬盘实际容量为 464GB，他准备利用所学知识判断购买的硬盘是否为正品。

因为计算机内部的电路工作有高电平和低电平两种状态，所以用二进制来表示信号。目前计算机都是使用二进制的，只有数值为 2 的整数幂，才能方便计算机计算。人们习惯使用十进制，因此存储器厂商采用 1000 作为进率。这样导致的后果就是实际容量要比标称容量少，这是合法的。1024 是 2^{10}，如果数值取大了，不接近 10 的整数次方，就不方便计算了；如果数值取小了，则进率太低，要使用更多单位才能满足需求。因此取 2^{10} 正好。

计算实例：标称 500GB 的硬盘，其实际容量为 500×1000×1000×1000 字节/1024×1024×1024≈465.5GB。

可见，产品容量缩水只要符合计算的实际容量结果（上下误差在 1%内），所购买的产品就是正品。

能力拓展——设计计算器的伪代码方案

小明对编程很好奇，虽然没有系统地学习过编程，但是经过计算思维的训练，他准备利用类似自然语言的伪代码算法来对生活中的计算器进行模拟。请查找并访问与计算机相关的各类网站，查阅相关资料后，帮他设计一套合适的、能实现计算器功能的伪代码方案。

评价反馈

自评表

序号	评价内容	评价标准	自评分数	教师评分
1	计算机的信息表示	能说明计算机数据的存储		
2	计算机的数制	会完成常见数制间的转换		
3	计算思维	能说出伪代码等计算思维的表现方式		
4	计算思维的算法设计	能辨认常见的顺序、分支、循环执行等算法结构		
考核评价	总分（每项评价内容为 25 分，满分 100 分）			
	指导教师评语			

任务二 了解计算机语言

任务目标

- 能解释机器语言。
- 能解释汇编语言。
- 能区分高级编程语言。

任务描述

小明作为一名经常使用计算机的大一新生，想通过学习计算机语言来提高今后的学习与工作效率。为了了解如何使用计算机语言，小明需要了解和掌握计算机语言的发展历程等基础知识。

任务分析与相关知识

根据以上任务描述进行分析，小明了解到计算机语言是人与计算机之间传递信息的媒介。计算机系统的最大特征是通过一种语言将指令传达给机器。为了使计算机进行各种工作，需要有一套用以编写计算机程序的数字、字符和语法规则，由这些数字、字符和语法规则组成计算机各种指令（或各种语句）。

正如从甲骨文到现代汉字的演变伴随着巨大的变化一样，计算机语言在诞生的短短几十年里，也经过了一个从低级到高级的演变过程。具体地说，它经历了机器语言（machine language）、汇编语言（assembly language）、高级编程语言（high-level programming language）3 个阶段。

一、机器语言

机器语言是一种二进制语言，直接使用二进制代码表达指令，是计算机硬件可以直接识别和执行的程序设计语言。例如，执行数字 2 和 3 的加法，在 16 位计算机上的指令为 1101001000111011。机器语言最大的优点是可以直接对芯片进行指令操作，其最大的缺点也来源于此，如枯燥的 0 与 1 的数据流录入、不同计算机结构的机器指令不同等。换一套硬件设备，机器语言几乎都会卡壳，并且指令难以记忆。现在除了计算机生产厂家的专业人员，绝大多数程序员已经不再学习机器语言了。

二、汇编语言

为了克服机器语言难读、难编、难记和易出错的缺点，人们用与代码指令实际含义相近的英文缩写词、字母和数字等符号来取代指令代码，如用 ADD 表示运算符号“+”的机器代码，于是就产生了汇编语言。因此，汇编语言使用助记符与机器语言中的指令进行一一对应。例如，执行数字 2 和 3 的加法，汇编语言指令为“add 2, 3 result”，结果存放在 result 中。值得一提的是，机器语言和汇编语言都用于直接操作计算机硬件，而汇编语言比用机器语言的二进制代码编程要方便些，在一定程度上简化了编程过程。

三、高级编程语言

无论是机器语言还是汇编语言，都是面向硬件的具体操作，要求使用者必须对硬件结构及其工作原理十分熟悉，这对非计算机专业人员来说是难以做到的，对于计算机的推广应用也是不利的。

计算机事业的发展促使人们寻求一些与人类自然语言相近且能为计算机所接受的语义确定、规则明确、自然直观和通用易学的计算机语言。这种与自然语言相近并为计算机所接受和执行的计算机语言称为高级编程语言。高级编程语言是面向用户的语言。无论是何种机型的计算机，只要配备相应的高级编程语言的编译或解释程序，就可以使用该高级编程语言编写的程序。

高级编程语言与低级编程语言的区别是：高级编程语言是更加接近于自然语言的一种计算机程序设计语言。例如，执行数字 2 和 3 的加法，代码“sum_result=2+3”与编程语言相关，与计算机的结构无关，同一种编程语言在不同计算机上的表达方式是一致的。另外，高级编程语言是绝大多数编程者的首选。和汇编语言相比，它不但将许多相关的机器指令合成为单条指令，而且去掉了与具体操作有关、与完成工作无关的细节，如使用堆栈、寄存器等，大大简化了程序中的指令。

高级编程语言按程序的执行方式可分为编译型和解释型。编译型语言主要有 C、C++等，是指使用专门的编译器，针对特定的操作系统将某种高级语言源代码一次性转换成可被操作系统硬件执行的机器码，并将其包装成操作系统能识别的可执行程序的格式文件。可执行程序可以脱离开发环境在操作系统上运行。解释型语言主要有 Python 等，是指使用专门的编译器将某种高级语言逐行解释成特定平台（操作系统）的机器码并立即执行。

高级编程语言省略了很多细节，因此编程者不需要具备太多的专业知识。

任务实施——调研高级语言

小明在了解了计算机语言的发展历程后，决定学习众多高级编程语言中的一种，但他要先对常见的编程语言进行调研。

1. C 语言

C 语言是由丹尼斯·里奇（Dennis Ritchie）在 20 世纪 70 年代创建的，它比它的“前辈”更精巧、更简单，适于编写系统级的程序，如操作系统。在此之前，操作系统是使用汇编语言编写的，并且不可移植。C 语言是第一个使得系统级代码移植成为可能的编程语言。

优点：有利于编写小而快的程序；很容易与汇编语言结合；具有很高的标准化，各平台上的版本非常相似。

缺点：不容易支持面向对象编程；语法有时会非常难以理解，并造成滥用。

移植性：C 语言的核心及 ANSI 函数调用都具有移植性，但仅限于流程控制、内存管理和简单的文件处理，其余内容都跟平台有关。

2. C++

C++语言是具有面向对象特性的 C 语言的继承者。面向对象编程（object oriented

programming，OOP）是结构化编程的下一步。面向对象的程序由对象组成，其中的对象是数据和函数离散集合。有许多可用的对象库存在，这使得编程时只需将一些程序像"建筑材料"一样堆在一起。

优点：组织大型程序时比C语言效果好得多，能更好地支持面向对象编程。通用数据结构如链表和可增长的阵列组成的库，减轻了编程者处理低层细节的负担。

缺点：非常复杂。与C语言一样存在语法滥用问题，运行速度比C语言慢。大多数编译器无法正确地实现该语言。

移植性：比C语言好，但依然不是很乐观。因为它具有与C语言相同的缺点。大多数可移植性用户界面库都由C++对象来实现。

3. Python

Python是由吉多·范·罗苏姆（Guido van Rossum）于20世纪90年代初设计的。Python提供了高效的高级数据结构，能简单有效地进行面向对象编程。Python语法和动态类型，以及解释型语言的本质，使它成为在多数平台上用于写脚本和快速开发应用的编程语言，随着版本的不断更新和语言新功能的添加，它逐渐被用于独立的、大型项目的开发。

优点：简单、易学、易读、易维护、开源。

缺点：用强制缩进来区分语句关系，与C语言和C++相比，运行速度较慢。

可移植性：由于它的开源本质，Python已经被移植在许多平台上，这些平台包括Linux、Windows、FreeBSD、Macintosh等。

能力拓展——利用Python实现计算器的功能

小明计划在之前的计算器伪代码方案的基础上，利用Python的简单语法完整实现计算器的功能。请查阅相关资料，帮小明使用Python实现计算器的功能。

评价反馈

自评表

序号	评价内容	评价标准	自评分数	教师评分
1	计算机语言	能解析认识计算机语言		
2	机器语言	能说明机器语言的产生原因与特点		
3	汇编语言	能说明汇编语言相对于机器语言的优点		
4	高级编程语言	能区分常见的高级编程语言		
考核评价	总分（每项评价内容为25分，满分100分）			
	指导教师评语			

模 块 测 试

□　请扫描二维码，进行本模块学习内容的自我测评。

模块三　计算机网络技术

导读

21 世纪人类已全面进入信息时代。信息时代的重要特征就是数字化、网络化和信息化。要实现信息化就必须依靠完善的网络，因为通过网络可以非常迅速地传递信息。网络作为信息社会的命脉和发展知识经济的重要基础，对社会生活的很多方面及社会经济的发展产生了不可估量的影响。

学习目标

知识目标	● 能解释计算机网络的基本概念 ● 能辨认计算机网络的分类和拓扑结构 ● 能列举计算机网络的常用测试工具 ● 能说出物联网的基本概念及其应用 ● 能说明防火墙的基本概念及其应用 ● 能概述信息安全与保护的基本概念
能力要求	● 会使用信息检索 ● 会分析与排查计算机网络故障
职业素养	● 具备基本的科学素养 ● 培养良好的敬业精神和创新意识

任务一 走进计算机网络

任务目标

- 能解释计算机网络的基本概念。
- 能辨认计算机网络的分类和拓扑结构。
- 会使用常用网络测试工具。

任务描述

小明是一名大一新生，他了解到网络无处不在，无论是有线电视网络、公路网络、铁路网络、快递网络，还是在线教育，都应用了网络。网络让我们的世界越来越小，让一切都触手可及。为了知晓其中的奥秘，小明需要了解和掌握计算机网络的基础知识和实际应用。

任务分析与相关知识

根据以上任务描述进行分析，小明认为要从了解计算机网络的基础知识着手。

一、计算机网络的概念

计算机网络是指将不同地理位置的具有独立功能的多台计算机及其外部设备，通过通信线路连接起来，在网络操作系统、网络管理软件及网络通信协议的管理和协调下，实现资源共享和信息传递的计算机系统。

计算机网络主要由一些通用的、可编程的硬件互联而成，而这些硬件并非专门用来实现某一特定目的，如传送数据或视频信号。这些可编程的硬件能够用来传送多种不同类型的数据，并能支持广泛的、日益增长的应用。

在两个系统中，实体间的通信是一个很复杂的过程，为了降低协议设计和调试过程的复杂性，也为了便于对网络进行研究、实现和维护，促进标准化工作，我们通常对计算机的体系结构以分层的方式建模。常见的计算机网络体系结构有 OSI（open systems interconnection，开放系统互联）的体系结构，即 OSI 的七层协议；TCP/IP（transmission control protocol/internet protocol，传输控制协议/互联协议）的体系结构，即 TCP/IP 的四层协议；五层协议的体系结构。计算机网络体系结构如图 3-1 所示。

分层后各层之间相对独立、灵活性好，因此，分层的体系结构易于更新（替换单个模块），易于调试，易于交流，易于抽象，易于标准化；但层次过多，有些功能在不同层中重复出现，产生额外的开销，降低了整体运行效率；而层次越少，则会使每一层的协议越复杂。因此，在分层时应考虑层次的清晰程度与运行效率之间的折中、层次数量的折中。

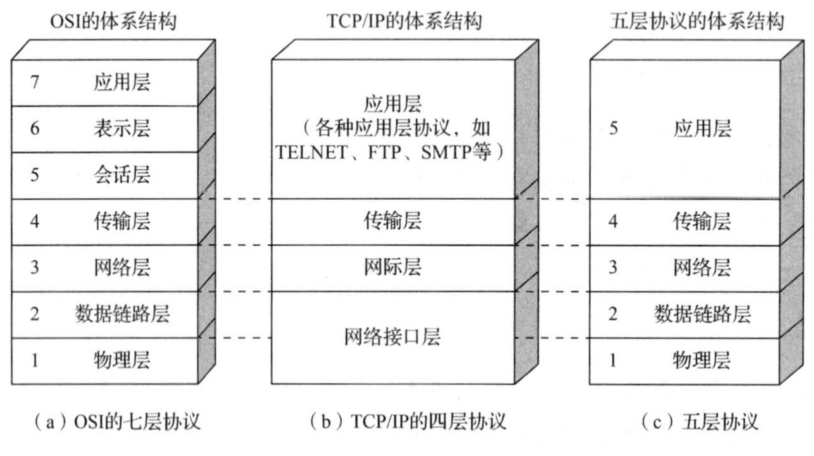

图 3-1 计算机网络体系结构

1. OSI 参考模型

国际标准化组织（International Organization for Standardization，ISO）提出的网络体系结构模型称为开放系统互联模型，简称为 OSI 参考模型。OSI 参考模型有七层，自下而上依次为物理层、数据链路层、网络层、传输层、会话层、表示层、应用层；低三层统称为通信子网，是为了联网而附加上去的通信设备，用于完成数据的传输功能；高三层统称为资源子网，相当于计算机系统，用于完成数据的处理等功能；传输层则起到承上启下的作用。

OSI 参考模型七层的作用如下。

1）物理层：在物理媒体上为数据端设备透明地传输原始比特流，传输单位是比特。

2）数据链路层：将网络层传来的 IP（internet protocol，互联协议）数据报组装成帧，传输单位是帧。

3）网络层：把网络层的协议数据单元从源端传送到目的端，为分组交换网络中的不同主机提供通信服务，传输单位是数据报。

4）传输层：负责主机中两个进程之间的通信，功能是为端到端连接提供可靠的传输服务，以及流量控制、差错控制、服务质量、数据传输管理等服务，传输单位是报文段或数据报。

5）会话层：允许不同主机上的各进程之间进行会话，为表示层实体或用户进程建立连接并在连接上有序地传输数据。

6）表示层：主要处理在两个通信系统中交换信息的表示方式。

7）应用层：为特定的网络应用提供访问 OSI 参考模型环境的手段。

2. TCP/IP 参考模型

美国国防部高级研究计划署（Advanced Research Projects Agency，ARPA）在研究ARPAnet时提出了TCP/IP模型，其自下而上依次为：网络接口层（对应OSI参考模型中的物理层和数据链路层）、网际层、传输层和应用层（对应OSI参考模型中的会话层、表示层和应用层），各层作用如下。

1）网络接口层：处理网络的硬件部分。

2）网际层：规定通过怎样的路径传输数据。

3）传输层：为应用层提供处于网络连接中的两台计算机之间的数据传输服务。

4）应用层：包含所有的高层协议，向用户提供应用服务时的通信活动。

无论是OSI参考模型还是TCP/IP模型，都是不完美的。综合OSI和TCP/IP的优点，采用的是一种具有五层协议的体系结构，其各层作用如下。

1）物理层：透明地传输原始比特流。

2）数据链路层：把网络层传下来的数据报组装成帧，在两个相邻节点间的链路上实现帧的无差错传输。

3）网络层：将分组从源端传送到目的端，为分组交换网络中的不同主机提供通信服务。

4）传输层：负责主机中两个进程之间的通信，为端到端通信提供可靠的服务。

5）应用层：为用户的应用进程提供通信服务，负责处理特定的应用程序。

二、计算机网络的分类

虽然网络类型的划分标准各种各样，但是根据地理范围划分是一种公认的通用网络划分标准。按这种标准可以把各种网络类型划分为局域网（local area network，LAN）、城域网（metropolitan area network，MAN）和广域网（wide area network，WAN）。局域网一般来说只局限于一个较小区域内，而城域网应用于不同地区的网络互联，广域网应用于不同城市之间的网络互联，范围更广，但是在计算机网络分类中并没有严格意义上的地理范围的区分，只能是一个定性的概念。下面简要介绍这几种计算机网络。

1. 局域网

局域网，是最常见、应用最广的一种网络。局域网随着整个计算机网络技术的发展得到充分的应用和普及，几乎每个单位都有自己的局域网，有的家庭也有自己的小型局域网。很明显，所谓局域网，就是在局部地区范围内的网络，它所覆盖的地区范围较小。局域网在计算机数量配置上没有太多的限制，少的只有两台计算机，多的可达几百台计算机。一般来说，在企业局域网中，计算机的数量在几十到200台。在网络所涉及的地理距离上，局域网的范围一般在几米至 10 千米以内。局域网一般位于一个建筑物或一个单位内，不存在寻径问题，不包括网络层的应用。

局域网的特点如下：连接范围窄、用户数少、配置容易、连接速率高。IEEE（Institute of Electrical and Electronics Engineers，电气电子工程师学会）的 802 标准委员会定义了多种主要的 LAN：以太网（Ethernet）、令牌环网（token-ring network）、光纤分布式数据接口（fiber distributed data interface，FDDI）网络、异步传输模式（asynchronous transfer mode，ATM）网及最新的无线局域网（wireless local area network，WLAN）。

2. 城域网

城域网的连接距离可以在 10～100 千米，它采用的是 IEEE 802.6 标准。MAN 与 LAN 相比扩展的距离更长，连接的计算机数量更多，在地理范围上可以说是 LAN 的延伸。在一个大型城市中，一个 MAN 通常连接着多个 LAN，如连接政府机构的 LAN、医院的 LAN、电信的 LAN、企业的 LAN 等。光纤连接的引入，使 MAN 中高速的 LAN 互联成为可能。

城域网多采用 ATM 技术做骨干网。ATM 是一个用于数据、语音、视频及多媒体应用程序的高速网络传输方法。ATM 包括一个接口和一个协议，该协议能够在一个常规的传输信道上，在比特率不变及变化的通信量之间进行切换。ATM 包括硬件、软件及与 ATM 协议标准一致的介质。ATM 提供一个可伸缩的主干基础设施，以便适应不同规模、速度及寻址技术的网络。ATM 的缺点是成本太高，一般应用于政府城域网中，如邮政、银行、医院的城域网等。

3. 广域网

广域网，也称远程网，所覆盖的范围比城域网更广，它一般是不同城市之间的 LAN 或者 MAN 的网络互联，地理范围可从几百千米到几千千米。因为距离较远，信息衰减比较严重，所以这种网络一般需要租用专线，通过 IMP（interface message processor，接口信息处理器）和线路连接起来，构成网状结构，解决寻径问题。这种城域网因为连接的用户多，总出口带宽有限，所以用户的终端连接速率一般较低，通常为 9.6Kbps～45Mbps。

此外，计算机网络还可以根据传输介质的不同划分为有线网络和无线网络。有线网络是指采用双绞线、同轴电缆以及光纤作为传输介质的计算机网络；无线网络是指使用电磁波作为传输介质的计算机网络，它可以传送无线电波和卫星信号，如无线电话网、语音广播网、无线电视网、卫星通信网络等。

随着笔记本计算机和个人数字助理（personal digital assistant，PDA）等便携式计算机的日益普及和发展，人们经常在路途中接听电话、发送传真和电子邮件、阅读网上信息及登录远程计算机等。然而，在汽车或飞机上是不可能通过有线介质与网络相连接的，这时候无线网络就派上用场了。虽然无线网络与移动通信经常是联系在一起的，但这两个概念并不完全相同。例如，笔记本计算机通过 PCMCIA（Personal Computer Memory Card International Association，个人计算机存储卡国际协会）卡接入电话插口，就变成有线网络的一部分。有些通过无线网络连接起来的计算机的位置可能是固定不变的，如在不便于通过有线电缆连接的大楼之间，可以通过无线网络将两栋大楼内的计算机连接在一起。

无线网络特别是无线局域网有很多优点，如易于安装和使用。无线局域网也有许多不足之处，如它的数据传输率一般比较低，远低于有线局域网；另外，无线局域网的误码率也比较高，并且站点之间相互干扰比较严重。

三、计算机网络的拓扑结构

计算机网络的拓扑结构，即网络中计算机或设备与传输媒介形成的节点与线的物理构成模式。网络的节点有两类：一类是转换和交换信息的转接节点，包括节点交换机、集线器和终端控制器等；另一类是访问节点，包括计算机主机和终端等。线则代表各种传输媒介，包括有形的线和无形的线。计算机网络的拓扑结构主要有总线型拓扑、环形拓扑、星形拓扑、树形拓扑和网形拓扑等，如图 3-2 所示。

1. 总线型拓扑

总线型拓扑结构采用一个信道作为传输媒体，所有站点都通过相应的硬件接口直接连接到这一公共传输媒体上，该公共传输媒体即总线。任何一个站点发送的信号都沿着传输媒体传播，并且能被其他站点所接收。

因为所有站点共享一条传输信道，所以一次只能由一个设备传输信息。通常采用分布式控制策略来确定哪个站点可以发送信息。发送时，发送站点将报文分成多个分组，然后依次发送这些分组，有时还要与其他站点发来的分组交替在媒体上传输。当分组经过各站点时，其中的目的站点会识别分组所携带的目的地址，然后复制这些分组的内容。

总线型拓扑结构的优点如下。

1）需要的电缆数量少、线缆长度短，易于布线和维护。

2）结构简单，是无源工作，有较高的可靠性，传输速率高，可达 1～100Mbps。

3）易于扩充，增加或减少用户比较方便，结构简单，组网容易，网络扩展方便。

4）多个节点共用一条传输信道，信道利用率高。

总线型拓扑结构的缺点如下。

1）总线的传输距离有限，通信范围受到限制。

2）故障诊断和隔离较困难。

3）分布式协议不能保证信息的及时传送，不具有实时功能。站点必须是智能的，必须有媒体访问控制功能，因此增加了站点的硬件和软件开销。

工作站
PC
PC
PC
PC
终接器
PC
PC
PC
PC
工作站
总线型拓扑结构图
PC
PC
PC
PC
PC
环形拓扑
结构图
PC
PC
交换机
PC
PC
PC
PC
星形拓扑结构图
交换机
交换机
交换机
PC
PC
PC
PC
树形拓扑结构图
PC
PC
PC
PC
PC
网形拓扑
结构图

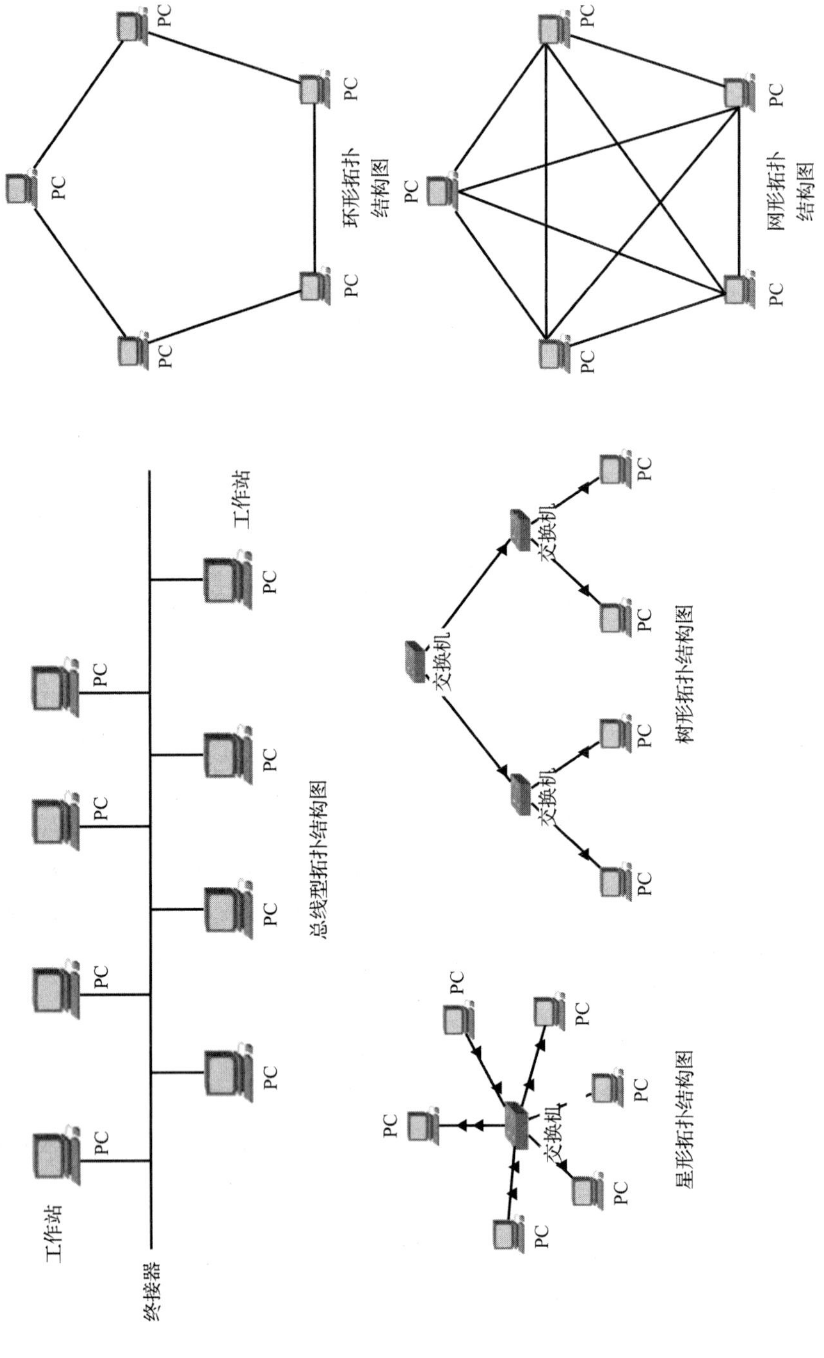

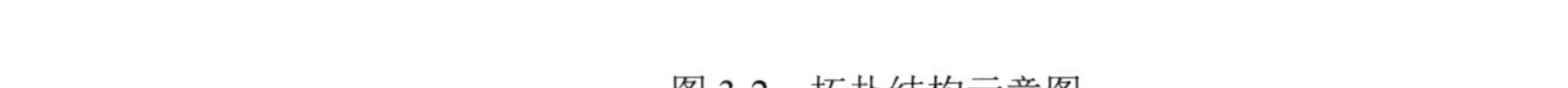

图 3-2　拓扑结构示意图

2. 环形拓扑

在环形拓扑中各节点通过环路接口连在一条首尾相连的闭合环形通信线路中，环路上任何节点均可以请求发送信息。一旦请求被批准，就可以向环路发送信息。环形网中的数据可以是单向传输也可是双向传输。由于环线公用，一个节点发出的信息必须穿越环中所有的环路接口，当信息流中目的地址与环上某节点地址相符时，信息被该节点的环路接口接收，然后信息继续流向下一环路接口，一直流回到发送该信息的环路接口节点为止。

环形拓扑结构的优点如下。

1）电缆长度短。环形拓扑网络所需的电缆长度和总线型拓扑网络相似，但所需电缆长度比星形拓扑网络要短得多。

2）增加或减少工作站时，仅需要进行简单的连接操作。

3）可使用光纤。光纤的传输速率很高，十分适合于环形拓扑的单方向传输。

环形拓扑结构的缺点如下。

1）节点的故障会引起全网故障。这是因为环上的数据传输要通过接在环上的每个节点，一旦环中某一节点发生故障，就会引起全网的故障。

2）故障检测困难。这与总线型拓扑结构相似，因为不是集中控制，所以故障检测须在网上各节点进行，不是很容易。

3）环形拓扑结构的媒体访问控制协议采用令牌传递的方式，在负载很轻时，信道利用率相对来说比较低。

3. 星形拓扑

星形拓扑是由中央节点和通过点到点通信链路连接中央节点的各站点组成的。中央节点执行集中式通信控制策略，因此中央节点相当复杂，而各站点的通信处理负担很小。星形拓扑结构采用的交换方式有电路交换和报文交换，尤以电路交换更为普遍。这种结构一旦建立了通道连接，就可以无延迟地在连通的两个站点之间传送数据。私人分支交换机（private branch exchange，PBX）就是星形拓扑结构的典型实例。

星形拓扑结构的优点如下。

1）结构简单，连接方便，管理和维护都相对容易，并且扩展性强。

2）网络延迟时间较小，传输误差低。

3）在同一网段内支持多种传输介质，除非中央节点故障，否则网络不会轻易瘫痪。

4）每个节点直接连接中央节点，容易检测故障，可以很方便地排除有故障的节点。

星形拓扑结构的缺点如下。

1）安装和维护的费用较高。

2）共享资源的能力较差。

3）一条通信线路只被该线路上的中央节点和边缘节点使用，通信线路的利用率不高。

4）对中央节点要求非常高，如果中央节点出现故障，则整个网络都将瘫痪。

4. 树形拓扑

树形拓扑可以被认为是由多级星形结构组成的，但这种多级星形结构自上而下呈三角形分布，就像一棵树一样，最顶端的枝叶少些，中间的枝叶多些，最下面的枝叶最多。树的最下端相当于网络的边缘层，树的中间部分相当于网络的汇聚层，而树的顶端则相当于网络的核心层。它采用分级的集中控制方式，其传输介质可有多条分支，但不形成闭合回路。每条通信线路都支持双向传输。

树形拓扑结构的优点如下。

1）易于扩展。这种结构可以延伸出很多分支和子分支，这些新节点和新分支都能容易地加入网内。

2）故障隔离较容易。如果某一分支的节点或线路发生故障，则很容易将故障分支与整个系统隔离开来。

树形拓扑结构的缺点如下。

各节点对根的依赖性太大，如果根发生故障，则全网不能正常工作。从这一点来看，树形拓扑结构的可靠性类似于星形拓扑结构。

5. 网形拓扑

网形拓扑结构在广域网中得到了广泛的应用，它的优点是不受瓶颈问题和失效问题的影响。由于节点之间有多条路径相连，可以为数据流的传输选择适当的路由，从而绕过失效的部件或过忙的节点。这种结构虽然比较复杂，成本比较高，提供上述功能的网络协议也较复杂，但它的可靠性高，很受用户的欢迎。

网形拓扑结构的优点如下。

1）节点间路径多，碰撞和阻塞减少。

2）局部故障不影响整个网络，可靠性高。

网形拓扑结构的缺点如下。

1）网络关系复杂，建网较难，不易扩充。

2）网络控制机制复杂，必须采用路由算法和流量控制机制。

四、IP 地址与域名

为了实现互联网上不同计算机之间的通信，除了使用相同的通信协议（TCP/IP），每台计算机还必须有一个与其他计算机不重复的地址，它相当于通信时每个计算机的名字。Internet 地址包括域名地址和 IP 地址，它们是 Internet 地址的两种表示方式。

1. IP 地址

在互联网上为每台计算机指定的地址为 IP 地址。IP 地址规定互联网上每个节点都要有统一的地址格式，它为互联网上的每个网络和每台主机分配一个逻辑地址，以此来屏蔽物理地址的差异。这种唯一的地址保证了用户在联网的计算机上操作时，能够高效且方便地从千千万万台计算机中选出自己所需的对象。

首先出现的IP地址是IPv4，它只有4段数字，每段数字最大不超过255。随着互联网的蓬勃发展，IP地址的需求量越来越大，IP地址的发放愈趋严格。2019年11月25日IPv4地址分配完毕。地址空间的不足必将妨碍互联网的进一步发展。为了扩大地址空间，现在拟通过IPv6重新定义地址空间。IPv6采用128位地址长度。在IPv6的设计过程中，除了解决了地址短缺问题，还考虑了在IPv4中解决不利的其他问题，如端到端IP连接、服务质量（quality of service，QoS）、安全性、多播、移动性、即插即用等。

现有的互联网是在IPv4协议的基础上运行的。TCP/IP规定，每个IP地址由32位二进制数组成，为了方便表达和识别，IP地址是以点分十进制形式表示的，每8个二进制位为一组，用一个十进制数来表示，它只有4段数字，每段数字的范围为0～255，每段之间用“.”隔开。例如，192.168.0.1即某台计算机的IP地址。

在使用中，一般把32位的IP地址分成网络地址和主机地址两部分。这是为了方便寻址。实际上，Internet是由许多不同的小型网络互联而成的。这些小型网络分属不同的企业或公司，一般把这些小型网络称为子网。每个子网都由若干台计算机互相连接而成。IP地址的网络地址部分用于说明这些不同的子网，而主机地址部分用于说明这个子网中的主机地址。Internet把从某台计算机中发出的数据送到另一台计算机中时，首先根据目的计算机的IP地址找出该计算机所述的子网，并将该数据发送到该子网；然后由该子网将数据发送到目的计算机。这和邮政系统的邮递邮件类似，邮政系统首先将邮件发送到收信人所在城市的邮局，然后由邮递员将信送至收信人的邮箱。

根据IP地址中网络地址的长度，可以将IP地址分成若干类，每类IP地址都由两个固定长度的字段构成，其中一个字段是网络地址，另一个字段是主机地址。为了适应不同的网络规模，人们将IP地址划分为A、B、C、D、E五大类。其中，A、B、C这3类由国际组织——网络信息中心（Network Information Center，NIC）在全球范围内统一分配，如表3-1所示，而D、E类为特殊地址。

表3-1 分类IP地址详述

类别	最大网络数	可使用IP地址范围	单个网段最大主机数	私有IP地址范围
A	126(2^7-2)	1.0.0.1～127.255.255.254	16777214	10.0.0.0～10.255.255.255
B	16384(2^{14})	128.0.0.1～191.255.255.254	65534	172.16.0.0～172.31.255.255
C	2097152(2^{21})	192.0.0.1～223.255.255.254	254	192.168.0.0～192.168.255.255

（1）A类IP地址

一个A类IP地址是指在IP地址的4段数字中，第一段数字为网络号码，剩下的3段数字为本地计算机号码。如果用二进制数表示IP地址，则A类IP地址由1字节的网络地址和3字节主机地址组成，网络地址的最高位必须是“0”。A类IP地址中网络的标识长度为7位，主机标识的长度为24位，地址范围从1.0.0.0到126.0.0.0。A类IP地址数量较少，可以用于主机数达 1600 万台的大型网络。

（2）B 类 IP 地址

一个 B 类 IP 地址是指在 IP 地址的 4 段数字中，前两段数字为网络号码，剩下的两段数字为本地计算机号码。如果用二进制数表示 IP 地址，则 B 类 IP 地址由 2 字节网络地址和 2 字节主机地址组成，网络地址的最高位必须是“10”，地址范围从 128.0.0.0 到 191.255.255.255。B 类 IP 地址中网络的标识长度为 14 位，主机标识的长度为 16 位，B 类 IP 地址适用于中等规模的网络，每个网络所能容纳的计算机数为 6 万多台。

（3）C 类 IP 地址

一个 C 类 IP 地址是指在 IP 地址的 4 段数字中，前 3 段数字为网络号码，剩下的一段数字为本地计算机的号码。如果用二进制数表示 IP 地址，则 C 类 IP 地址由 3 字节的网络地址和 1 字节主机地址组成，网络地址的最高位必须是“110”，范围从 192.0.0.0 到 223.255.255.255。C 类 IP 地址中网络的标识长度为 21 位，主机的标识长度为 8 位。C 类 IP 地址数量较多，适用于小规模的局域网络，每个网络最多只能包含 254 台计算机。

2. 子网掩码

子网掩码用于屏蔽 IP 地址的一部分以区别网络标识和主机标识，并说明该 IP 地址是在局域网上还是在远程网上。子网掩码不能单独存在，它必须结合 IP 地址一起使用。

子网掩码的设定必须遵循一定的规则。在 IPv4 中，子网掩码的长度也是 32 位，左边是网络位，用二进制数字“1”表示；右边是主机位，用二进制数字“0”表示。例如，某台计算机的 IP 地址为“192.168.1.1”，子网掩码为“255.255.255.0”，其子网掩码用二进制数可以表示为 11111111.11111111.11111111.00000000，子网掩码中的“1”有 24 个，代表与此相对应的 IP 地址左边 24 位是网络号；“0”有 8 个，代表与此相对应的 IP 地址右边 8 位是主机号。这样子网掩码就确定了一个 IP 地址的 32 位二进制数字中哪些是网络号、哪些是主机号。这对于采用 TCP/IP 协议的网络来说非常重要，只有通过子网掩码，才能表明一台主机所在的子网与其他子网的关系，使网络正常工作。

两台计算机之间进行通信，如果两台计算机的网络地址相同，则表明它们在同一个子网中，它们之间可以不通过路由直接通信。如果网络地址不同，则表明它们不在同一个子网内，那么它们之间通信要通过默认网关，一般是先由路由器转发（假定该主机没有目标主机的特定路由），再经过一系列的路由到达目标子网，并分发给目标主机。

3. 域名

IP 地址以数字代表主机的地址，比较难记。为了方便记忆和使用，也为了便于网络地址的分层管理和分配，Internet 的开发者在 1984 年采用了域名系统（domain name system），使入网的每台主机都具有类似下列结构的域名：“主机号.机构名.网络名.最高层域名”。

域名用一组简短的英文表达，比用数字表达的 IP 地址容易记忆。例如，浙江经济职业技术学院的一台与 Internet 联网的计算机主机的 IP 地址是“120.199.18.164”，域名为“www.zjtie.edu.cn”，其含义是：www 表示主机号，zjtie 表示浙江经济职业技术学院，edu 表示教育，cn 表示中国。其中，edu.cn 表示教委网。

所谓域名服务器（domain name server），实际上就是装有域名系统的主机。它是一种能够实现名字解析（name resolution）的分层结构数据库。加入 Internet 的各级网络依照域名管理系统的命名规则对本网内的主机命名并分配网内主机号，负责完成通信时域名到 IP 地址的转换。对使用者来说，在绝大部分情况下可以不使用 IP 地址，而直接使用域名。Internet 的服务系统会自动地将域名转为 IP 类型的地址。

五、常用的网络测试工具

在一个庞大的网络中，节点往往是四处分布的，遍布整栋建筑甚至几栋建筑或几个不同的地方，如没有网络测试工具，则调试的困难是可想而知的。专门的网络测试工具一般是硬件，价格相当昂贵，一个中小型企业或家庭一般不太可能花巨资购买硬件只为解决一些网络故障。其实，在操作系统中也内置了一些非常有用的软件网络测试工具，如果使用得当，并掌握一定的测试技巧，则可以满足一般需求。

1. ping 命令

ping（packet internet groper）是一种 Internet 包探索器，用于测试网络连接量的程序。ping 是工作在 TCP/IP 网络体系结构中应用层的一个服务命令，主要是向特定的目标主机发送 ICMP（internet control message protocol，因特网控制消息协议）应答请求报文，测试目标站点是否可达及了解其有关状态。

我们可以用 ping 命令来测试网络是否通畅，这在局域网的维护中经常用到。方法很简单，只需要在 DOS 系统或 Windows 系统的“命令行”窗口中用 ping 命令加上所要测试的目标计算机的 IP 地址或主机名即可（目标计算机要与所运行 ping 命令的计算机在同一网络内或连接成一个网络），其他参数可全不加。如果要测试一台 IP 地址为 196.168.1.21 的计算机与服务器是否已联网成功，则可以右击“开始”按钮，在快捷菜单中选择“运行”选项，打开“运行”对话框，输入“cmd”，按 Enter 键即可打开“命令行”窗口，输入 ping -a 196.68.123.56，如果计算机的 TCP/IP 协议工作正常，就会在“命令行”窗口显示如下信息。

```
Pinging cindy[196.168.1.21] with 32 bytes of data:
Reply from 196.168.1.21: bytes=32 time<10ms TTL=254
Reply from 196.168.1.21: bytes=32 time<10ms TTL=254
Reply from 196.168.1.21: bytes=32 time<10ms TTL=254
```

```
    Reply from 196.168.1.21: bytes=32 time<10ms TTL=254
    Ping statistics for 196.168.1.21:
    Packets: Sent = 4, Received = 4, Lost= 0(0% loss), Approximate round
trip times in milli-seconds:
    Minimum = 0ms, Maximum = 0ms, Average = 0ms
```

从上面内容可以看出，目标计算机与服务器连接成功，TCP/IP 协议工作正常，因为加了“-a”这个参数，所以可以知道 IP 地址为 196.168.1.21 的计算机的 NetBIOS 名为 cindy。

如果网络未连接成功，则显示如下错误信息。

```
    Pinging[196.168.1.21 ] with 32 bytes of data
    Request timed out.
    Request timed out.
    Request timed out.
    Request timed out.
    Ping statistics for 196.168.1.21:
    Packets: Sent=4, Received =0, Lost=4(100% loss), Approximate round trip
times in milli-seconds
    Minimum=0ms, Maximum=0ms, Average=0ms
```

2. IPConfig 命令

IPConfig 实用程序可用于显示当前的 TCP/IP 配置。这些信息一般用来检验人工配置的 TCP/IP 设置是否正确。如果计算机和所在的局域网使用了动态主机配置协议（dynamic host configuration protocol，DHCP），那么 IPConfig 可以帮助用户了解计算机是否成功地租用到 IP 地址，以及具体分配给该计算机的 IP 地址。此命令也可以清空 DNS 缓存（DNS cache）。了解计算机当前的 IP 地址、子网掩码和默认网关，是进行网络测试和故障分析的必要项目。

运行命令“ipconfig /all”会显示所有网络适配器（网卡、拨号连接等）的完整 TCP/IP 配置信息。与不带参数的用法相比，它显示的信息更全、更多，如 IP 地址是否动态分配、网卡的物理地址等。

3. 检查计算机网络的物理连接

所谓物理连接，是指设备连接。对于有线连接的计算机来说，一般将新的网线插头插入计算机上的网线端口时，会有一声清脆的“嗒”的声音，这说明网线已经接入端口，如果端口有指示灯，接通之后指示灯会闪烁。此外，需要注意网线的水晶头是否因被拉松、拉脱接线和插头而接触不良。还有一种无法联网的情况是路由器的问题，需要仔细地检查路由器。例如，路由器使用时间过长导致设备发热，会引起故障，相当于计算机的死机，此时可以选择重启路由器。

4. 检查计算机网络的逻辑配置

可以从以下几个方面检查逻辑配置中各类信号线、数据线、电源线是否连接正确。

1）用 ping 命令 ping 127.0.0.1，检查网络是否正常。

2）查看网络适配器是否有网卡及其驱动。对于具体网卡的查看，以 Windows 系统为例进行说明：右击桌面左下角的“开始”按钮，在打开的快捷菜单中选择“设备管理器”选项，在打开的“设备管理器”窗口中右击“网络适配器”级联菜单下的网卡名，在打开的快捷菜单中选择“属性”选项，即可在“属性”对话框中查看、更新、卸载驱动程序。

3）检查网络配置中的 IP 地址属性是否正确。如果所在网络支持自动获取 IP 地址，则须在网络配置中设置为自动获取 IP 地址。否则，需要从网络系统管理员处获得适当的 IP 地址设置。

任务实施——尝试排查计算机网络故障

小明在知晓计算机网络的一些基础知识和实际应用后，偶然遇到了计算机无法联网的问题，他决定利用所学知识对计算机网络的故障进行排查。

能力拓展——设计办公室网络配置方案

在实习的第一天，小明依照学过的 IP 地址、子网掩码、网关、DNS 服务器等知识，打开了自己工位上的计算机，摸索着在 Windows 操作系统中进行 TCP/IP 属性参数的设置。只有正确设置这些参数，计算机才能连接到网络中。请查阅相关资料，帮他设计一套合适的办公室网络配置方案。

评价反馈

自评表

序号	评价内容	评价标准	自评分数	教师评分
1	计算机网络的基本概念	能说明计算机网络的体系结构		
2	计算机网络的分类与拓扑结构	能辨认计算机网络的分类与拓扑结构		
3	IP 地址与域名	能解释 IPv4、域名解析原理等网络配置		
4	网络测试工具	会使用 ping、IPconfig 等命令工具		
考核评价	总分（每项评价内容为 25 分，满分 100 分）			
	指导教师评语			

任务二　探索互联网

任务目标

- 能列举互联网与物联网的应用案例。
- 会使用信息检索。

任务描述

小明是一名大一新生，他了解到毕业时需要写毕业论文，因此对专业知识和技能的信息检索就变得尤为重要，并且他很重视对个人信息的保护。为帮助自己理性地探索世界、认识自己、找到自己的节奏，小明需要了解互联网、物联网与信息检索等。

任务分析与相关知识

根据以上任务描述进行分析，小明计划从了解互联网、物联网和信息检索着手。

一、互联网

互联网（internet），采用 TCP/IP 协议通信，将世界各地成千上万的计算机相互连接在一起，形成可以相互通信的计算机网络系统，是全世界最大、最有影响力的计算机信息资源网。它就像在计算机与计算机之间架起的一条高速公路，方便各种信息在上面快速地传递。这种高速公路网遍布全球，形成一个网状结构。

互联网是人类历史发展中的一个伟大的里程碑，它是信息高速公路的雏形，人类正是由此进入了一个前所未有的信息化社会。人们用各种名称来称呼它，如国际互联网、网际网等。

1. 互联网的组成

互联网主要由通信线路、路由器、主机和信息资源等部分构成。

1）通信线路。通信线路是互联网的基础设施，负责将互联网中的路由器和主机连接起来，可以分为有线通信线路和无线通信线路。

2）路由器。路由器是互联网中最重要的设备之一，负责将互联网中的各局域网或广域网连接起来。当数据从一个网络传输到路由器时，它需要根据所要到达的目的地进行路径选择。

3）主机。主机是互联网中不可缺少的部分，它是信息资源与服务的载体。按照在互联网中的用途，可以将主机分为两类：服务器和客户机。服务器是信息资源与服务的提供者，它一般是指性能较高、存储容量大的计算机。根据提供的服务不同，可以将服务器分为数据库服务器、WWW 服务器、FTP 服务器等。客户机是信息资源和服务的使用者。

4）信息资源。信息资源是用户最关心的问题，它会影响互联网的受欢迎程度。在互联网中，有很多类型的信息资源，如文本、图像、声音与视频等，并涉及社会生活的各方面。通过互联网，用户可以查找科技咨询、获得商业信息、下载流行音乐，参与网络联机游戏或收看网络直播等。

2. 我国的骨干网络

从 1988 年开始，我国在网络基础设施上进行了大规模的投资。到 1994 年已经形成了以四大骨干网络为主的互联网全功能服务。四大骨干网络具体如下。

1）中国公用计算机互联网（ChinaNet）。ChinaNet 是中国第一个由国人自己设计、建设及运营的大型公用计算机互联网，由邮电部门经营管理，为国内所有的客户提供互联网的接入服务。

2）中国国家计算机与网络设施（The National Computing and Networking Facility of China，NCFC）。NCFC 也称中国科技网（CSTNET），是中国科学院领导下的学术性、非营利的科研计算机网络，1993 年完成我国最高域名 cn 主服务器的设置；1994 年 4 月，率先与美国 NSFNET 直接互联，实现了中国与互联网的全功能网络连接，为用户提供全方位的互联网服务，这标志着我国最早的国际互联网络的诞生。

3）中国教育和科研计算机网（China Education and Research Network，CERNET）。CERNET 是 1994 年由国家投资建设的、由教育部负责管理的、由清华大学等高校承担建设和管理运行的全国性学术计算机互联网络。它利用先进实用的计算机技术和网络通信技术实现校园间的计算机联网和信息资源共享，并与国际学术计算机网络互联，建立功能齐全的网络管理系统。CERNET 的全国网络中心设置在清华大学，负责全国主干网络的运行和管理；它也是我国开展下一代互联网研究的试验网络，在全国第一个实现了与国际下一代高速网的互联。

4）中国国家公用经济信息通信网（China Golden Bridge Network，ChinaGBN）。ChinaGBN 又称中国金桥信息网，它是中国国民经济信息化的基础设施，是建立金桥工程的业务网，支持中国的金关、金税、金卡等“金”字头工程的应用。ChinaGBN 是信息网、多媒体网、综合业务数字网（integrated services digital network，ISDN）、增值业务网（value added network，VAN），区别于基本的电信业务网。

3. 互联网的应用

从功能上看，互联网的信息服务可以归为 3 类：共享资源、交流信息、发布和获取信息。在网络上的任何活动都离不开这 3 个基本功能。

（1）共享资源

互联网上的信息资源非常丰富。用户通过浏览器可以浏览网站，了解自己感兴趣的信息，可以访问世界上著名的大学、图书馆、博物馆等的网站，可以从网络上下载自己需要的软件资源（办公软件、游戏软件、管理软件、系统软件等），可以登录 BBS 服务器参与各种讨论，可以通过文件传输协议（file transfer protocol，FTP）将远程资源传输到本地计算机使用。互联网打破了人们传统的获取信息的时空障碍。

（2）交流信息

人们组成社会是为了相互交流和协作。互联网突破了空间距离和物体介质的限制，极大地加强了人与人之间的联系。互联网上的交流形式很多，最常见的是电子邮件。与传统的写信、打电话、发传真相比，发送电子邮件既便宜又方便。此外，互联网还提供了很多方便人们就某些感兴趣的话题进行交流的场所，如微博、论坛等。随着网络速度的提高，网络上的信息交流形式也迅速发展，增加了许多实时的、多媒体的通信手段，如网络会议、网络游戏、即时通信软件（QQ、微信等）。互联网使人们的交流方式发生改变。

（3）发布和获取信息

互联网作为一种新的传播媒体，为人们提供了一种让外界了解自己的窗口，提供了广阔的空间。特别是WWW应用出现以后，互联网真正变成了一个多媒体的信息发布“海洋”，网上报刊、网上直播、网上招聘等应有尽有。近几年出现的抖音、博客作为发布和获取信息的新形式，吸引了大量用户在其上发布信息，并通过互联网来展示自我。

二、物联网

物联网（internet of things，IoT）即“万物相连的互联网”，是在互联网基础上延伸和扩展的网络，是将各种信息传感设备与网络结合起来而形成的一个巨大网络，实现任何时间、任何地点，人、机、物的互联互通。

物联网是新一代信息技术的重要组成部分，意为物物相连、万物万联。物联网就是物物相连的互联网。这有两层意思：第一，物联网的核心和基础仍然是互联网，是在互联网基础上延伸和扩展的网络；第二，其用户端延伸和扩展到物品与物品之间的信息交换和通信。因此，物联网的定义是：通过射频识别、红外感应器、全球定位系统、激光扫描器等信息传感设备，按约定的协议，把任何物品与互联网相连接，进行信息交换和通信，以实现对物品的智能化识别、定位、跟踪、监控和管理的一种网络。

物联网的应用领域涉及方方面面，它在工业、农业、环境、交通、物流、安保等基础设施领域的应用，有效地推动了这些领域的智能化发展，使得有限的资源得到更加合理的使用分配，从而提高了行业效率、效益。物联网在家居、医疗健康、教育、金融与服务业、旅游业等与生活息息相关的领域的应用，使这些领域的服务范围、服务方式、服务质量等都有了极大的改进，大大提高了人们的生活质量。

1. 智能交通

物联网技术在道路交通方面的应用比较成熟。随着车辆越来越普及，交通拥堵甚至瘫痪已成为城市的一大问题。借助物联网技术对道路交通状况实时监控并将信息及时传递给驾驶人，让驾驶人及时做出出行调整，有效缓解了交通压力；在高速路口设置道路自动收费系统（electronic toll collection，ETC），免去进出口取卡、还卡的环节，提升车辆的通行效率；在公交车上安装定位系统，能及时了解公交车行驶路线及到站时间，使乘客可以根据搭乘路线确定出行，避免浪费时间。车辆增多除了带来交通压力，还使停车日益成为一个突出问题，不少城市推出了智慧路边停车管理系统。该系统基于云计算平台，结合物联网技术与移动支付技术，共享车位资源，提高车位利用率和用户的方便程度。该系统可以兼容手机模式和射频识别模式，让用户通过手机端 App 及时了解车位信息、车位位置，提前预订车位并实现缴费等操作，在一定程度上解决了停车难、难停车的问题。

2. 智能家居

智能家居是物联网在家庭中的基础应用。随着宽带业务的普及，智能家居产品涉及方方面面。家中无人时，用户可利用手机等产品客户端远程操作智能空调调节室温，甚至实现全自动温控操作，在炎炎夏季回家就能享受冰爽带来的惬意；通过客户端实现开关智能灯、调控灯的亮度和颜色等。在插座内置 WiFi，可实现遥控插座定时通断电流，甚至可以监测设备用电情况，生成用电图表，让用户对用电情况一目了然，从而合理安排资源使用及开支预算。智能体重秤可监测运动效果。看似烦琐的家居生活因为物联网变得更加轻松、美好。

3. 公共安全

近年来，全球气候异常情况频发，灾害的突发性和危害性进一步加大，通过互联网可以实时监测环境的安全性，提前预防、实时预警、及时采取应对措施，降低灾害对人类生命财产的威胁。利用物联网技术可以智能获取大气、土壤、森林、水资源等方面的各指标数据，对于改善人类生活环境发挥巨大作用。

三、信息检索

信息检索

信息检索（information retrieval）是用户进行信息查询和获取的主要方式，是查找信息的方法和手段。狭义的信息检索仅指信息检索（information search），即用户根据需要，采用一定的方法，借助检索工具从信息集合中找出所需信息的查找过程。其中，发展比较迅速的信息检索是网络信息检索，即网络信息搜索，是指互联网用户在网络终端通过特定的网络搜索工具或通过浏览的方式，查找并获取信息的行为。

搜索引擎可以帮助用户在互联网上找到特定的信息，但它们同时也会返回大量无关的信息。下面以百度搜索为例，展示如何在保证检索准确度的前提下提高检索速度。

1. 精确匹配

把关键词放在双引号中，代表完全匹配搜索。

2. 限制性搜索

需要搜索两个或两个以上相关的关键词时，可以在它们之间用“+”号连接，如“关键词+关键词”；要搜索的关键词中不包含某个内容时，可以在它们之间用“-”号连接，如“关键词-关键词”。

3. 特定网站内容搜索

限制 site 冒号后的搜索范围在特定网站，如中华人民共和国 site:baidu.com。

4. 特定文件格式搜索

限制 filetype 冒号后搜索特定的文件类型，如 pdf、doc、xls、ppt 等。例如，西游记 filetype:pdf。

5. 高级搜索

可以定制搜索的选项，包括但不限于：包含以下全部的关键词、包含以下完整关键词、包含以下任意一个关键词、不包括以下关键词、选择搜索结果显示的条数、限定要搜索的网页的时间、限定搜索网页的语言、限定搜索网页的格式、限定查询关键词的位置、限定要搜索指定的网站等。

任务实施——高效使用搜索引擎

小明在了解信息检索的方法后，认为自己在使用搜索引擎时，直接输入要搜索的关键词，然后在搜索结果里一个个点开查找的方式太低效了。他根据自己的兴趣爱好，准备在搜索引擎中搜索知乎中关于 Python 爬虫的文章。

打开百度首页，输入“Python 爬虫 site:zhihu.com”，按 Enter 键确认，知乎中关于 Python 爬虫的文章就完全展示在网页中了。

能力拓展——设计智能家居配置方案

小明计划给家里搭配一套智能家居，包括但不限于无线温湿度传感器、无线空气质量传感器、无线门铃、无线门/窗磁、智能照明、智能家电和智能监测等。请访问物联网智能家居应用案例的相关网站，了解最新行业信息，查阅相关资料，帮他设计一套合适的智能家居配置方案。

评价反馈

自评表

序号	评价内容	评价标准	自评分数	教师评分
1	互联网	能说明互联网的发展与常用服务		
2	物联网	能概述物联网的发展过程与应用场景		
3	信息检索	会灵活、高效运用搜索引擎		
考核评价	总分（前两项评价内容为 30 分，第三项为 40 分，满分 100 分）			
	指导教师评语			

任务三　聚焦网络安全

任务目标

- 能说明防火墙技术。
- 能归纳信息安全与保护。

任务描述

小明是一名大一新生，他在入学时就了解到网络信息安全非常重要，因此他很重视个人信息的保护。为帮助自己理性化地探索世界、保护自己，小明计划了解和掌握防火墙技术的应用、信息安全与保护等。

任务分析与相关知识

根据以上任务描述进行分析，小明认为要从了解防火墙技术的应用和信息安全与保护着手。

一、防火墙技术应用

防火墙（firewall）是通过有机结合各类用于安全管理与筛选的软件和硬件设备，在计算机内、外网之间构建一道相对隔绝的保护屏障，以保护用户资料与信息安全的一种技术，其原理如图 3-3 所示。

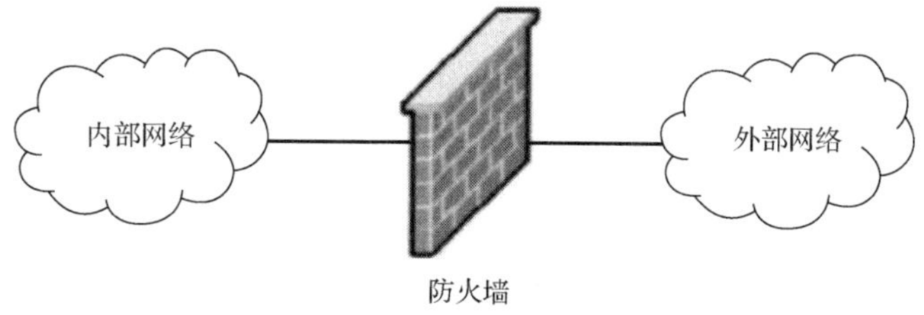

图 3-3　防火墙原理

防火墙对流经它的网络通信进行扫描，能够过滤掉一些攻击信息，防止其在目标计算机上被执行。防火墙还可以关闭不使用的端口等。除此之外，它还可以禁止来自特殊站点的访问，从而防止来自不明入侵者的所有通信。

在具体应用防火墙技术时，还要考虑两个方面：一是防火墙是不能防病毒的，虽然有不少防火墙产品的开发者声称其产品具有这个功能；二是数据在防火墙之间的更新如果延迟太大，则无法支持防火墙的实时服务请求。

二、信息安全与保护

随着社会信息化和数字化，互联网技术的发展使得隐私保护信息的获取和应用更加便捷。隐私保护信息的收集、泄露和销售导致了范围更广的隐私保护信息侵权，使网络空间中隐私保护信息的安全隐患日益严重。大数据给予我们很多方便，同时也让大量个人信息处在被泄露的风险之中。事实上，已经有很多人因为购物、玩网游而泄露了自己的信息并给自己带来不少麻烦。可以说，网络安全问题给人们的正常生活带来了越来越严重的危害。

在一般情况下，个人信息泄露包括主动泄露和非主动泄露。主动泄露的信息包括申请账号时填写的身份证号、邮箱地址、姓名、家庭住址等信息。非主动泄露是指信息被窃取或在没有提示的情况下被他人非法出售。例如，计算机被计算机病毒或木马入侵、安装了不安全的第三方插件、未安全设置 cookie、通过互联网传输未加密信息等，都可能造成个人信息的非主动泄露。

1. 计算机病毒

（1）计算机病毒的定义、特点及传播方式

计算机病毒（computer virus）是指编制者在计算机程序中插入的破坏计算机功能或者数据，影响计算机正常使用并且能够自我复制的一组计算机指令或程序代码。

计算机病毒具有传染性、隐蔽性、感染性、潜伏性、可激发性、表现性或破坏性。计算机病毒的生命周期如下：开发期→传染期→潜伏期→发作期→发现期→消化期→消亡期。

计算机病毒有自己的传输模式和不同的传输路径。计算机病毒的主要功能是自我复制和传播，这意味着计算机病毒的传播非常容易，通常只要在可以交换数据的环境中就可以进行传播，计算机病毒传输方式有以下 3 种主要类型。

1）移动存储设备传播。U 盘、移动硬盘等都可能成为传播计算机病毒的路径，并且因为它们经常被移动和使用，所以更容易成为计算机病毒的携带者。

2）网络传播。网页、电子邮件、聊天软件等都可能成为计算机病毒网络传播的途径。特别是近年来，随着网络技术的发展和互联网运行频率的提升，计算机病毒的传播速度越来越快，范围也在逐步扩大。

3）系统弱点传播。近年来，越来越多的计算机病毒利用计算机应用系统和软件应用的漏洞进行传播。

（2）计算机病毒的防治

计算机病毒也不是不可控制的，可以通过以下几个方面来减少计算机病毒对计算机的破坏。

1）安装最新的杀毒软件。每天升级杀毒软件病毒库，定时对计算机进行病毒查杀。上网时开启杀毒软件的全部监控。培养良好的上网习惯，如慎重打开不明邮件及附件、不打开可能带有计算机病毒的网站、尽可能使用较为复杂的密码。

2）谨慎下载软件。不要乱打开链接和随意下载软件，特别是对那些含有明显错误的网页；不要执行从网络下载后未经杀毒处理的软件等。如果需要下载软件，则应到官方网站下载，下载后要及时用杀毒软件进行查毒。

3）不要随便浏览或登录陌生的网站。现在有很多非法网站被加入了恶意的代码，一旦用户打开，使用的设备就会被植入木马或其他计算机病毒。

4）培养自觉的信息安全意识。在使用移动存储设备时，尽可能不要共享这些设备，因为移动存储是计算机病毒进行传播的主要途径，也是计算机病毒攻击的主要目标。在对信息安全要求比较高的场所，应将计算机的 USB 接口封闭，同时在有条件的情况下应该做到专机专用。

5）打全系统补丁，将应用软件升级到最新版本。应避免计算机病毒以网页木马的方式入侵系统或者通过其他应用软件漏洞传播；将受计算机病毒侵害的计算机尽快隔离。在使用计算机的过程中，若发现计算机上存在病毒或者计算机异常，则应及时中断网络，采取有效措施清除病毒，对计算机系统进行修复；当发现计算机网络一直中断或者异常时，应立即切断网络，以免计算机病毒在网络中传播。

6）备份数据文件。在计算机系统运行中，及时复制一份资料副本，当计算机系统受病毒破坏时，可以及时启用备份。

2. 个人信息保护

可以从以下几个方面进行个人信息保护，防止其被泄露。

（1）加强自我保护意识

一些小网站由于安全措施不强，容易被黑客攻击，从而导致网站注册用户的信息被泄露，同时这些小网站管理制度不完善，可能有工作人员将用户信息泄露给不法分子。

谨慎上传身份证照片，上传身份证照片时在照片上加上表示用途的文字。在找回密码、支付工具认证、网上申请信用卡时，我们需要上传身份证照片，此时一定要谨慎，坚持“能不上传就不上传”的原则。上传身份证照片时一定要加上表示该照片用途的文字水印，同时水印要与身份证的文字有一定的重合，不要全部在空白处。

（2）定期对手机和计算机进行木马查杀

手机和计算机在使用过程中有可能感染木马，这些木马会将手机或者计算机中的信息发送到编制者指定的位置，因此需要定期使用安全工具对手机和计算机进行木马查杀；同时要养成良好的上网习惯，不安装来历不明的软件，不打开危险链接，不浏览非法网站。

（3）谨慎连接公共网络

不在公共场所随意连接未知 WiFi，尤其是未加密的 WiFi 热点。连接未知的 WiFi 可能会在使用该 WiFi 的过程中，使个人信息被黑客窃取，尤其是使用未加密的 WiFi，由于传输数据也是未加密的，因此极易造成信息泄露。

3. 法律规范

《中华人民共和国个人信息保护法》已由中华人民共和国第十三届全国人民代表大会常务委员会第三十次会议于2021年8月20日通过并公布。

依据《中华人民共和国民法典》的规定，个人信息受法律保护，任何单位和个人不得非法收集、使用、加工、传输他人个人信息，不得非法买卖、提供或者公开他人个人信息。

2017年6月1日起施行的《中华人民共和国网络安全法》，旨在保障网络安全，维护网络空间主权和国家安全、社会公共利益，保护公民、法人和其他组织的合法权益，促进经济社会信息化健康发展。

任务实施——制作网络安全风险的防范手册

小明在了解信息安全与保护的基本知识后，认为自己可以给班级中的同学准备一份网络安全风险防范手册。他利用之前所学的信息检索知识，收集到以下信息并将其制作成手册。

1. 谨防电信网络诈骗

电信网络诈骗，是指以非法占有为目的，利用电话、短信、互联网等电信网络技术手段，虚构事实，设置骗局，实施远程、非接触式诈骗，骗取公私财物的犯罪行为。

凡是声称缴纳数十元、上百元会费就能获利数万元、数十万元甚至数百万元的各类App、项目，都是诈骗；凡是“客服”要求必须通过发来的二维码、链接下载贷款App的，都是诈骗；未收到贷款之前，坚决不缴纳任何费用；凡是网络兼职刷单要求先垫付资金的，都是诈骗；网络交友一定要注意核实对方的真实身份，不要透露自己的隐私信息，不要轻信陌生人发来的“盈利图”，不加入全是陌生人的“投资群”，不轻信“营业执照”，不做“国际盘”；不要向陌生个人账号汇款转账，向平台注资时要多方验证其是否合法正规。如果遭遇诈骗，则保存好汇款或转账时的凭证并立即报警。

2. 做好个人信息保护

个人敏感信息，是指一旦遭到泄露、非法提供或滥用，就可能危害个人人身和财产安全，极易导致个人名誉、身心健康受到损害或遭受歧视性待遇等的个人信息。

要安装安全软件，定期升级更新操作系统；要从官方软件市场下载和安装App；要认真辨别公共WiFi真实性，不要通过公共WiFi办理转账汇款等敏感业务；要避免通过伪基站短信等途径访问钓鱼网站；不要在虚假贷款App或网站上提交姓名、身份证照片、个人资产证明、银行账户、地址等个人隐私信息。

不要在朋友圈、社交网站等发布个人敏感信息。个人信息如果被泄露，则应向互联网管理部门、工商部门、消费者协会、行业管理部门和相关机构投诉举报。

3. 保护密码

在设置密码时，要避免设置弱口令，不要用登录名的任何一部分、字典中的任何单词、曾经用过的口令的任何一部分、字母或数字的重复序列、键盘上相邻的键（如qwerty）、个人相关信息（如驾照、电话、地址等）作为密码。

设置安全复杂的密码的建议：用8个字符以上且包含英文大小写+数字+符号的组合作为密码，同时一旦有暴露的风险，就要及时更换密码。

4. 远离网络谣言

通过正当、合理的途径去寻求解决办法，不能通过互联网策划制造网络事件，蓄意制造传播谣言；查看信息来源是否权威，是否存在偷换概念、以偏概全、标题党、抓眼球等迹象，是否符合常识、符合科学原理；访问“中国互联网联合辟谣平台”“科普中国网”等平台学习科普知识，查证谣言，举报谣言线索；戒除“宁信其有、不信其无”的从众心理；发言或转发信息前考虑是否有确凿根据，是否会给他人和社会造成不良影响，以及应承担的相应责任和后果。

5. 防范恶意软件

恶意软件是指可以中断用户的计算机、手机、平板计算机或其他设备的正常运行或对其造成危害的软件。

要安装防火墙和杀毒软件，并及时更新病毒特征库；要从官方应用市场下载正版软件，及时给操作系统和其他软件打补丁；要为计算机系统账号设置密码，及时删除或禁用过期账号；要在打开任何移动存储器前用杀毒软件进行检查；要定期备份计算机、手机的系统和数据，留意异常告警，及时修复恢复系统；不要打开来历不明的网页、邮箱链接或短信中的链接；不要打开QQ等聊天工具上收到的不明文件；不要轻信浏览网页时弹出的各类支付风险、垃圾、漏洞等提示。

能力拓展——设计校园网络信息安全方案

小明计划设计一套校园网络信息安全方案，需要从防火墙访问控制、用户认证系统、入侵检测系统、网络防病毒系统等方面入手。请通过信息检索的方式查阅相关资料，帮他设计一套合适的校园网络信息安全方案。

评价反馈

自评表

序号	评价内容	评价标准	自评分数	教师评分
1	防火墙技术应用	能说明防火墙的原理及相关技术		
2	信息安全与保护	能列举计算机病毒的危害，能归纳个人信息保护的方法和相关的法律法规		
考核评价	总分（每项评价内容为 50 分，满分 100 分）			
	指导教师评语			

模块测试

□ 请扫描二维码，进行本模块学习内容的自我测评。

模块四　新一代技术

导读

从购物到出行、从娱乐到学习，无不显示出新兴计算机技术对人们生活、学习和工作的影响。作为生活在智能时代的我们，需要熟悉和了解这些新兴的计算机技术，认识云计算技术，培养大数据思维，了解人工智能和虚拟现实的具体应用，了解区块链技术。下面让我们来一起认识新技术。

学习目标

知识目标	● 能说出新技术的概念与发展 ● 能说明新技术的关键技术 ● 能概述新技术的具体应用
能力要求	● 能说明新技术在现实生活中应用的具体原理 ● 会列举新技术在不同行业的应用场景
职业素养	● 形成科学的世界观、人生观和道德观 ● 具备基本的科学素养 ● 体会集体主义和爱国主义精神 ● 培养良好的敬业精神和创新意识

任务一　了解云计算技术

任务目标

- 能说出云计算的基本概念和关键技术。
- 能概述云计算的具体应用。

任务描述

小明平时很喜欢写代码、设计网站，他最近设计出一个博客网站，想发布在网络上供他人浏览。他了解到网站发布需要一台云计算服务器。为了发布自己的博客网站，小明需要了解和掌握云计算的基础知识，同时需要弄清楚为什么云计算平台能够发布博客网站，以及云计算的具体应用。

任务分析与相关知识

根据以上任务描述进行分析，小明需要了解云计算的基本概念、关键技术及具体应用。只有对云计算有了初步认识，小明才能通过云计算平台发布自己的网站。

一、云计算的概念

什么是云计算？有一个很形象的比喻：云计算就像一个自来水厂，开发者可以按需随时打开水龙头用水，每个月按照用水量付给自来水厂水费。

从狭义上看，云计算是一种提供资源的网络平台，开发者可以随时按照需求获取云资源。例如，每年“双 11”电商购物节，电商网站订单峰值时访问量达到每秒几十万次，技术人员为了保证网站的正常运行，可以利用云计算平台在购物节访问量大时加大“水龙头”，在平常访问量小时关小“水龙头”。

从广义上看，云计算是一种互联网服务，它有一个资源共享池，这个共享池名为“云”。云计算平台将各种算力资源集合在一起，通过运维软件实现自动化管理。开发者可以像购买商品一样购买所需的计算资源。

总之，目前对云计算的定义非常多。现阶段被广为接受的是中国云计算专家咨询委员会副主任、秘书长刘鹏教授给出的定义：“云计算是通过网络提供可伸缩的廉价的分布式计算能力。”同时，美国国家标准与技术研究院（National Institute of Standards and Technology，NIST）对云计算的定义是：云计算是一种按使用量付费的模式，这种模式提供可用的、便捷的、按需的网络访问，进入可配置的计算资源共享池（资源包括网络、服务器、存储、应用软件、服务），这些资源能够被快速提供给使用者，使用者只需投入很少的管理工作，或与服务供应商进行很少的交互。

二、云计算的关键技术

云计算是一种新型的网络应用概念，那么如何实现如此庞大的计算和数据资源共享中心呢？下面介绍云计算中的关键技术。

1. 虚拟化技术

虚拟化技术是云计算的关键技术之一。它是云计算服务的基础架构层面的重要技术支撑，是信息通信服务实现云计算的主要路径。从技术上看，虚拟化是通过软件仿真计算机硬件，以虚拟机的形式为用户提供服务。从实现上看，虚拟化一是将一台运算处理性能强大的服务器虚拟成若干互相独立的微服务器，实现服务于不同的开发者的目的；二是将机房内多个独立服务器通过虚拟化技术组合成一个运算能力强大的单一服务器，从而满足特定的运算或渲染等计算需求。

2. 分布式数据存储技术

分布式数据存储技术与传统的网络存储存在区别。传统的网络存储采取单一的服务器集中存储数据，当数据量达到一定规模时，存储服务器的磁盘空间和IO（input/output，输入/输出）读取性能将达到瓶颈。分布式数据存储技术采用可扩展的系统架构，其中系统内多台存储服务器负责存储数据，位置服务器负责定位数据，从而实现系统的高可靠性、易扩展、高性能等特性。

3. 编程模型

MapReduce是一种编程模型，是云计算中用来处理和生成大规模数据集（大于1TB）的算法模型。MapReduce可大规模部署在云计算平台的计算机集群上，实现对海量数据的并行化处理并输出结果文件。利用MapReduce编程模型可高效使用云计算平台的集群资源。

4. 分布式资源管理

云计算系统日常会处理海量的数据，需要管理几百台甚至上万台服务器。同时，云计算系统上运行的应用程序五花八门，当一台服务器出现问题时，系统需要有效保证其他服务器不受影响，那么如何高效管理服务器集群？这对云计算平台至关重要。在多节点并发执行环境中，分布式资源管理系统是保证系统状态正确性的关键技术。系统状态需要在多节点之间同步，关键节点出现故障时需要迁移服务，分布式资源管理技术通过锁机制协调多任务对资源的使用，从而保证数据操作的一致性。

三、云计算的应用

云计算技术已经融入当今的社会生活中，呈现多样化形式，最常见的就是搜索引擎。在任何时候，我们只要通过搜索栏输入关键词，就可以搜索到自己想要的数据资源。搜索引擎实现了数据资源的云端共享。除此之外，云计算还有很多应用场景。

1. 存储云

存储云，通常被称为网盘，是云计算技术孕育出的一种新型数据存储方式。用户可以将本地的数据资源上传至存储云，也可以通过互联网下载存储云上的数据资源。在国内，百度网盘和腾讯微云都免费向用户提供存储云服务，其中包括数据存储、备份、归档等服务。

2. 金融云

金融云，是指通过云计算模型使庞大的金融机构数据中心互联互通，构成一个金融云网络，提高整体工作效率，降低工作成本，普及快捷支付。随着金融云的发展，现在人们只需要在手机上进行简单操作，就可以完成银行存款、转账和贷款。现在各大银行都推出了自己的在线银行，许多互联网公司也推出了自己的金融云服务。

3. 教育云

教育云，是指将教育资源虚拟化，通过互联网平台向用户提供一个在线的学习平台。现在流行的慕课就是教育云的一种展现形式。慕课（massive open online courses，MOOC），是指大型开放式网络课程。在国内，北京大学、清华大学、香港中文大学等都开设了网络课程，其中清华大学推出的学堂在线涵盖了国内外超过 5000 门优质课程，覆盖 13 大学科门类。

任务实施——观察身边的云计算应用场景

通过本任务的学习，我们了解了云计算的概念、关键技术和具体应用场景。在当今生活中，随着互联网技术的发展，云计算将会应用到各行各业。请结合学习和生活实际，谈谈自己身边的云计算应用场景实例。

能力拓展——申请云计算服务器

小明计划把自己的博客网站发布到云计算平台上，这样其他用户就可以通过互联网浏览他的博客网站。请访问云计算相关的各类网站，了解最新行业信息，查阅相关资料，帮他在阿里云网站上申请一台云计算服务器。

评价反馈

自评表

序号	评价内容	评价标准	自评分数	教师评分
1	云计算的基本概念	能说出云计算的基本概念		

续表

序号	评价内容	评价标准	自评分数	教师评分
2	云计算的关键技术	能说明云计算的关键技术		
3	云计算的具体应用	会列举云计算的具体应用		
考核评价	总分（前两项各 30 分，第三项 40 分，满分 100 分）			
	指导教师评语			

任务二　了解大数据技术

任务目标

- 能说出大数据的基本概念和关键技术。
- 能概述大数据的具体应用。

任务描述

小明最近接到一项任务，负责整理食堂本学期的消费数据，从这些海量数据中挖掘有价值的信息，帮助食堂提升服务水平。为了完成老师布置的任务，小明需要了解和掌握大数据的基本概念，同时需要弄清楚如何从大数据中挖掘有价值的信息，以及大数据的具体应用。

任务分析与相关知识

根据以上任务描述进行分析，小明需要了解大数据的基本概念、大数据的关键技术及大数据的具体应用。只有对大数据有初步认识，小明才能完成老师布置的任务。

一、大数据的概念

我们在学习生活中总能听到大数据这个词，那么什么是大数据？大数据又称巨量资料，是指传统数据处理软件不足以处理的巨大或复杂的数据集，即数据资料规模巨大，且无法在合理时间内通过传统数据处理软件对它们进行抓取、管理和处理。同时，行业普遍认为大数据具有以下五大特征。

1. 规模性（volume）

随着互联网的高速发展，数据进入了爆炸性增长阶段，大数据的存储容量需要以PB、EB和ZB计量单位来衡量。

2. 高速性（velocity）

大数据产生的速度很快，数据规模巨大，同时数据具有时效性。因此，大数据对数据处理速度有着严格的要求，整个数据分析过程要做到实时处理、接近零延迟。

3. 多样性（variety）

大数据的多样性主要体现为数据来源渠道多、数据类型多、不同数据之间关联性强。

4. 真实性（veracity）

真实性是指数据的质量和保真性。大数据环境下的数据应具有较高的信噪比。信噪比与数据源、数据类型无关。

5. 价值性（value）

虽然大数据数据量巨大，但是具有价值的数据仅占其中很小一部分，因此大数据的真正价值体现在从大量不相关的数据中挖掘出有价值的数据。

二、大数据的关键技术

大数据技术是指伴随着大数据的采集、存储、分析和应用的相关技术，是一系列使用非传统工具来对海量结构化和非结构化数据进行处理，从而获得分析和预测结果的一系列数据处理和分析技术。在大数据领域涌现出了大量新的技术，它们成为大数据采集、存储、处理和呈现的有力工具。

1. 大数据采集

大数据采集是指通过手机、互联网、物联网等途径获取各种类型的结构化、半结构化及非结构化的海量数据的过程。

2. 大数据预处理

大数据预处理是指对已采集数据执行整理、抽取、清洗和转换等操作，从而生成一个新的数据集，为后续的数据分析提供统一格式的数据源。

3. 大数据存储

在大数据时代，数据的规模和增长速度都在不断上升。现如今大部分互联网公司采用分布式存储技术，即将海量的数据分散存储在多台独立的服务器上。

4. 大数据分析

大数据处理的关键是对大数据进行分析，这个步骤决定了大数据能否给我们带来有价值的信息。常用的数据分析方法有分类、回归分析、聚类和关联规则等。

5. 大数据可视化

在大数据时代，数据呈现井喷式增长，大数据分析结果往往是密密麻麻的数字，不容易理解。因此数据大屏等可视化技术显得十分重要。

三、大数据的应用

大数据价值创造的关键在于应用，现如今大数据技术已经融入各行各业。利用大数据不但能够为人们的工作生活带来便利，而且能促进生产环节中的高效资源配置，提升效率。大数据在各行各业的典型应用如下。

1. 电商个性化推荐

电商领域是大数据应用最广泛的领域之一。例如，商品个性化推荐技术，具体是指电商平台根据大数据分析每个用户的兴趣爱好，从而有针对性地推荐用户可能感兴趣的商品。淘宝电商平台通过个性化推荐技术，实现了 App 页面的“千人千面”。

2. 金融信用评估

金融领域也是大数据应用的重要领域。金融公司通过分析客户的大数据，如身份背景、征信数据、工作信息等数据，对用户进行全面的信用评分，常见的具体应用有支付宝的芝麻信用和腾讯信用分。

3. 交通道路导航

交通与我们的日常生活息息相关。在交通道路导航中，大数据应用十分广泛，如道路拥堵预测、导航最优规划、智能导航等。高德地图就是代表性应用案例，高德地图积累了海量的交通出行数据，通过大数据挖掘计算，能够为用户预测道路拥堵情况，给出具体的出行时间建议，为用户交通出行提供决策依据。

任务实施——观察身边的大数据应用场景

通过本任务的学习，我们了解了大数据的概念、关键技术和具体应用场景。在当今生活中，随着大数据技术的发展，大数据将会应用于各行各业。请结合学习和生活实际，谈谈自己身边的大数据应用场景实例。

能力拓展——分析杭州公共交通大数据

小明出门坐公共交通工具总是堵车，他想通过大数据分析找出堵车的时间段，这样就可以避开这个时间段出行。请访问杭州市数据开放平台，下载最新数据信息，查阅相关资料，帮他分析大数据，找出出行拥堵的时间段。

评价反馈

自评表

序号	评价内容	评价标准	自评分数	教师评分
1	大数据的基本概念	能说出大数据的基本概念		
2	大数据的关键技术	能说明大数据的关键技术		
3	大数据的具体应用	会列举大数据的具体应用		
考核评价	总分（前两项各 30 分，第三项 40 分，满分 100 分）			
	指导教师评语			

任务三　了解人工智能

任务目标

- 能说出人工智能的基本概念和关键技术。
- 能概述人工智能的具体应用。

任务描述

小明非常喜欢下围棋，他平时围棋训练的对手是一个围棋机器人。他很想知道为什么围棋机器人的下棋技术比自己还好。于是小明开始查阅人工智能资料，他需要了解和掌握人工智能的基本概念，同时需要弄清楚人工智能的关键技术，以及人工智能的具体应用。

任务分析与相关知识

根据以上任务描述进行分析，小明需要了解人工智能的基本概念、关键技术及具体应用。只有对人工智能有了初步认识，小明才能够理解围棋机器人的原理。

一、人工智能的概念

人工智能是研究、开发用于模拟、延伸和扩展人的智能的理论、方法、技术及应用系统的一门新的技术科学。

人工智能是计算机科学的一个分支，该领域的研究方向有图像识别、语音识别、自然语言处理、专家系统和机器人等。人工智能的主要目的之一是使机器能够胜任一些需要人类操作的复杂工作。从人工智能的发展程度来看，人工智能可以分为三大类，分别是弱人工智能、强人工智能、超人工智能。

1. 弱人工智能

弱人工智能，又称为限制领域人工智能或者应用型人工智能，是指专注于且只能解决特定领域问题的人工智能。毫无疑问，我们今天看到的所有人工智能算法和应用都属于弱人工智能的范畴，AlphaGo（阿尔法狗）是弱人工智能的一个实例。AlphaGo 虽然在围棋领域超越了人类最顶尖选手，但它的能力也仅限于围棋。一般而言，限于弱人工智能在功能上的局限性，人们更愿意将弱人工智能看成是人类的工具，而不会将弱人工智能视为威胁。

2. 强人工智能

强人工智能又称通用人工智能或者完全人工智能，是指可以胜任人类所有工作的人工智能，人可以做什么，强人工智能就可以做什么，它能够进行计划部署、解决问题、理解意图等操作。

一般认为，一个可以称得上强人工智能的程序，大概需要具备以下几个方面的能力：存在不确定因素时进行推理，使用策略，解决问题，制定决策的能力；知识表示的能力，包括常识性知识的表示能力；规划能力；学习能力；使用自然语言进行交流沟通的能力；将上述能力整合起来，实现既定目标的能力。

3. 超人工智能

超人工智能是指基本在所有领域都要比人类的大脑聪明的人工智能，包括社交、创新、学习等领域。这也是为什么如今人工智能热度如此之高。但是在发展人工智能的同时，我们要把握好方向。

二、人工智能的关键技术

人工智能是一门计算机新兴学科，涉及的关键技术很多，其中包括机器学习、自然语言处理、计算机视觉、专家系统、物理机器人。下面简要介绍人工智能相关技术。

1. 机器学习

机器学习是指一种自动将模型与数据匹配，通过训练模型对数据进行学习的技术。

我们可以把机器学习分为监督式学习和非监督式学习。

2. 自然语言处理

理解人类语言一直是人工智能科学家的研究目标。自然语言处理涉及语音识别、文本分析、文字翻译、语音生成等。

3. 计算机视觉

计算机视觉是人工智能的关键技术之一，即用计算机代替人类完成图像的识别和处理工作。计算机视觉在无人驾驶、智能安防、交通管理等领域应用广泛。

4. 专家系统

专家系统是指一种具有大量专门知识与经验的计算机系统。专家系统的主要研究方向是如何使计算机模仿人类专家解决专业领域问题时的思维过程，使计算机具有专家的知识水平，其中知识表示、知识获取、知识利用是人工智能专家系统方面的重要研究问题。

5. 物理机器人

在工厂和物流中心，工业机器人已经替代人类执行起重、焊接或装备等任务。当下物理机器人变得越来越智能，并且更加容易训练。

三、人工智能的应用

经过 60 多年的发展，人工智能研究在算法、计算能力、数据处理等方面取得重要成果，目前正处在由“不好用”到“还不错”的技术拐点，但是距离“真不错”还有很大距离。人工智能在各行各业的典型应用主要有以下几种。

探索未来

1. 智能制造

人工智能在智能制造的应用主要体现在 3 个方面：一是智能装备，包括工业机器人和数控机床；二是智能工厂，包括智能设计、智能生产及智能管理；三是智能服务，包括智能个性化定制和远程维护等服务。

2. 智能家居

智能家居是以住宅为平台，通过物联网技术将家电、灯具、窗帘、摄像头等家居设备连接到云平台，实现远程控制和互联互通等功能，并通过收集用户使用数据，借助机器学习技术预测家具电器使用习惯，实现节能提醒等功能。

3. 智能安防

智能安防是一种利用人工智能技术对摄像头视频及图像进行分析处理，及时识别安全隐患并提醒相关人员处理的技术。智能安防与普通安防最大的差别在于智能，普通安防更多依靠安防人员巡逻等，智能安防通过人工智能实现智能识别、智能判断、智能提醒等功能，从而尽可能地实时处理安全问题。

任务实施——观察身边的人工智能应用场景

通过本任务的学习，我们了解了人工智能的概念、关键技术和具体应用场景。在当今生活中，随着人工智能技术的发展，人工智能将会应用到各行各业。请结合学习和生活实际，谈谈自己身边的人工智能应用场景实例。

能力拓展——自定义自己的智能音箱

小明寝室里有一个智能音箱，他想把学校上课的课表导入智能音箱，这样就可以通过语音查看自己的课表。请访问相应的智能音箱开发者网站，学习开发知识，查阅相关资料，帮他设计智能音箱课表功能。

评价反馈

自评表

序号	评价内容	评价标准	自评分数	教师评分
1	人工智能的基本概念	能说出人工智能的基本概念		
2	人工智能的关键技术	能说明人工智能的关键技术		
3	人工智能的具体应用	会列举人工智能的具体应用		
考核评价	总分（前两项各 30 分，第三项 40 分，满分 100 分）			
	指导教师评语			

任务四　了解虚拟现实技术

任务目标

- 能说出虚拟现实的基本概念和关键技术。
- 能概述虚拟现实的具体应用。

任务描述

元宇宙最近很火，有人说元宇宙就是一个庞大的虚拟现实世界。小明很想在元宇宙里构建虚拟世界。于是小明开始查阅元宇宙资料，他需要了解和掌握虚拟现实的基本概念，同时需要弄清楚虚拟现实的关键技术，以及虚拟现实的具体应用。

任务分析与相关知识

根据以上任务描述进行分析，小明需要了解虚拟现实的基本概念、关键技术及具体应用。只有对虚拟现实有了初步认识，小明才能理解元宇宙里面的虚拟世界。

一、虚拟现实的概念

虚拟现实（virtual reality，VR），又称灵境技术，是指利用计算机设备生成一个逼真的具有视觉、触觉、嗅觉等多种感官体验的虚拟世界，并允许参与者交互地观察和操作虚拟世界，使参与者有一种身临其境的感觉。

虚拟现实技术具有 3 个特征：沉浸性、交互性和构想性。参与者在虚拟现实系统中起主导作用；系统需要适应参与者的需求，并且要与参与者的感官体验相匹配。

1. 沉浸性

沉浸性是指参与者感受到自己是虚拟世界的一部分，当参与者感知到虚拟世界的感官刺激时，如视觉、听觉、触觉、嗅觉等，便会沉浸在虚拟世界中。

2. 交互性

交互性是指参与者对虚拟世界内物体的可操作程度和从环境得到反馈的自然程度。例如，当参与者进入虚拟世界并搬运某种物品时，参与者的手上能感受到物品，同时该物品在虚拟世界中的物理状态也会有所改变。

3. 构想性

构想性又称想象性，即在虚拟世界中不仅可以再现真实世界，还可以随意构想不存在的星球场景，如《头号玩家》电影里的绿洲。

二、虚拟现实的关键技术

人工智能技术包含三维图形技术、多媒体技术、仿真技术、显示技术、伺服技术等多种高科技技术。其中，虚拟现实涉及的具体关键技术有环境建模技术、触觉反馈技术、交互技术、系统集成技术。

1. 环境建模技术

环境建模技术的目的是获取三维环境的实时数据，并根据系统的需要实时建立相应的虚拟场景模型。

2. 触觉反馈技术

在虚拟世界中，参与者能够直接操作物品并能感受到反作用力，会有一种身临其境的感觉，因此触觉反馈技术是整个虚拟现实系统的关键技术之一。

3. 交互技术

在虚拟世界中，人机交互不再是传统的鼠标键盘交互模式，而是利用数字头盔、数字手套和数字手柄等复杂的传感器设备，通过视觉、语音、手势、触觉等方式进行交互。

4. 系统集成技术

虚拟现实系统包含大量的传感器信息和模型数据。因此，系统集成技术是整个虚拟现实系统的核心，其中包括信息同步、模型标定、数据转换、语音识别、语音合成等。

三、虚拟现实的应用

虚拟现实技术在游戏娱乐、文化教育、工业生产、航天军事、医疗卫生等领域均得到了广泛应用。

1. 游戏领域

VR 游戏是虚拟现实和游戏场景的融合，通过数字头盔和数字手柄等硬件设备为用户提供在虚拟世界中沉浸式的游戏体验。VR 游戏与 PC 端游戏、移动端游戏相比，更具有真实感和代入感。

2. 教育领域

虚拟现实已经成为促进教学的一种教育手段。传统的教育强调灌输知识，而利用虚拟现实技术可以帮助学生进入一个形象生动、身临其境的学习环境，使学生可以通过现实的感受去增强记忆，提升学习效率。

3. 医学领域

医生利用虚拟现实技术，在虚拟空间仿真出病人的身体虚拟模型，在虚拟空间中进行病情探讨和手术预演，不仅能够提升手术的成功率，还可以生动直观地为病人讲解手术过程，让病人全面了解自己的身体状况。

任务实施——观察身边的虚拟现实应用场景

通过本任务的学习，我们了解了虚拟现实的基本概念、关键技术和具体应用场景。在当今生活中，随着虚拟现实技术的发展，虚拟现实将会应用到各行各业。请结合学习和生活实际，谈谈自己身边的虚拟现实应用场景实例。

能力拓展——制作一个虚拟世界场景

小明很想制作一个类似《阿凡达》电影中的外星人星球，他了解到现在市面上有很多虚拟世界场景制作工具。请浏览互联网，寻找合适的虚拟世界场景制作工具，学习开发知识，查阅相关资料，帮他设计出这个外星人星球。

评价反馈

自评表

序号	评价内容	评价标准	自评分数	教师评分
1	虚拟现实的基本概念	能说出虚拟现实的基本概念		
2	虚拟现实的关键技术	能说明虚拟现实的关键技术		
3	虚拟现实的具体应用	会列举虚拟现实的具体应用		
考核评价	总分（前两项各 30 分，第三项 40 分，满分 100 分）			
	指导教师评语			

任务五　了解区块链技术

任务目标

- 能说出区块链的基本概念和关键技术。
- 熟悉区块链的具体应用。

任务描述

小明最近参加了一个区块链兴趣小组，老师在小组内分享了一个关于区块链的学术讲座。他听完后很想深入了解什么是区块链。因此，他需要了解和掌握区块链的基本概念，同时需要弄清楚区块链的关键技术，以及区块链的具体应用。

任务分析与相关知识

根据以上任务描述进行分析，只有对区块链有了初步认识，小明才能够了解区块链的发展前景。

一、区块链的概念

区块链起源于比特币。2008 年，一个叫中本聪的人在互联网发表了一篇名为《比特币：一种点对点的电子现金系统》的文章，详细阐述了基于区块链技术的电子现金系统的设计理念。这标志着比特币的诞生，也是区块链的典型应用。

《中国区块链技术和应用发展白皮书》中对于区块链的定义是：从狭义上看，区块链就是按照时间顺序将数据区块以顺序相连的方式组合成的一种链式数据结构，并形成以密码学方式保证的不可篡改和不可伪造的分布式账本；从广义上看，区块链技术是利用块链式数据结构来验证与存储数据，利用分布式节点共识算法来生成和更新数据，利用密码学的方式保证数据传输和访问的安全，利用由自动化脚本代码组成的智能合约来编程和操作数据的一种全新的分布式基础架构与计算范式。

根据应用场景不同，可将区块链分为公有链、联盟链和专有链。

1. 公有链

公有链是指世界上任何个体或团体都可以自由加入和退出该网络，并可以进行链上数据的读写操作，在网络内不存在任何中心节点。

2. 联盟链

联盟链是指各节点需要通过联盟授权后才能加入和退出该网络，常见于各行业机构组织，它们共同维护联盟链的正常运行。

3. 专有链

专有链是指各节点的写入权限不对外开放，读取权限授权开放，常见于金融行业的内部数据管理审计。

二、区块链的关键技术

区块链技术被很多大型公司视为彻底改变公司现有业务的重大突破性技术。区块链的关键技术有分布式账本、非对称加密、共识机制和智能合约等。

1. 分布式账本

分布式账本是一种在网络成员之间共享、复制和同步的数据库。分布式账本记录了网络参与者之间的交易，如资产或数据的交换等。这种共享账本降低了因调解不同账本而产生的时间和开支成本。

2. 非对称加密

非对称加密是指存储在区块链上的交易信息都是对外公开的，但是账户身份信息严格加密，确保了数据安全和个人隐私安全。

3. 共识机制

共识机制是指使所有记账节点达成共识并认定一个有效交易记录的机制。它是交易认定和防篡改的核心技术。

4. 智能合约

智能合约是指基于区块链的可信数据，自动化执行一些预定的规则和行为。例如，保险业和公益行业等，通过智能合约可以实现自动化的理赔和捐赠行为。

三、区块链的应用

目前区块链的应用已经延伸到各行业领域，金融服务、数字版权和社会公益等行业的区块链应用已经进入成熟发展阶段。

1. 金融服务

区块链在支付、资产管理、证券、清算结算等金融领域有着巨大的应用价值。例如，在支付领域，区块链技术有助于降低金融机构之间的对账成本，从而显著提升跨境支付业务的处理速度和工作效率。

2. 数字版权

通过区块链技术，可以对版权作品进行鉴权，证明歌曲、书籍、视频等作品的权属唯一性。数字作品在区块链上进行确权后，后续的交易都会被记录上链，实现了对数字版权产品的全生命周期管理，保护了数字作品的版权。

3. 社会公益

区块链数据的公开、透明、不可篡改等特性天然适用于社会公益领域。社会公益的相关信息均可上链，如募捐信息、募捐明细、资金拨款、受助人领取等信息，方便社会各界爱心人士监督公益项目，保证了整个公益项目的透明运行。

任务实施——观察身边的区块链应用场景

通过本任务的学习，我们了解了区块链的基本概念、关键技术和具体应用场景。在当今生活中，随着区块链技术的发展，区块链将会应用到各行各业。请结合学习和生活实际，谈谈自己身边的区块链应用场景实例。

能力拓展——探索智能合约编程

小明很想制作一个自动生成头像的小程序，他了解到通过区块链的智能合约可以生成独一无二的头像。请浏览互联网，学习智能合约开发知识，查阅相关资料，帮他设计出这个智能合约程序。

评价反馈

自评表

序号	评价内容	评价标准	自评分数	教师评分
1	区块链的基本概念	能说出区块链的基本概念		
2	区块链的关键技术	能说明区块链的关键技术		
3	区块链的具体应用	会列举区块链的具体应用		
考核评价	总分（前两项各 30 分，第三项 40 分，满分 100 分）			
	指导教师评语			

模块测试

□ 请扫描二维码，进行本模块学习内容的自我测评。

应 用 篇

模块五　系统与文件管理

导读

操作系统的主要功能是管理文件和设备，它是计算机与用户的接口。Windows 10（以下简称 Win 10）是微软公司于 2015 年 7 月 29 日发布的跨平台操作系统，其在易用性和安全性方面有了极大提升。本章将着重介绍 Win 10 的系统设置与维护、文件与文件夹管理。

学习目标

知识目标	● 能说出 Win 10 桌面的组成 ● 能概述文件和文件夹的基本概念 ● 能解释“资源管理器”窗口组成及相关概念 ● 能说明控制面板的作用
能力要求	● 能完成 Win 10 的基本操作 ● 会使用文件与文件夹 ● 会利用控制面板设置操作系统
职业素养	● 具备科学的思维、求真务实的信念 ● 具备严谨治学、刻苦钻研的品格 ● 具备知识迁移及创新的能力

任务一 系统设置与维护

任务目标

- 能说出 Win 10 桌面的组成。
- 能完成 Win 10 个性化桌面的设置操作。
- 会灵活运用控制面板。

任务描述

小明买回一台新的计算机后，想了解所使用操作系统的基本组成及相关常用操作，并对计算机进行个性化设置，使其更符合自己的学习和使用习惯；同时还想查看、更改和管理自己的计算机系统，使其更安全、高效。

任务分析与相关知识

根据以上任务描述进行分析，小明认为需要了解 Win 10 桌面的组成及常用操作、控制面板的应用，从而使计算机系统更符合个性化需要、更安全便捷。

一、Win 10 桌面组成及常用操作

Win 10 系统环境整体美化

Win 10 桌面主要由桌面图标和任务栏两部分组成，其常用操作主要针对这两部分。同时，Win 10 提供了虚拟桌面的新功能，可将桌面虚拟为多块，方便用户对每块桌面进行分别管理和应用。

在 Win 10 的任务栏左侧可以打开“任务视图”界面，利用它可以方便地新建任意多个虚拟桌面，新建的虚拟桌面是没有运行任何软件的。可以根据需要选择使用不同的虚拟桌面来管理应用，如图 5-1 所示。同时也可以利用组合键来实现虚拟桌面的新建（Windows+Ctrl+D）和关闭（Windows+Ctrl+F4）。

1. 桌面图标

桌面图标就是代表文件、文件夹、程序及其他功能的小图片。Win 10 安装完成后默认在桌面只会显示一个“回收站”图标。用户可以根据需要显示、隐藏相应的桌面图标，还可以调整桌面图标的大小及重排图标。

（1）显示、隐藏桌面图标

Win 10 常用的桌面图标有计算机、用户的文件、网络、回收站和控制面板，在使用

中，用户可以根据自己的习惯在桌面上显示相应的图标。右击桌面空白处，在打开的快捷菜单中选择“个性化”选项，打开“个性化”窗格，如图 5-2 所示。在该窗格中选择“主题”选项，打开“主题”窗格，选择“桌面图标设置”选项，打开“桌面图标设置”对话框，如图 5-3 所示。选中“桌面图标”选项组中要显示的图标的复选框，单击“确定”按钮，完成桌面图标的显示。

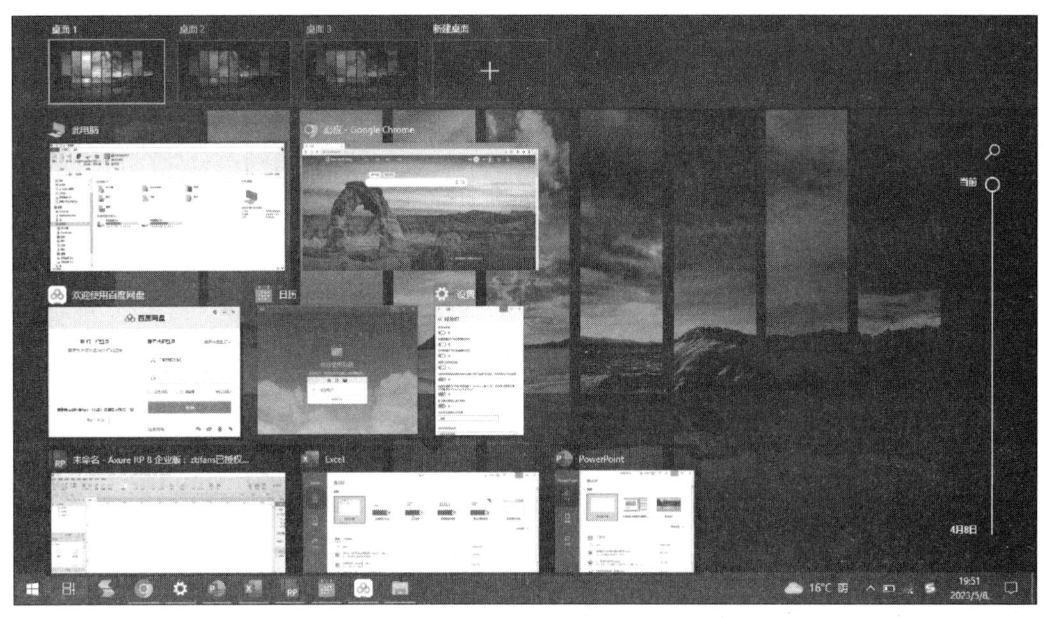

图 5-1　Win 10 虚拟桌面

图 5-2　“个性化”窗格

图 5-3 “桌面图标设置”对话框

取消选中桌面图标前的复选框即可隐藏对应的桌面图标。如果用户不喜欢系统默认的桌面图标，则可以修改其默认值，在“桌面图标设置”对话框中单击“更改图标”按钮，打开“更改图标”对话框，选择要更改的图标样式，单击“确定”按钮即可。

（2）更改桌面图标大小

在使用 Win 10 时，如果用户不喜欢默认的桌面图标大小，则可以改变其默认的大小。具体有以下两种操作方法。

1）右击桌面空白处，在打开的快捷菜单中选择“查看”选项，通过选择其级联菜单中的“大图标”“中等图标”“小图标”选项来改变图标的大小。

2）在桌面上按住 Ctrl 键的同时滚动鼠标滚轮更改桌面图标的大小。

（3）排列图标

当桌面图标比较多且排列杂乱时，用户可以重新选择桌面图标的排序方式，使桌面图标排列更加整齐。具体操作如下：右击桌面的空白处，在打开的快捷菜单中选择“排序方式”级联菜单中的具体的排序选项，具体选项如下。

1）名称：按照桌面图标名称的字母顺序进行排列。

2）大小：按照桌面图标的大小顺序进行排列。如果桌面图标是某个程序的快捷方式，则会按照快捷方式链接文件的大小进行排列。

3）项目类型：按照项目类型的顺序进行排列。

4）修改日期：按照最后修改日期的顺序进行排列。

2. 任务栏

任务栏是位于桌面底部的一个水平长条，使用非常频繁。Win 10 任务栏主要由“开始”菜单、应用程序区、语言选项、托盘区和“显示桌面”按钮组成，如图 5-4 所示。

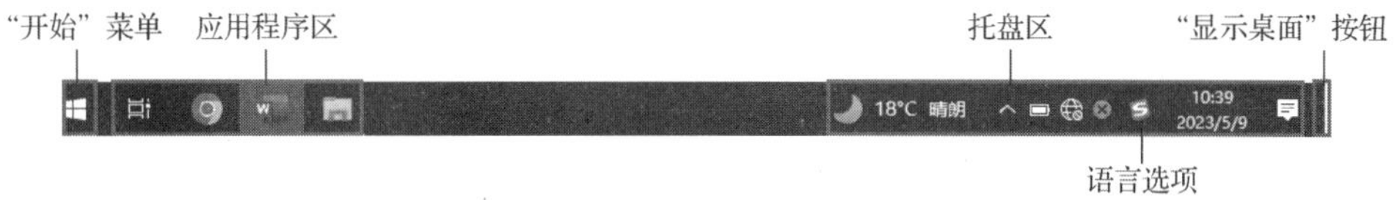

图 5-4　任务栏组成

很多操作都可以从任务栏开始，用户还可以根据自己的习惯进行任务栏的个性化设置。具体介绍如下。

（1）“开始”菜单

“开始”菜单位于屏幕左下角，单击“开始”按钮或按 Windows 键，可以打开“开始”菜单，如图 5-5 左图所示。Win 10 的开始菜单分为 3 个部分：最左侧是一些重要的快捷方式图标，包括账户、文档、图片、设置和电源等选项；中间部分列出了计算机中安装的所有应用程序；右侧面板显示一些彩色的图块，称为固定磁贴。对于经常使用的应用程序、文件及文件夹，可将其固定在此以便后续使用。右击“开始”按钮，打开如图 5-5 右图所示的“开始”菜单，可以选择相应应用和功能，以及电源选项等多项程序，还可以选择“关机或注销”选项。

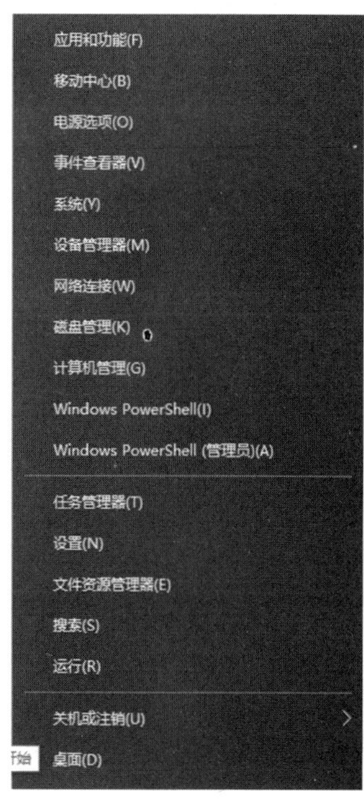

图 5-5　“开始”菜单

“开始”菜单的常用操作如下。

1）个性化“开始”菜单。打开“设置”窗口，在“设置”窗口左侧选择“开始”选项，打开“开始”窗格，如图 5-6 所示。启用“使用全屏‘开始’屏幕”功能，即可实现全屏幕的“开始”菜单；选择“选择哪些文件夹显示在‘开始’菜单上”选项，可添加常用文件夹到“开始”菜单。

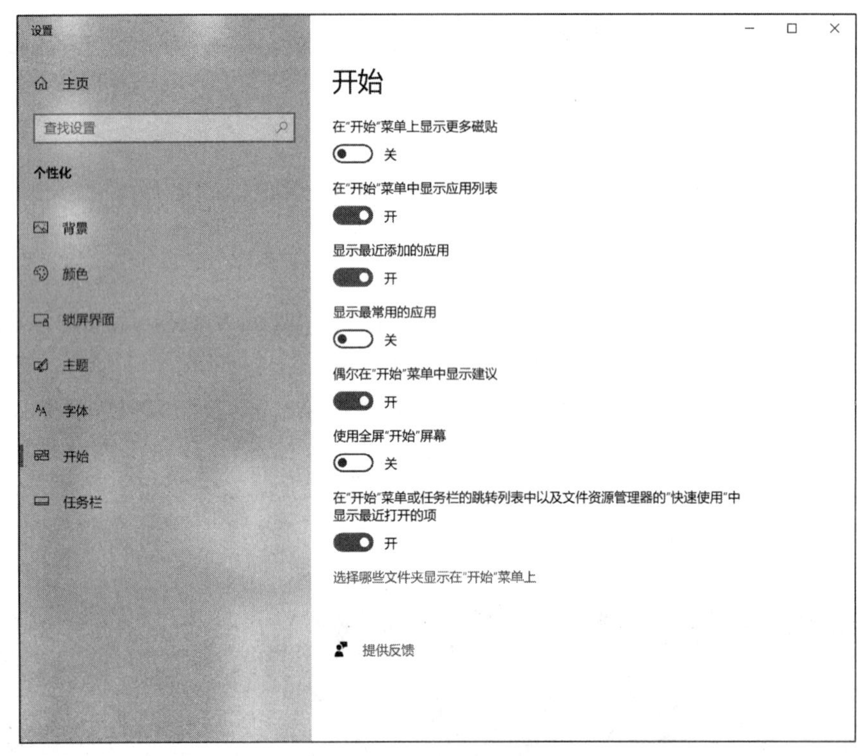

图 5-6 “开始”窗格

2）调整“开始”菜单大小。打开“开始”菜单，拖动对应的上边框或右边框即可调整其大小。

3）固定和取消固定磁贴。对于一些经常使用的应用程序、文件及文件夹，可以右击该对象，在打开的快捷菜单中选择“固定到开始屏幕”选项，将其固定在“开始”菜单右侧的固定磁贴中，方便后续打开和使用。对于固定磁贴，可以进行移动、调整大小等操作，若不需要固定了，则可右击该对象，在打开的快捷菜单中选择“从开始屏幕取消固定”选项；根据个人的操作习惯，可以在固定磁贴上右击，在打开的快捷菜单中选择“更多”→“固定到任务栏”选项，将对象固定到任务栏。

4）搜索文件与文件夹。右击“开始”按钮，在打开的快捷菜单中选择“搜索”选项，在搜索框中输入查找内容，即可快速查找需要使用的文件、文件夹或应用程序，这是计算机中查找项目最便捷的方法之一。

（2）应用程序区

打开的应用程序都显示在应用程序区，操作时单击相应程序就可以打开该程序，非常方便。可以右击任务栏中某应用程序快捷方式，在打开的快捷菜单中选择“固定到任务栏”选项或“固定到‘开始’屏幕”选项即可。

（3）语言选项

系统安装的输入法都显示在语言选项中，单击桌面右下角的语言图标可以切换输入法。

（4）托盘区

在系统桌面的托盘区可以显示正在使用的应用程序图标、电源图标、音量图标、网络图标等。对于具体显示的图标内容，可通过对任务栏的个性化设置进行选择。

（5）显示桌面

打开了网页或其他程序时，单击“显示桌面”按钮即可快速回到当前的桌面状态。

二、控制面板的应用

在 Win 10 的使用过程中，用户除了可根据自己的喜好对其外观进行个性化设置外，还可以对键盘、鼠标、系统时间和语言等进行设置。计算机在安装系统时，会自动检测计算机中的硬件设备和已安装的各种软件，然后将系统调整到比较理想的使用状态。在系统安装完成后，用来调整和配置系统应用的程序集中在控制面板中。因此，只有掌握了控制面板的应用，才能将计算机系统调整到符合自己使用习惯的最佳状态。右击“开始”按钮，在打开的快捷菜单中选择“搜索”选项，在搜索框中输入“控制面板”，单击“控制面板”程序图标，即可打开“控制面板”窗口，如图 5-7 所示。

图 5-7　“控制面板”窗口

同时，Win 10 还配备了“设置”窗口，选择 Win 10“开始”菜单下的“设置”选项，打开“设置”窗口，如图 5-8 所示。两者功能相似，后者在外观上更美观。本书中后续很多操作都会基于“设置”窗口进行介绍。

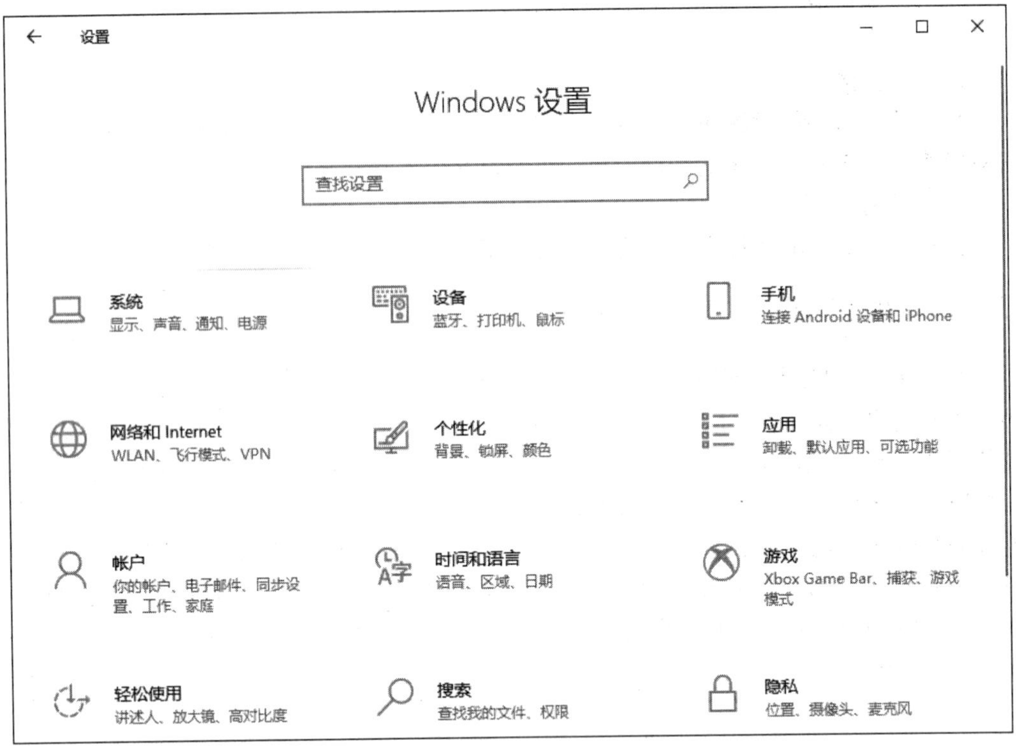

图 5-8 “设置”窗口

1. 个性化桌面设置

个性化桌面设置是 Windows 系统的常用功能，而 Win 10 中新增了不少个性化设置功能，从而使系统变得更加丰富多彩。右击桌面空白处，在打开的快捷菜单中选择“个性化”选项，即可打开“个性化”窗格。Win 10 的个性化设置包括“背景”“颜色”“锁屏界面”“主题”“字体”“开始”“任务栏”等选项。进行多项设置，可以使计算机界面独具风格。

（1）“背景”设置

对于桌面背景，不仅可以选择图片，还可以选择纯色及幻灯片放映模式。

（2）“主题”设置

用户可选择 Win 10 自带的不同主题，也可自定义主题，其中包括对背景、颜色、声音、鼠标、光标等的个性化设置。

（3）“颜色”设置

“颜色”设置主要是将“开始”菜单的背景、任务栏、标题栏、窗口边框和操作中心设置为用户心仪的颜色。

（4）“锁屏界面”设置

通过“锁屏界面”选项可以对锁屏界面和屏幕保护程序的图片进行设置；还可以设置屏幕保护程序自动运行的等待时间，以及结束屏幕保护时要求用户输入密码等。

（5）“字体”设置

“字体”设置包括自行添加字体、搜索可用字体等。当用户单击任一字体时，还可查看字体的详细信息、更改字体大小。

（6）“开始”菜单设置

“开始”菜单是用户使用计算机的起始化菜单，可用来设置是否显示最常用的应用、是否使用全屏开始屏幕，是否在“开始”菜单或任务栏的“跳转到”列表中显示最近打开过的选项。

（7）“任务栏”设置

任务栏主要用于快速访问所需程序。用户可以设置锁定任务栏、隐藏任务栏、使用小任务栏及调整任务栏的位置等。

2. 用户账户管理

Microsoft 开发了用于登录 Win 10 设备的两种不同类型的账户：Microsoft 账户和本地计算机账户。Microsoft 账户是一种不与设备本身绑定的“关联账户”，可以在任意数量的设备上使用。本地计算机账户是一种为特定设备创建的账户，在 Win 10 中可以设置多个本地计算机账户，以方便用户使用。以下主要介绍本地计算机账户的添加、删除、更改等操作。

（1）新建账户

在“开始”菜单中选择“设置”选项，打开“设置”窗口，选择“帐户”选项，在打开的界面中选择“家庭和其他用户”选项，如图 5-9 所示，在右侧界面中选择“将其他人添加到这台电脑”→“我没有这个人的登录信息”选项，在下一步界面中，选择“添加一个没有 Microsoft 帐户的用户”选项，在打开的界面中填入用户名、密码及相应密码保护问题，单击“下一步”按钮，一个新的账户就创建完毕了。

（2）管理账户

在控制面板中选择“用户帐户”选项，打开“用户帐户”窗口，如图 5-10 所示。在此可以对账户名称、账户类型做相应修改。选择“管理其他帐户”选项后，可看到添加到本机的所有账户，单击任意一个账户，如图 5-11 所示，可执行修改该账户名称、密码、账户类型，以及删除该账户等操作。

3. 时间和语言设置

在 Win 10“开始”菜单中选择“设置”选项，打开“设置”窗口。在该窗口中选择

“时间和语言”选项，在打开的时间和语言设置界面中，可对当前的日期和时间、区域及语言等进行相关设置，如图 5-12 所示。

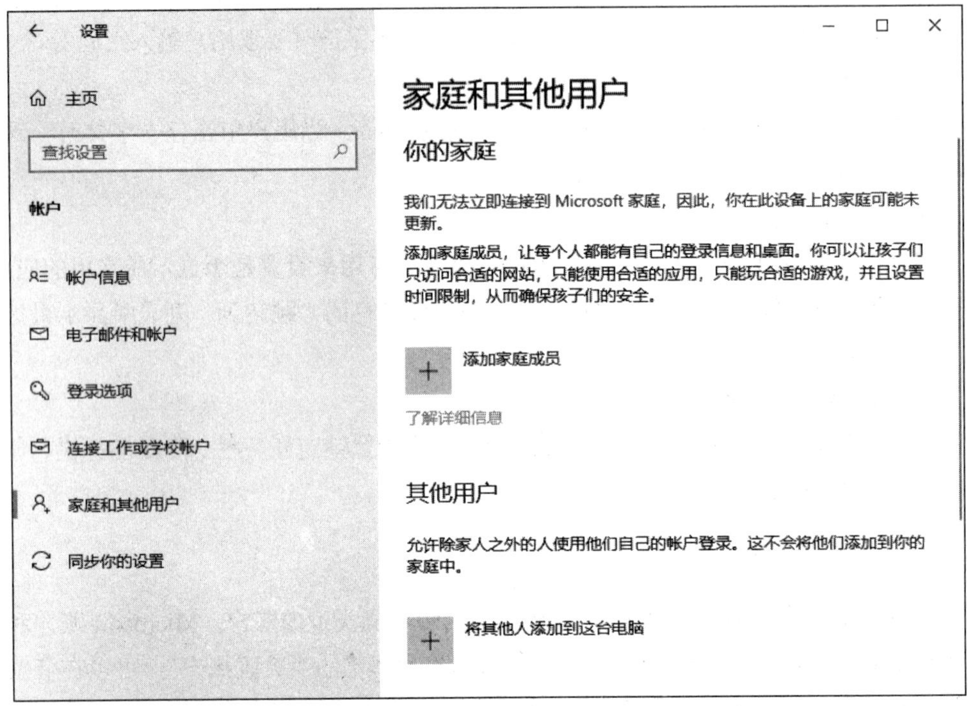

图 5-9 “家庭和其他用户”界面

图 5-10 “用户帐户”窗口

图 5-11　test 账户管理界面

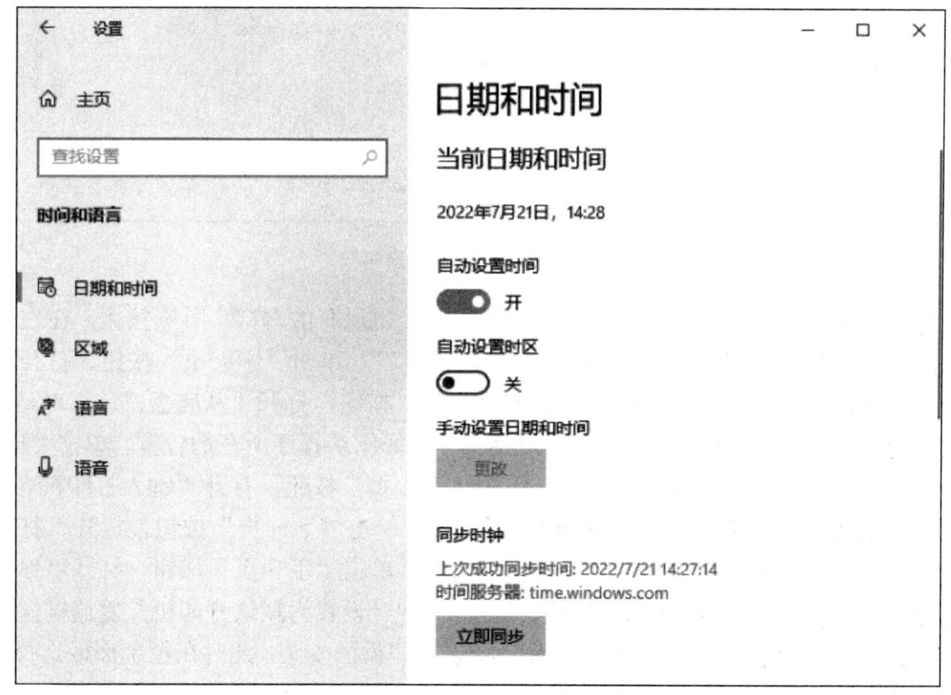

图 5-12　时间和语言设置界面

4. 打印机管理

打印机是经常用到的一种输出设备，是现代办公环境中不可或缺的重要工具，现在在很多场合中都使用共享打印机。下面介绍连接打印机的具体操作。

（1）安装打印机

从网上下载并安装打印机驱动程序的过程比较简单，只要按照安装程序向导一步步操作即可。在 Win 10“开始”菜单中选择“设置”选项，打开“设置”窗口，选择“设备”选项，在“设置”窗口左侧窗格中，选择“打印机和扫描仪”选项，如图 5-13 所示。在右侧窗格中选择“添加打印机或扫描仪”选项，系统默认将自动搜索添加的打印机，如未找到，则可以选择“我需要的打印机不在列表中”选项，选中“通过手动设置添加本地打印机或网络打印机”单选按钮，单击“下一页”按钮。

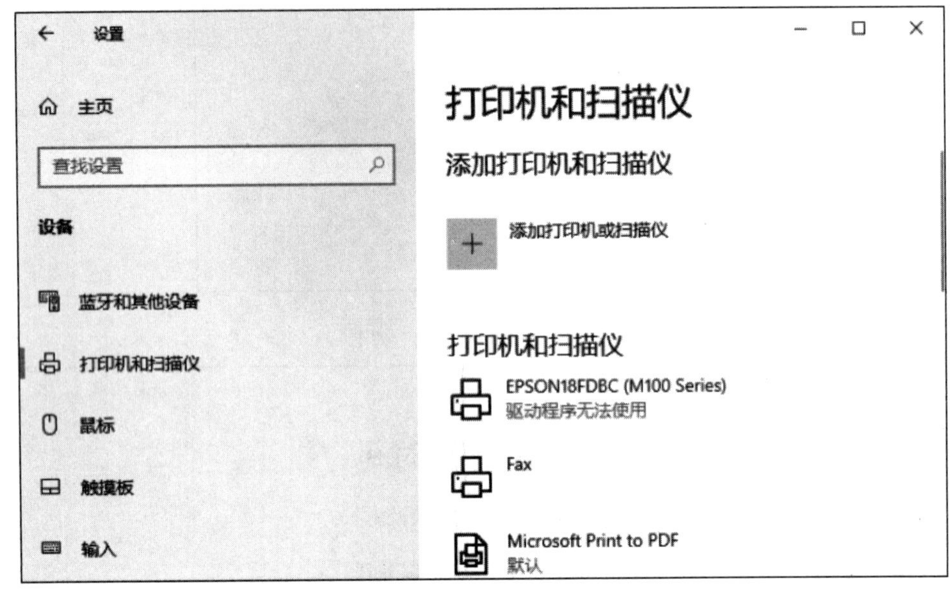

图 5-13 “设备”窗格

打开“选择打印机端口”对话框后，选中“使用现有的端口”单选按钮，在右侧的下拉列表中选择相应端口，如“LPT1：打印机端口”，单击“下一页”按钮；打开“安装打印机驱动程序”对话框，单击“从磁盘安装”按钮，打开“从磁盘安装”对话框，单击“浏览”按钮，打开“查找文件”对话框，选择驱动程序所在的位置，单击“打开”按钮开始安装驱动程序。安装完成后，单击“下一页”按钮，打开“键入打印机名称”对话框，输入打印机名称（可以使用默认名称），单击“下一页”按钮，打开“打印机共享”对话框，选择“不共享这台打印机”选项，单击“下一页”按钮，打开“你已经成功添加打印机”对话框，根据需要选择是否选中“设置为默认打印机”复选框，也可打印测试页进行测试，单击“完成”按钮，结束打印机的安装，此时在控制面板选择“设备和打印机”选项，打开“设备和打印机”窗口，将出现一个打印机图标。

（2）管理打印机

打印机安装完成后，可以对其进行相应的管理及删除设备等操作。在“设备”窗口中单击安装好的打印机，选择“管理”选项，可对打印机属性、打印首选项等进行具体的设置。例如，在“打印首选项”选项中，用户可以设置打印机的打印方向、纸张规格及份数等。

当打印机出现故障或者位置移动时，需要将打印机从计算机中卸载。同样，在“设备”窗口左侧窗格中，选择“打印机和扫描仪”选项，单击已经安装好的打印机，选择“删除设备”选项，在打开的“删除设备”对话框中，单击“是”按钮，即可删除该打印机。

5. 轻松使用中心

Win 10 的轻松使用中心是辅助功能设置和程序的一个集中位置。单击“开始”按钮，选择“设置”→“轻松使用”选项，打开“轻松使用”窗格，如图 5-14 所示。在此可对显示器、鼠标、键盘及其他输入设备做相应调整，具体功能如下。

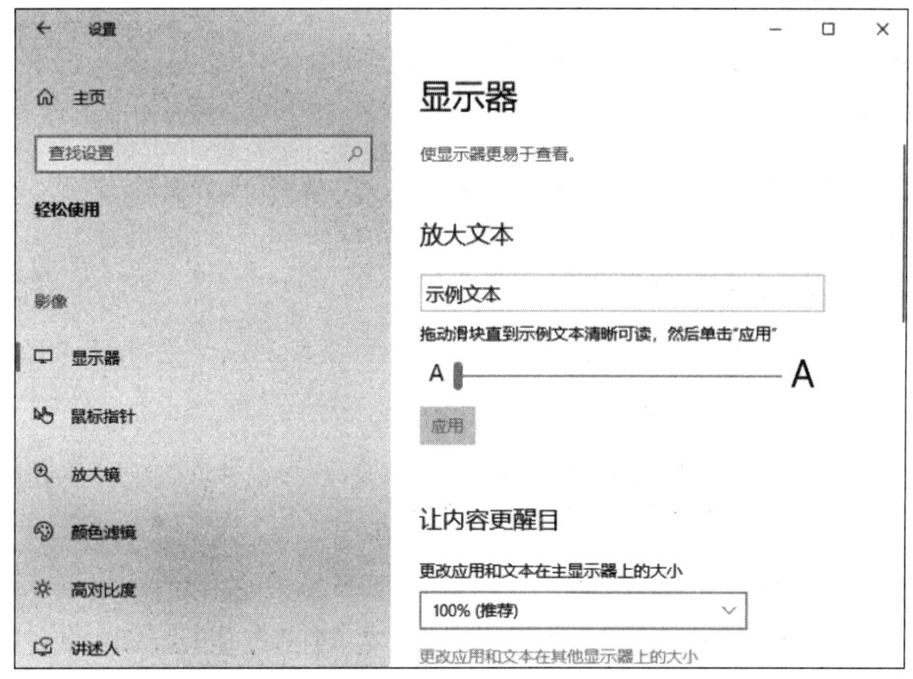

图 5-14　“轻松使用”窗格

（1）放大镜

“放大镜”选项可用于放大计算机屏幕的任意一部分，当屏幕文字太小或者想突出屏幕上某个范围的内容时，可以使用该功能。按 Windows+加号（+）组合键可快速启用放大镜功能，在启用放大镜功能的情况下继续按 Windows+加号（+）组合键可进行放大，按 Windows+减号（-）组合键可进行缩小；按 Windows+Esc 组合键可快速关闭放大镜功能。同时，还可以更改缩放增量，选择镜头、全屏和停靠 3 种视图方式中的任意一种，以达到适宜的效果。

（2）屏幕键盘

屏幕键盘是 Win 10 自带的软件，当计算机键盘出现故障时，它能够让用户通过鼠标实现键盘的功能，具体操作如下：按 Windows+Ctrl+O 组合键可以快速打开屏幕键盘。在屏幕键盘上选择“选项”选项，在打开的“选项”对话框中可以切换输入内容的 3 种模式（单击模式、悬停模式和扫描模式），还可以根据需要自行开启数字小键盘。

（3）讲述人

讲述人是 Windows 自带的屏幕读取工具，它可以读出计算机上的文本，或描述计算机上发生的某些事件，如一些错误的提示信息等，可帮助某些特需人群更好地使用计算机。用户可按 Windows+Ctrl+Enter 组合键来快速启用该功能。

任务实施——熟悉系统设置

1. 启动计算机

观察系统启动过程及 Win 10 启动完毕后的屏幕状态。

2. 查看系统信息

查看处理器型号、RAM（random access memory，随机存取存储器）容量、系统类型、操作系统版本等信息。

3. 观察桌面上的固有图标

将桌面图标以“大图标”方式进行显示，同时在桌面上显示“控制面板”图标。

4. 查看各菜单选项内容

右击桌面空白处，查看打开的快捷菜单中的各选项内容，并将桌面上的应用程序图标、快捷方式图标及文档图标按“名称”重新排序。

5. “开始”菜单的结构与组成

单击“开始”按钮，观察 Win 10 的“开始”菜单的结构与组成，并尝试使用全屏开始菜单。

6. 添加文件夹

在 Win 10“开始”菜单左侧添加“下载”文件夹，使用户可快速定位并打开对应位置。

7. 添加固定磁贴

为程序“截图工具”添加固定磁贴，以便快速启动该程序，并适当调整开始菜单的大小。

8. 任务栏属性设置

查看任务栏相关属性的设置，如任务栏在屏幕上的位置调整、自动隐藏任务栏等。

9. 显示搜索框

在任务栏上显示搜索框，同时将 Word 应用程序固定到任务栏。

10. 盘符信息

查看各盘符信息，包括卷标、已使用空间、剩余空间及磁盘的使用权限等。

11. 设置窗口

打开“设置”窗口，观察窗口中的各项具体内容。

12. Windows 个性化设置

设置系统的屏幕保护程序为“变换线”，并进行效果预览；设置标题栏和窗口边框为喜欢的一种颜色，并启用透明效果。

13. 输入法设置

删除系统中的微软拼音输入法，添加微软五笔输入法。

14. 时间和语言设置

观察计算机的显示时间，并将其调整为当前的准确时间。

15. 新建账户

为计算机新建一个用户账户，命名为“Guest”，设置密码为“zjy123456”，同时查看并删除多余的账户。

能力拓展——尝试系统高级设置

1. “屏幕保护程序”设置

为计算机设置屏幕保护程序及合适的等待时间，并思考如何为其设置唤醒密码、如何取消屏保密码。

2. 共享打印机

打印机是日常办公中必不可少的硬件，但不可能给每台计算机都配置一台单独的打印机，因此需要将打印机连接到局域网内，供工作环境中的所有计算机共同使用。请思考在 Win 10 中如何设置打印机共享并逐一列举并尝试。

评价反馈

自评表

序号	评价内容	评价标准	自评分数	教师评分
1	常用办公软件的类型与安装	能辨认 Microsoft Office 及 WPS Office，会安装和使用这两个软件		
2	Win 10 桌面组成	能辨认图标、“开始”按钮、任务栏的形态		
3	Win 10 桌面基本操作	会完成图标的显示、更改及排列，开始菜单的个性化操作，任务栏的基本设置		

续表

<table>
<tr><th>序号</th><th>评价内容</th><th>评价标准</th><th>自评分数</th><th>教师评分</th></tr>
<tr><td>4</td><td>控制面板的操作方法</td><td>会灵活运用外观和个性化、系统和安全、用户账户、硬件、时钟和区域等设置</td><td></td><td></td></tr>
<tr><td rowspan="2">考核评价</td><td colspan="2">总分（每项评价内容为 25 分，满分 100 分）</td><td colspan="2"></td></tr>
<tr><td colspan="4">指导教师评语</td></tr>
</table>

任务二　管理文件与文件夹

任务目标

- 能概述文件与文件夹的基本概念。
- 能解释“文件资源管理器”窗口组件。
- 会灵活运用文件与文件夹。

任务描述

小明在日常的学习和生活中，发现每天使用的计算机中的资源都是以文件和文件夹的形式组织和存在的，因此他想了解文件和文件夹的基本概念；同时，日常的编辑文档、浏览图片、播放音乐、观看视频，都涉及文件的管理操作。为了更好地管理文件，他还须学会利用文件资源管理器管理文件和文件夹的基本操作。

任务分析与相关知识

根据以上任务描述进行分析，小明认为需要从认识文件和文件夹的基本概念及命名规则，熟悉“文件资源管理器”窗口的组成，掌握文件和文件夹的搜索、选择、属性设置等操作着手。

一、文件与文件夹的概念

在日常生活与工作中，使用、管理计算机与文件和文件夹有着密不可分的关系。因此，掌握文件与文件夹的概念是非常重要的。

1. 文件与文件名

在计算机系统中，文件是存储在存储器中的一组相关信息的集合，其内容可以是计算机能够处理的任何信息，如文本、图片、视频、音乐及各种应用程序等。

操作系统通过文件名访问与管理对应的文件，因此文件必须有文件名。文件名由文件主名和扩展名两部分组成，文件主名用于识别文件，扩展名用于标识文件类型，两者之间用“.”分隔，如 regedit.exe、Lx.docx 等。

文件名可以由字母、数字和特殊符号组成，也可以使用汉字，但不能使用以下字符：<>/\|:"*?。因为这些字符已做他用。文件扩展名可帮助 Windows 系统获知文件中包含什么类型的信息及应该用什么程序打开该文件。例如，在 myfile.txt 中，txt 是扩展名。它让 Windows 系统获知此文件是一个文本文件，可使用与该扩展名关联的程序（如写字板或记事本）打开此文件。同时，文件可以没有扩展名。Windows 系统中常见的文件扩展名详见表 5-1。

表 5-1 常见文件扩展名

扩展名	含义	扩展名	含义
.exe	可执行文件	.com	系统程序文件
.txt	纯文本文件	.docx	Word 文档
.html	网页文件	.pptx	PowerPoint 演示文稿
.bmp	位图文件	.xlsx	Excel 工作簿

在 Windows 系统中，在文件名或扩展名的表示中允许使用文件通配符“*”和“?”，其中“*”代表任意字符组合，“?”则代表任意一个字符。例如，“*.docx”表示所有的 docx 文档，“r?.exe”表示所有以 r 开头、第二个字符任意且主名字符数不超过 2 个的 exe 文件。通配符常用于文件的搜索、查找和替换。

2. 文件夹

文件夹是磁盘上的一块存储空间，是用来存储文件或文件夹的容器。文件夹中包含的文件夹通常称为“子文件夹”，每个子文件夹中又可以容纳大量的文件和其他子文件夹。每个文件夹都有一个名称，文件夹的命名规则与文件的命名规则基本相同，主要的区别在于文件有扩展名，而文件夹没有扩展名。

3. 文件目录与路径

计算机是通过目录来管理文件的。目录是为了使文件得到更有效的组织和使用而产生的一种特殊文件。为实现“按名存取”而建立的文件名与储存空间中的物理地址存在对应关系，体现这种对应关系的数据结构称为文件目录。文件目录可分为一级目录、二级目录和多级目录。

使用文件夹可以将计算机中的复杂繁多的文件与文件夹进行分类，使计算机中的文件管理更加有序。一般情况下，一个文件夹对应磁盘上的一个存储空间，具有自己的路径地址。用户通过这个地址可以方便地找到需要的文件或文件夹。路径用于指明文件在该计算机上的位置，分为绝对路径和相对路径。

二、文件与文件夹的管理

在 Win 10 中，文件与文件夹的管理主要通过“此电脑”或“文件资源管理器”实现。两者对资源管理的操作基本相同。

1. “文件资源管理器”简介

右击“开始”按钮，在“开始”快捷菜单中选择“文件资源管理器”选项，打开“文件资源管理器”窗口。“文件资源管理器”窗口主要由导航窗格、选项卡、功能区、地址栏、搜索框及文件与文件夹列表组成，如图 5-15 所示。

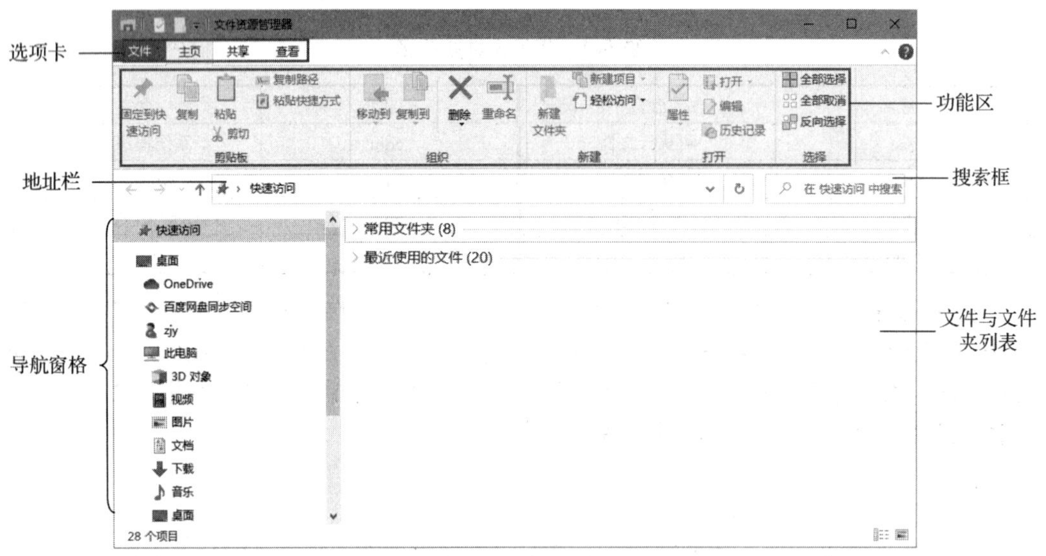

图 5-15 “文件资源管理器”窗口

“文件资源管理器”窗口各组成部分及其作用如下。

1）导航窗格：使用导航窗格可以快速访问库、文件夹，乃至整个硬盘。

2）选项卡与功能区：通常包含“文件”“主页”“共享”“查看”等选项卡。单击任一选项卡，下方会显示对应的功能区。

3）地址栏：可以导航至不同的文件夹或库，或返回上一级文件夹或库。

4）搜索框：在搜索框中输入词或短语，可查找当前文件夹或库中包含搜索内容的文件选项。

5）文件与文件夹列表：显示当前文件夹或库中内容的位置。如果通过在搜索框中输入内容来查找文件，则仅显示与当前视图相匹配的文件（包括子文件夹中的文件）。

2. 文件与文件夹的窗口操作

（1）文件或文件夹的基本操作

在日常工作中使用计算机时，大部分是对文件和文件夹进行操作，如选择、新建、移动、复制、删除文件与文件夹等。“文件资源管理器”窗口中的“主页”选项卡提供了关于文件与文件夹操作的基本功能，如图 5-16 所示。

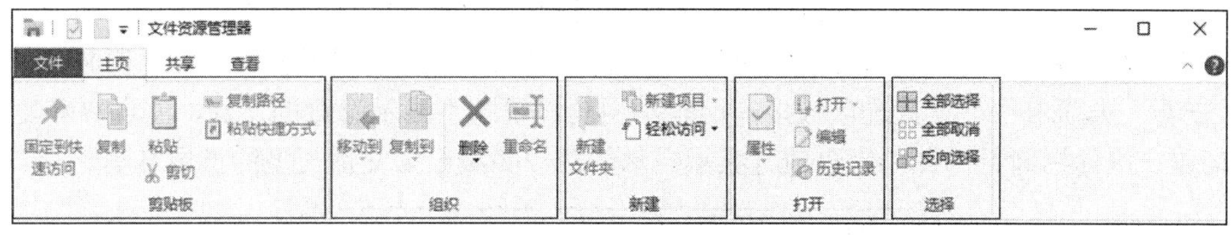

图 5-16　“文件资源管理器”窗口中的“主页”选项卡

1）“组织”选项组。通过“组织”选项组可对文件或文件夹进行快速移动、复制、删除及重命名操作。

2）“新建”选项组。在选定放置位置后，选择“新建”选项组可新建文件夹，或选择“新建项目”选项，在打开的级联菜单中自行选择新建各种类型的文件。

3）“打开”选项组。选中文件或文件夹对象后，可选择“打开”选项组，对其进行快速打开与编辑，单击“属性”按钮，可对文件或文件夹的属性进行详细的设置。

4）“选择”选项组。选择“选择”选项组只能进行比较单一的文件或文件夹选定，如全部选择、全部取消和反向选择。

（2）查看文件或文件夹

“文件资源管理器”窗口中提供了多种文件与文件夹的显示、排列和分组方式，以便用户查看文件或文件夹。具体如下。

1）“窗格”选项组。在“文件资源管理器”窗口“查看”选项卡的“窗格”选项组（图 5-17）中，有“预览窗格”和“详细信息窗格”两种不同的显示方式。选择“预览窗格”选项可查看大多数文件的内容；选择“详细信息窗格”选项可查看与选中文件关联的常见属性，如文件大小、创建日期、修改日期等。

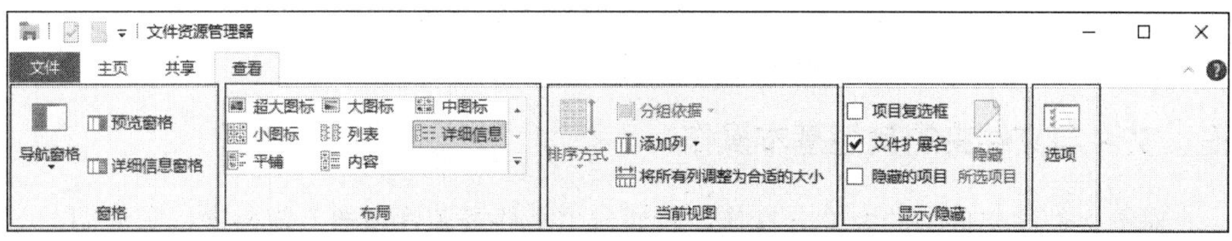

图 5-17　“查看”选项卡

2）“布局”选项组。在“查看”选项卡“布局”选项组中，有各种不同的显示方式，通过选择相应选项可切换到对应的视图显示方式。

3）“当前视图”选项组。在“查看”选项卡“当前视图”选项组中，以详细信息方式显示当前窗口中的文件或文件夹，选择“当前视图”选项组可为当前显示方式添加相应的“列标题”；可通过选择排序方式对文件、文件夹进行排序；可对当前窗口中的文件和文件夹按照名称、日期、大小等进行相应的分组。

4）“显示/隐藏”选项组。选择“查看”→“显示/隐藏”选项组，可直接显示或隐藏相应文件的扩展名；也可直接隐藏或显示当前的文件或文件夹进行。

5）“选项”选项。选择“查看”→“选项”选项，打开“文件夹选项”对话框，如图5-18所示。“文件夹选项”对话框中包含“常规”“查看”“搜索”3个选项卡。在“文件夹选项”对话框中可修改文件夹相关的一些设置项和文件的其他查看方式。例如，在“查看”选项卡中，设置选项较多，比较常用的设置有不显示隐藏的文件、文件夹和驱动器，鼠标指向文件夹和桌面项时显示提示信息，隐藏已知文件类型的扩展名等。

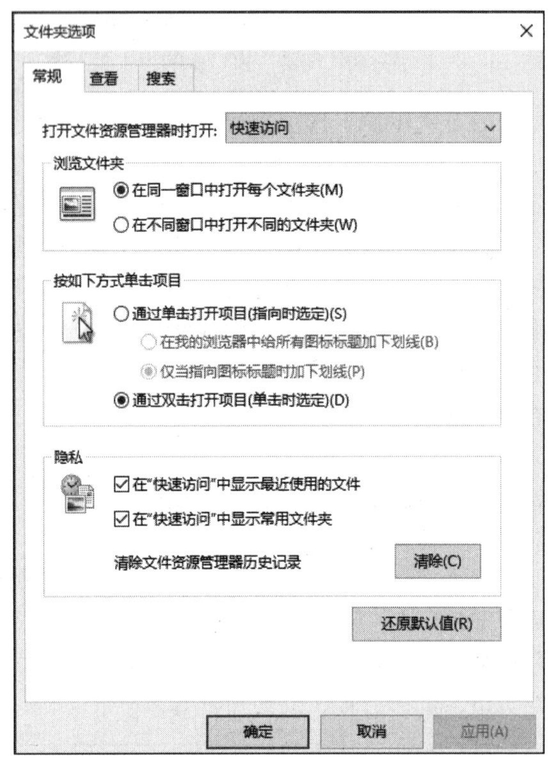

图5-18 “文件夹选项”对话框

三、文件与文件夹的其他基本操作

对于文件与文件夹的大部分操作，已通过“文件资源管理器”窗口进行了介绍，下面主要补充其他的基本操作。

1. 文件或文件夹的选中

在Windows中，可以对单个或多个文件和文件夹进行操作。在操作之前，需要先选中要操作的文件或文件夹，具体操作如下。

1）选中一个文件或文件夹。单击相应文件或文件夹即可。

2）选中一组连续排列的文件或文件夹。先单击第一个文件或文件夹，再按住Shift键，单击最后一个文件或文件夹。

3）选中一组不连续排列的文件或文件夹。先单击要选择的任意一个文件或文件夹，再按住Ctrl键，依次单击其他文件或文件夹。

4）选中全部文件或文件夹。选择“主页”选项卡“选择”选项组中的“全部选择”选项，或按 Ctrl+A 组合键，选中全部文件或文件夹。

5）选中某一矩形区域内的文件或文件夹。从适当的空白位置开始，拖动鼠标框出一个矩形区域，则区域内的文件或文件夹将全部被选中。

6）选中除个别文件或文件夹之外的其他文件或文件夹。先选中不需要选择的文件或文件夹，再选择“主页”选项卡“选择”选项组中的“反向选择”选项。

文件或文件夹的选择方法有很多，可仔细体会，然后灵活运用。

2. 查找文件或文件夹

在当今使用的大容量硬盘上，存储的文件与文件夹非常多，要人工查找某个文件或文件夹相当困难，会花费很多的时间与精力。Win 10 提供了多种搜索文件与文件夹的方法。下面介绍利用文件资源管理器搜索文件与文件夹的操作过程。

打开要搜索的文件与文件夹所在的位置，在文件夹窗口右上角的搜索框中输入要搜索的文件或文件夹名称的全称或一部分。输入完成后，系统显示出所有与输入内容相匹配的文件与文件夹。例如，在搜索框中输入“花卉”，其搜索结果如图 5-19 所示。输入的文件与文件夹名称越详细，查找的结果越精确。与此同时，在“文件资源管理器”窗口多了一个“搜索”选项卡，在此可设置更多的搜索位置，可选择“优化”选项组，对文件“修改日期”“类型”“大小”等添加更精确的搜索筛选条件。

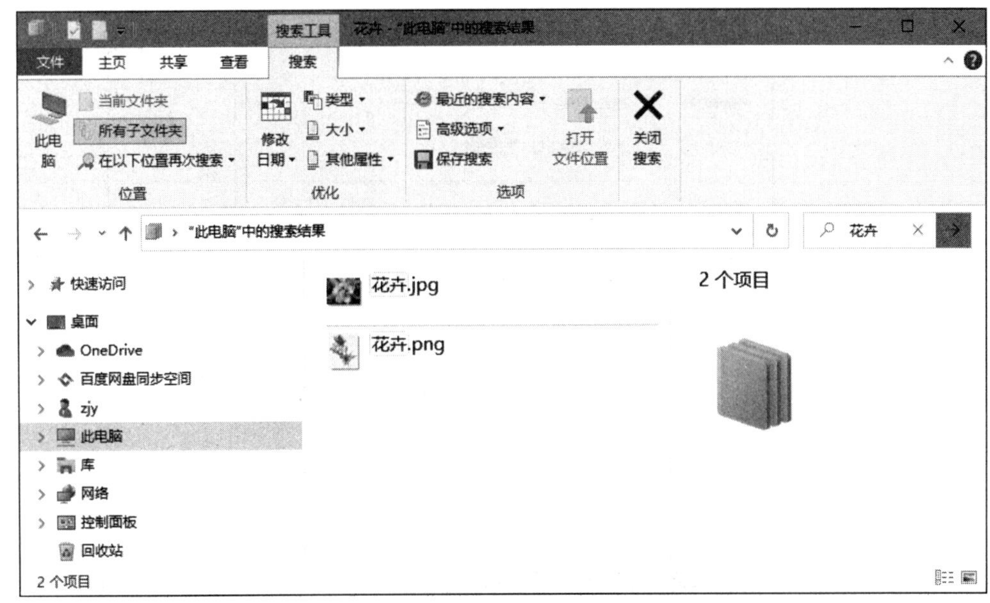

图 5-19　搜索结果

3. 设置文件或文件夹属性

文件的属性是指与文件有关的描述信息，不同的文件类型，其文件属性也不相同，如图片文件的属性包括拍摄日期、大小、尺寸、作者等，而文档文件的属性包括建立日期、修改日期、大小等。以下介绍利用“文件属性”对话框进行设置的操作过程。

右击需要设置属性的文件“花卉.jpg”，在打开的快捷菜单中选择“属性”选项，在打开的该文件属性对话框中，选择“常规”选项卡，如图 5-20 所示。在“常规”选项卡中选中“只读”或“隐藏”复选框，在“安全”选项卡中单击“编辑”按钮，打开该文件的权限对话框，设置用户权限，进行读取、写入、修改等操作；选择“详细信息”选项卡，设置文件的详细信息，如作者、拍摄日期等。设置结束后，单击“确定”按钮。如果不希望别人看到文件的属性信息，则可以在“详细信息”选项卡上选择“删除属性和个人信息”选项，打开“删除属性”对话框，选中相应的属性即可。

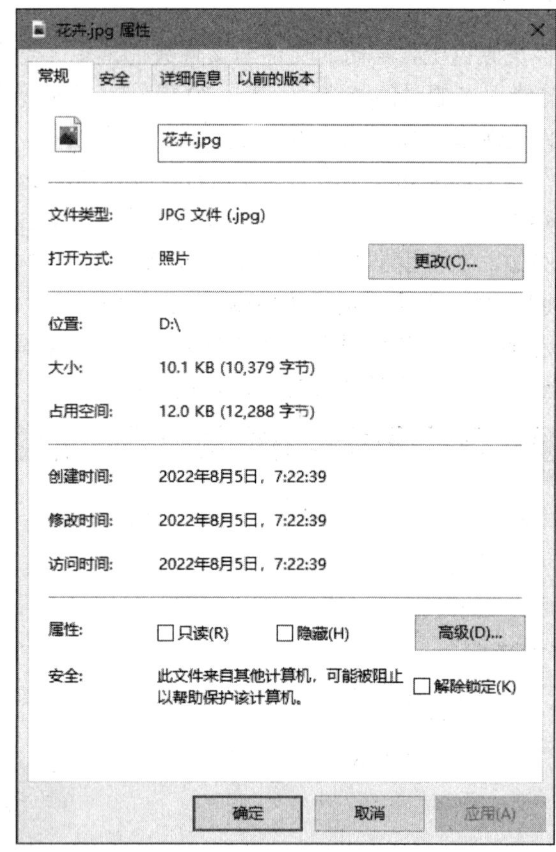

图 5-20 文件属性对话框

任务实施——熟练操作文件和文件夹

1. 启动文件资源管理器

尝试用不同方式启动文件资源管理器，观察打开的“文件资源管理器”窗口的组成结构。

2. 查看文件夹窗格

选择“文件资源管理器”窗口左侧窗格内某个文件或文件夹，观察并描述右侧窗格内出现了什么内容。

3. 查看文件/文件夹选项

查看文件或文件夹选项，尝试进行显示隐藏的文件和文件夹、隐藏已知文件类型的扩展名等相关操作。

4. 创建文件夹

在D盘创建一个文件夹（用自己的学号命名），然后在该文件夹下创建3个子文件夹，分别命名为“文档文件”“文本文件”“图像文件”。

5. 新建文件

利用“文件资源管理器”的窗口菜单选项或快捷菜单选项，在创建的“文档文件”文件夹中新建一个Word文档文件和一个BMP图像文件，文件名分别为“FileA.docx”“FileB.bmp”；在“文本文件”文件夹中新建两个文本文件，文件名分别为“File1.txt”和“File2.txt”。

6. 移动文件与设置属性

将建立的“FileB.bmp”文件移动到“图像文件”文件夹中，并将其重命名为“BMPFile1.bmp”，并设置修改后的文件属性为“只读”。

7. 搜索文件

利用系统提供的搜索功能，在“此电脑”中搜索图像文件（*.jpg），在搜索结果列表中选择2个文件，将其复制到“图像文件”文件夹中。

8. 删除文件

删除“文本文件”文件夹中的“File2.txt”文件，并观察回收站内的变化；然后进行清空回收站操作。请思考：清空回收站后“File2.txt”文件还能被找回吗？

能力拓展——尝试添加字体

在计算机中已经存储了一些常用的字体，但是有时我们在设计或制作相关作品时需要使用一些新的字体。请思考：如何下载心仪的字体并尝试将该字体安装到计算机中，以便后续使用？

评价反馈

自评表

序号	评价内容	评价标准	自评分数	教师评分
1	文件和文件夹相关知识	了解文件及文件夹命名规则、文件目录与路径的概念		
2	“文件资源管理器”窗口的组成结构	认识导航窗格、选项卡、功能区、地址栏、搜索框及文件与文件夹列表等组件		
3	文件或文件夹的窗口操作	利用“文件资源管理器”组件进行相关文件及文件夹操作		
4	文件及文件夹的其他管理操作	掌握文件及文件夹的选中、查找及属性设置等操作		
考核评价	总分（每项评价内容为 25 分，满分 100 分）			
	指导教师评语			

模块测试

□ 请扫描二维码，进行本模块学习内容的自我测评。

模块六　Word 文档处理

导读

Office 2019 目前仅限安装于 Windows 10 及以上版本的微软系统中，不再支持 Windows 7、Window 8 及更早的微软系统。Word 2019 是 Microsoft Office 2019 的组件之一，集文字编辑、文档排版、域的使用、邮件合并等多项功能于一体，是计算机办公应用最普及的软件之一。

Word 2019 在 Word 2016 的基础上，新增了数字笔、类似图书的页面导航、学习工具和翻译等功能，还具有全新的现代外观，内置协作工具，可以帮助用户更快捷地创建和整理文档。

学习目标

知识目标	● 能归纳文字编辑及格式设置 ● 能说明样式设置及应用 ● 能概述域的应用及文档加密 ● 能熟悉引用设置和审阅模式 ● 能复述邮件合并与模板设置 ● 能进行长文档编辑
能力要求	● 会灵活运用字体、段落和页面格式等设置 ● 会设计并应用样式 ● 会灵活运用域代码实现自动化编辑 ● 会完成文档保护和加密 ● 会使用邮件合并功能和文档模板 ● 会灵活运用各种功能进行长文档编辑
职业素养	● 具有一定的协作能力 ● 养成良好的自主学习能力与创新思维 ● 弘扬严谨规范、精益求精、准确快捷、创新敢为的工匠精神 ● 具有耐心专注、细致入微的工作态度 ● 具有求真务实、敢于担当的责任意识 ● 秉承诚信友善的处世之道

任务一 收集与整理文案资料

任务目标

- 会使用 Word 2019 的基本设置。
- 会运用常用快捷方式。
- 会使用查找和替换功能。
- 会使用通配符。
- 会生成特殊符号。

任务描述

旅游公司需要重新制作旅游宣传册，该公司将杭州西湖旅游景点宣传册的制作任务交于小明完成。小明计划从最初的资料收集、内容排版、添加图表到最后制作成册逐步完成。杭州西湖旅游景点的宣传册主要围绕西湖十景进行介绍。现在小明需要进行初步的资料收集。该公司提供的软件是 Office 2019，他需要对软件进行基础设置，以便自己更加便捷、可靠地完成项目。

要求如下：

1）将文档自动保存时间设置为 3 分钟。

2）收集关于西湖十景的文字材料，如果从公司网站上收集，则要保证没有空行、空格等。

3）在随文附带的素材中，可以根据需要选用其中两个或多个文档内容，必须选用西湖十景介绍.docx 中的内容。

4）对材料中所有西湖十景的名称进行加粗设置，以便识别。

任务分析与相关知识

根据以上任务描述进行分析，小明认为首先要弄清楚 Word 2019 的基本设置，其次要学会一些快捷操作，以提高工作效率，特别是对于资料文档等，需要用 Word 自带的功能快速完成设置。

一、了解 Word 版本变迁与功能增加

1. Word 版本发展

Word 2003 的文件扩展名是.doc，从 Word 2007 开始使用.docx 新文件扩展名。Word

2000～2003 的用户可以安装一个名为“Microsoft Office 兼容包”的免费插件，以打开、编辑、保存新的 Word 2007 文件。同时 Word 2007 文件也可以存储为.doc 格式，以便在 Word 97～2003 中使用。2006～2017 年，微软公司先后发布了 Office 2010、Office 2013、Office 2016（一次性购买）及 Office365 订阅（包月）等多个版本。

随着互联网的普及，Word 的更新细节也随之体现，Word 2010 开启了联机工作模式，使用户可以与他人同步处理 Word 文档，同时在文本中添加了视觉效果，将原本用于图像的效果（如阴影、凹凸、发光和映像）用于文本。除此之外，它还新增了图片编辑工具，原本需要通过图片编辑软件（如 Photoshop）将图片处理后再插入文档中，现在可以直接在 Word 2010 中进行编辑。对于只需要进行图片简单操作的用户来说，无须另外安装软件。SmartArt 的引入，使用户在 Word 中可以更加便捷地创建图文效果。

本书中所用的 Word 版本为 Word 2019。需要注意的是，Word 2019 仅支持 Windows 10 及以上版本的微软操作系统。

2. Word 2019 新增功能

概述-功能介绍

Word 2019 新增了不少功能，特别是在学习辅助方面，具体如下。

1）翻译功能。在“审阅”选项卡“语言”选项组中选择“翻译”选项，可以直接在 Word 界面中完成翻译。

2）朗读功能。在“审阅”选项卡中选择“大声朗读语音”选项，可以在不想看文字时，让计算机读给你听。

3）绘图功能。“绘图”选项卡为在文档中划重点、编辑公式等提供了方便，同时也提供了图片插入的新思路，可以画布模式在文档中插入图片。

二、Word 2019 的界面介绍

1. Word 2019 的启动与退出

（1）Word 2019 的启动

Word 2019 的常用的启动方法如下。

1）单击任务栏中的“开始”按钮，在“开始”菜单中选择 Word 程序。

2）双击桌面上的 Word 快捷图标，启动 Word 2019 后，选择“空白文档”选项。

3）打开一个已有的 Word 文档，即可打开相应的 Word 程序。

（2）Word 2019 的退出

关闭文档、退出 Word 2019 的方法与关闭文件或文件夹的方法类似，可以单击标题栏右上方的“关闭”按钮，或选择“文件”→“关闭”选项，或按 Alt+F4 组合键等，这里不再赘述。

2. Word 2019 的窗口界面及功能区介绍

启动 Word 2019 后，出现如图 6-1 所示的窗口，包含快速访问工具栏、标题栏、功能区、文本编辑区、微型工具栏、“导航”窗格、状态栏、视图切换区、缩放滑块等。

（1）快速访问工具栏

在默认情况下，快速访问工具栏位于 Word 窗口最上方左侧，是一个可自定义的工

具栏。它包含一组独立于当前显示的选项卡之外的选项，并提供对常用工具的快速访问功能。一般该工具栏默认包括保存、撤消键入、重复键入等按钮。

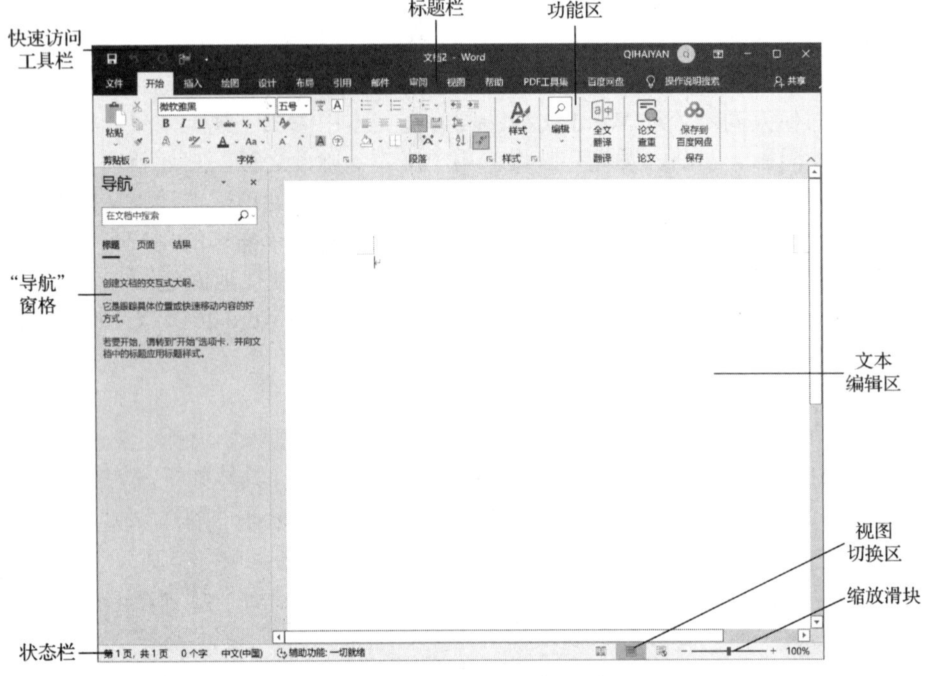

图 6-1　Word 2019 窗口

若需要向快速访问工具栏中添加按钮，则可单击工具栏右侧的下拉按钮，通过选择或取消选择来添加或删除快速访问工具栏中的按钮，如图 6-2 所示。若列表所列内容无法满足需要，则可直接在功能区中选择相应的选项卡或选择组，选择要添加到快速访问工具栏中的选项，右击该选项组或者选项，在打开的快捷菜单中选择"添加到快速访问工具栏"选项即可。

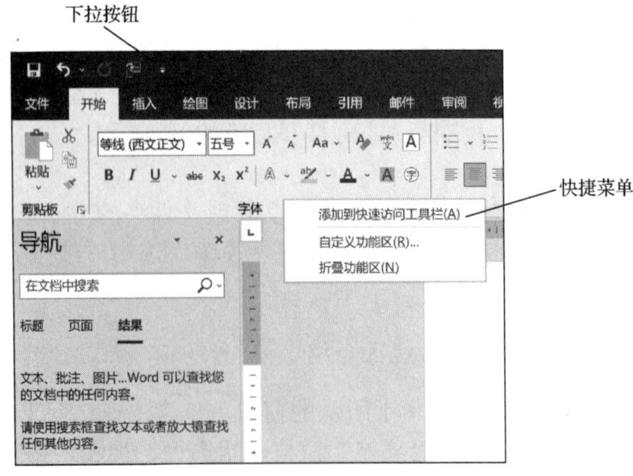

图 6-2　快速访问工具栏

（2）标题栏

Word 窗口最上方中间是标题栏，标题栏的主要作用是显示编辑的文档和程序名。标题栏右侧包含了控制窗口的 3 个按钮，即最小化按钮、最大化/还原按钮和关闭按钮。

（3）功能区

Word 2019 中的功能区位于标题栏的下方，通过选项卡与选项组来展示各级命令，便于用户查找与使用相应功能。用户可以通过选择选项卡的方法展开或隐藏选项组，同时也可以使用访问键来操作功能区。在当前文档中按 Alt 键，即可显示选项卡访问键，如图 6-3 所示，按选项卡访问键进入选项卡后，选项卡中的所有选项都将显示选项访问键，单击或再次按 Alt 键，将取消访问键的显示。

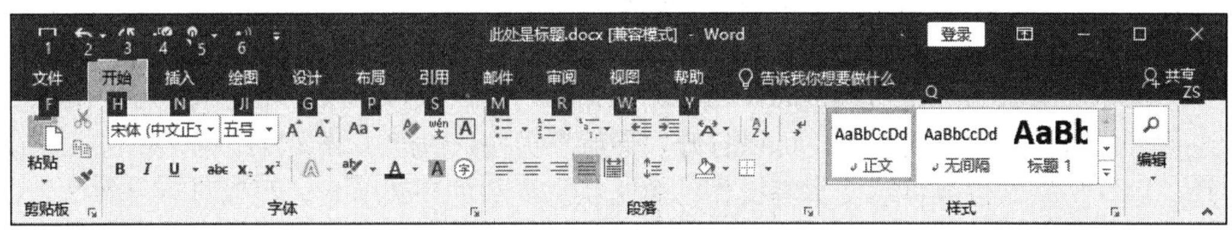

图 6-3 显示选项卡访问键

选项卡是面向任务设计的，每个选项卡都与某类型功能相关。标准选项卡包括以下 10 种：开始、插入、绘图、设计、布局、引用、邮件、审阅、视图、帮助。还有一类选项卡称为上下文选项卡，它们只在需要执行相关处理任务时才会出现在选项卡界面中。上下文选项卡提供用于处理所选项目的控件。例如，选中图片后，图片工具会以高亮形式显示在格式项上面。上下文选项卡类型非常多，如表格工具、图表工具等，但都需要选中相应对象才会出现。

在功能区空白处右击，在打开的快捷菜单中选择“自定义功能区”选项，可以对功能区中的选项卡进行添加或删除，也可以对选项卡中的选项组及选项组中的具体功能按钮进行添加和删除。

（4）文本编辑区

文本编辑区位于 Word 2019 窗口的中间位置，主要用来创建和编辑文档内容，如输入文本、插入图片、编辑文本、设置图片格式等。

（5）微型工具栏

在 Word 2019 中，若需要对文本进行格式操作时，就会自动出现一个弹出式微型工具栏，包括一些常用的格式化命令，如图 6-4 所示。

显示微型工具栏有以下两种方法。

1）先选择文本，再将鼠标悬浮在选择区域，就会浮现微型工具栏。

2）选中文本后右击，微型工具栏会出现在快捷菜单的上方或下方。

（6）“导航”窗格

通过 Word 2019 中的“导航”窗格，可以查看文档结构，也可以对文档中的某些文本内容进行搜索，搜索到需要的内容后，程序会自动对其进行突出显示。

可以通过选中“视图”选项卡“显示”选项组中“导航窗格”复选框来打开“导航”

窗格，如图 6-5 所示。

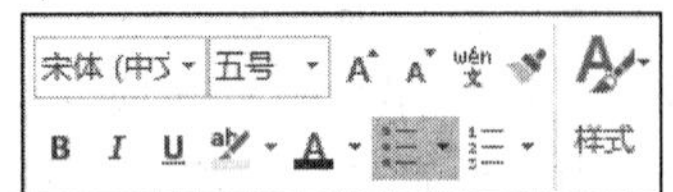

图 6-4　微型工具栏

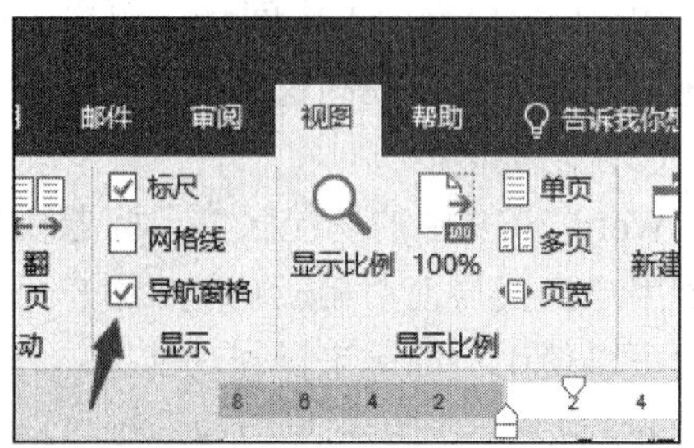

图 6-5　“导航”窗格的设置

（7）状态栏

状态栏主要显示正在编辑的文档的相关信息，如页数、字数、编辑状态等。用户通过单击状态栏中的页码信息，可以打开“导航”窗格，快速了解文档结构，调整标题级别，进行文档定位或移动文本等操作；单击状态栏中的字数信息，可以进行字数统计，查看文档页数、字数、段落数及行数等信息；单击“中文（中国）”按钮，打开“语言”对话框，可以更改文字语言。

（8）视图切换区

视图切换区可用于更改正在编辑的文档的显示模式，以使其符合用户的要求。在视图中，从左至右依次显示为阅读视图、页面视图和 Web 版式视图。

1）阅读视图。阅读视图以图书的分栏样式显示 Word 2019 文档，将功能区等窗口元素隐藏起来。在阅读版式视图中，用户还可以单击“工具”按钮来选择各种阅读工具。

2）页面视图。页面视图可以显示 Word 2019 文档的打印结果外观，主要包括页眉、页脚、图形对象、分栏设置、页面边距等选项，是最接近打印结果的视图。

3）Web 版式视图。Web 版式视图以网页的形式显示 Word 2019 文档，适用于发送电子邮件和创建网页。

（9）缩放滑块

缩放滑块位于视图切换区的右侧，可用于更改正在编辑的文档的显示比例，其调整范围为 10%～500%。

三、文档的创建与编辑

1. 文档的创建、打开和保存

（1）文档的创建

在 Office 2019 的各组件中，新建 Office 文档的方式都是相同的。新建 Word 文档的常见方式有以下几种。

1）在文件夹空白处右击，在打开的快捷菜单中选择“新建”→“Microsoft Word 文档”选项，创建新的 Word 文档。

2）在“开始”菜单中选择“Word”选项，启动 Word 应用程序，或双击桌面“Word”

快捷方式启动 Word 应用程序，选择“空白文档”选项，新建一个 Word 文档。

3）打开一个已有的 Word 文档，选择“文件”→“新建”→“空白文档”选项，或按 Ctrl+N 组合键，新建一个 Word 文档。

4）在打开已有 Word 文档的前提下，单击“自定义快速访问工具栏”下拉按钮，将“新建”添加到快速访问工具栏中，单击“新建”按键即可创建一个新的 Word 文档。

（2）文档的打开

打开文档的方式有以下几种。

1）找到文档，双击即可打开。这是一种通用的方法，只要系统中安装了支持该文档的软件，就可用这种方法打开该文档。

2）选择“文件”→“打开”选项，会出现各种“打开”的选项，如图 6-6 所示，选择“最近”选项，会列出最近打开过的 Word 文档；若选择“这台电脑”选项，则会将目前所在路径下的 Word 文档罗列出来；若选择“浏览”选项，则可以通过输入绝对路径或按照引导打开目标文档。

3）选择快速访问工具栏中的“打开”选项，可以打开目标文档。

（3）文档的保存

保存 Word 文档的操作方法与保存其他 Office 文档的操作方法类似，可以选择快速访问工具栏中的“保存”选项或选择“文件”→“保存”选项，或按 Ctrl+S 组合键，也可以在关闭窗口时，在打开的保存提示对话框中，单击“是”按钮。

如果要把当前文档的内容以另外一个文件名保存，则只要选择“文件”→“另存为”选项，就会出现各种“另存为”的选项，与“打开”选项类似。用户可以根据自己的需要选择相应的文件类型，若选择“浏览”选项，则在打开的对话框中输入新文件名即可；若新文件名与已经打开的某个文件名相同，则系统将提示重新命名。在 Word 2019 中可以将 Word 文档另存为多种文件类型，如图 6-7 所示。

图 6-6 “打开文档”的各种选项

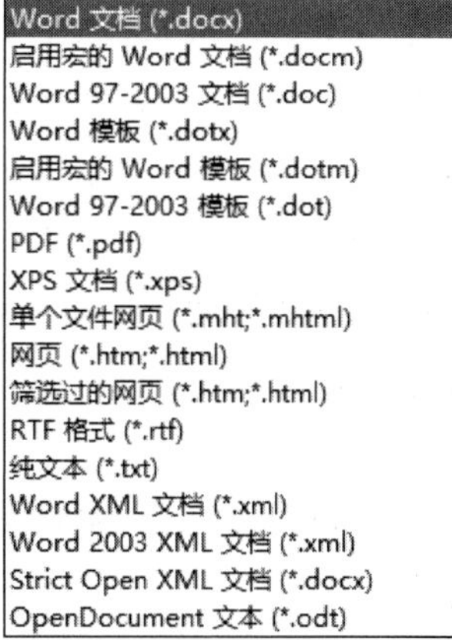

图 6-7 可“另存为”的多种文件类型

在编辑文档时可以设置自动保存时间间隔，每隔一段时间系统就会自动保存编辑的文档，Word 2019 的默认状态是每 10 分钟自动保存一次。

设置自动保存。选择“文件”→“选项”选项，在打开的“Word 选项”对话框中，选择“保存”选项，在“保存自动恢复信息时间间隔”编辑框中设置合适的数值，并单击“确定”按钮。

（4）文档的安全与加密

选择“文件”→“信息”选项，在中间窗格中单击“保护文档”下拉按钮，在下拉列表中显示以下几种保护模式。

1）始终以只读方式打开：询问用户是否加入编辑，防止意外的更改。

2）用密码进行加密：设置文档的打开密码。

3）限制编辑：控制其他人可以做的更改类型。

4）限制访问：授予用户访问权限，同时限制其编辑、复制和打印能力。

5）添加数字签名：通过添加不可见的数字签名来确保文档的完整性。

6）标记为最终状态：将文档设置为只读，让用户知晓此文档是最终版本。

2. 文档的编辑

（1）文本的输入

在 Word 中输入文本时，用户只需单击要输入文本的位置，在出现光标（在工作区闪动的黑竖线）后输入即可。

1）“插入”与“改写”。打开 Word 2019 文档窗口后，默认的文本输入状态为“插入”，即在原有文本的左边输入文本时，原有文本后面的内容将往后顺移。还有一种文本输入状态为“改写”，即在原有文本的左边输入文本时，原有文本将被替换。与 Word 2010 不同，在默认情况下，Word 2019 的状态栏不显示“插入”或“改写”状态。用户可以先在状态栏空白处右击，在打开的“自定义状态栏”菜单中选择“改写”选项，如图 6-8 所示。此时在状态栏会出现“插入”或“改写”状态按钮，用户可以根据需要单击“插入”或“改写”按钮，在两种状态之间切换。

2）插入日期和时间。单击“插入”选项卡“文本”选项组中的“日期和时间”按钮，在打开的“日期和时间”对话框中，可以根据需要选择合适的格式，选中“自动更新”复选框，则 Word 在打印文档时，插入的时间和日期自动更新为当前计算机的日期和时间。

3）插入符号。用户如果需要插入符号或编号等，则在功能区“插入”选项卡“符号”选项组中单击对应的按钮即可。在 Word 中，还可以通过其他方式来插入一些特殊的符号。例如，当我们选用搜狗输入法时，只要在小键盘处右击，在打开的快捷菜单中选择对应的目标即可。小键盘选择菜单及选择“数字序号”后的小键盘如图 6-9 所示。

自定义状态栏	
格式页的页码(F)	1
节(E)	1
✓ 页码(P)	第 1 页，共 1 页
垂直页面位置(V)	2.6厘米
行号(B)	1
列(C)	1
✓ 字数统计(W)	0 个字
字符计数(带空格)(H)	0 个字符
✓ 拼写和语法检查(S)	
✓ 语言(L)	中文(中国)
✓ 标签	
✓ 签名(G)	关
信息管理策略(I)	关
权限(P)	关
修订(T)	关闭
大写(K)	关
✓ 改写(O)	插入
选定模式(D)	
宏录制(M)	未录制
✓ 辅助功能检查器(A)	辅助功能: 一切就绪
✓ 上传状态(U)	
✓ 可用的文档更新(U)	
✓ 视图快捷方式(V)	
✓ 缩放滑块(Z)	
✓ 缩放(Z)	100%

图 6-8 “自定义状态栏”窗口

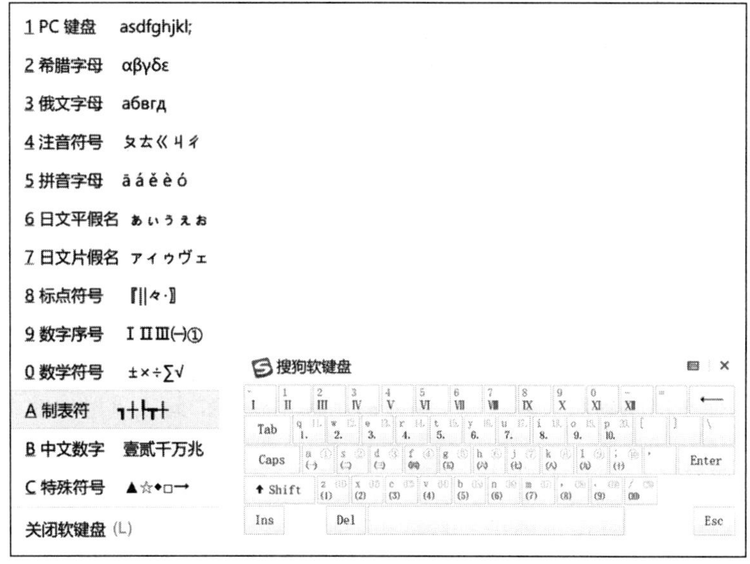

图 6-9 小键盘选择菜单及选择“数字序号”选项后的小键盘

除了这些常规的字符与序号，我们偶尔需要在 Word 中输入一些特殊的符号，如表 6-1 所示。可以利用对应的输入方式进行输入。

表 6-1 特殊符号及输入方式

特殊符号	输入方式	特殊符号	输入方式
➔	==>	☺	:)
═══════════	===+ Enter	▪▪▪▪▪▪▪▪▪▪▪▪▪▪▪▪▪	***+ Enter

对于其他的特殊符号，也可以通过类似方式输入。需要注意的是，所有输入方式中的符号，均需在英文状态下输入。

（2）文本的选中

在 Word 中，有许多操作都是针对被选中对象的，对象可以是一部分文本，也可以是图形、表格等。对文档进行编辑操作时，首先要选中编辑的对象，选中对象后会突出显示。常用选中对象的方法有以下几种。

1）利用鼠标在选中栏上单击、双击或三击，分别选中一行、一段或全文。

2）用鼠标拖动或按住 Shift 键的同时用光标选中任意一段连续文字。

3）按住 Alt 键拖动鼠标，选中块文本。

4）按 Ctrl+A 组合键，选中全文。

5）当用户选中了某些文字或项目后，又想取消时，可以单击任意位置。

（3）文本的移动和复制

选中文本后，可以对其进行复制、移动、剪切、删除、撤消或恢复等操作。

1）移动文本。短距离移动文本可以先选中要移动的文本，将鼠标指向所选中的文本，此时鼠标会变为指向左上方的箭头。按住鼠标左键拖动文本到任意位置松开，即可完成移动。长距离移动文本的操作步骤与文件的移动方法类似。

2）复制文本。短距离复制文本也可以用拖动的方法，即在移动文本的同时按住 Ctrl 键；长距离复制文本的操作步骤与文件复制的方法类似。

（4）文本的删除、撤消与恢复

1）删除文本。按 Backspace 键即可删除插入点左边的字符，按 Delete 键可以删除插入点右边的字符。若选中某一段文字，则按 Backspace 键或 Delete 键都可以将该段文字删除。

2）撤消与恢复文本。撤消和恢复是相对应的，撤消是取消上一步的操作，而恢复就是把撤消操作再重复回来。撤消时可单击快速访问工具栏中的“撤消”按钮，也可按 Ctrl+Z 组合键。撤消操作是一个非常有用的操作，它可以撤消用户的误操作，甚至可以取消多步操作，使文档回到原来的状态。恢复时可单击快速访问工具栏中的“恢复”按钮。

3. 查找与替换

查找和替换是 Word 中用处最多的工具之一。编辑文本时，若要快速查找某些文字、定位到文档的某处或者将整个文档中给定的文本替换成其他文本，都可以通过查找和替换功能定位到相关内容上，并立即用新内容或格式进行替换。

（1）查找

单击“开始”选项卡“编辑”选项组中的“查找”按钮，或按 Ctrl+F 组合键，在

Word 2019 文档窗口左侧会出现“导航”窗格，如图 6-10 所示。

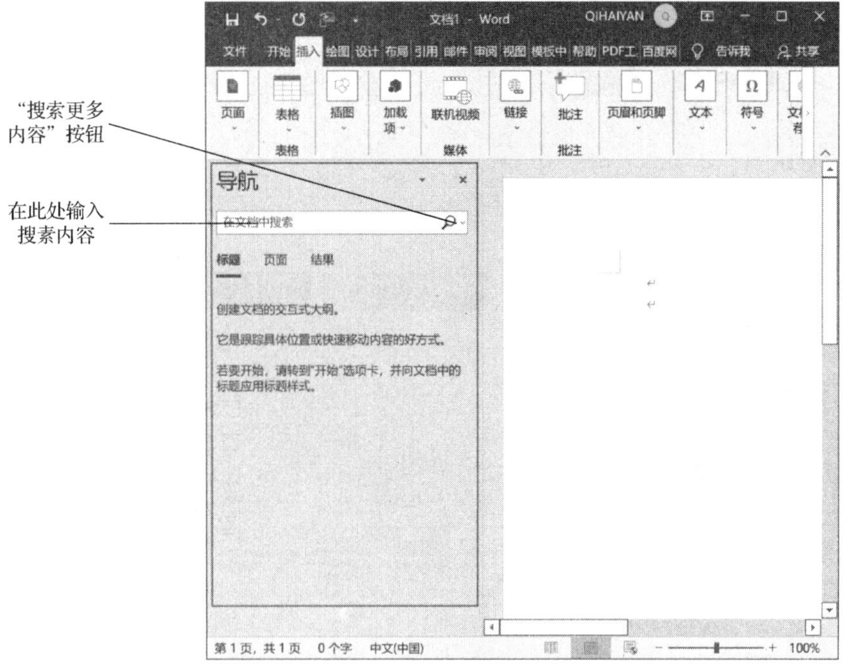

图 6-10　“导航”窗格

若单纯地对普通文字进行查找，则可以直接在“导航”窗格的“在文档中搜索”文本框中输入需要查找的文字，如图 6-10 所示，系统即开始查找。若找到相关内容，则给出找到的匹配总数及每个匹配选项的预览，并在文档中用黄色高亮显示。单击相应的匹配选项，会自动定位到查找目标处。

若要进行高级查找，则在“导航”窗格中单击“搜索更多内容”下拉按钮，在下拉列表中选择“高级查找”选项，打开“查找和替换”对话框，如图 6-11 所示。单击“更多”按钮，以显示更多的搜索选项，如图 6-12 所示。

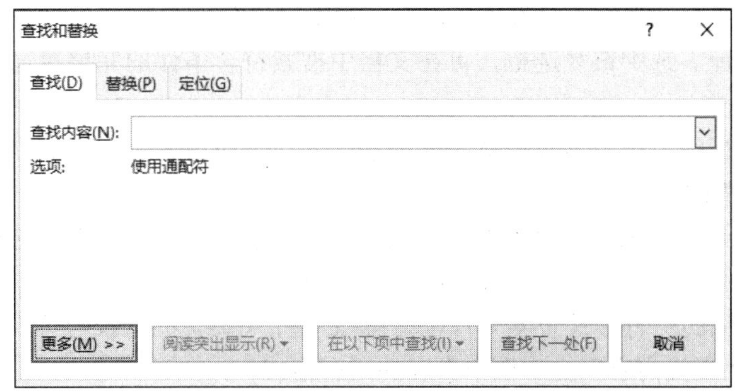

图 6-11　“查找和替换”对话框之“查找”选项卡

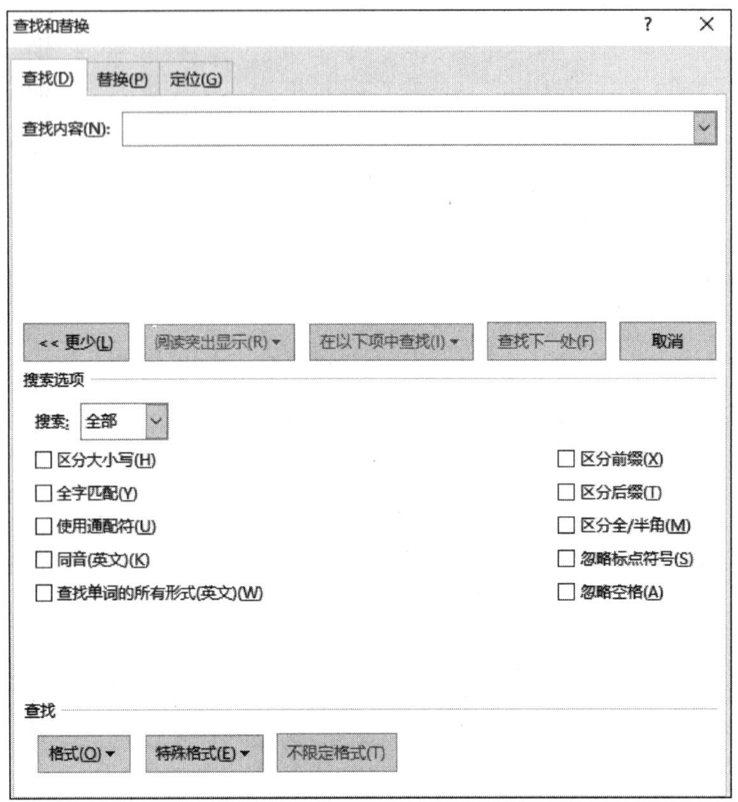

图 6-12 “查找和替换”对话框之高级查找

在“搜索选项”区域中，可以根据具体需要，对查找的对象进行设置。各选项的功能如下。

1）搜索。该功能用于设置文档的搜索范围。选择“全部”选项，将在整个文本中进行搜索；选择“向下”选项，将从插入点处向下进行搜索；选择“向上”选项，将从插入点处向上进行搜索。

2）区分大小写。选中该复选框，可以在搜索时区分大小写。

3）全字匹配。选中该复选框，可在文档中搜索符合条件的完整单词，而不是搜索单词中的一部分。

4）使用通配符。选中该复选框，可搜索输入“查找内容”文本框中的通配符、特殊字符或特殊搜索操作符。

5）同音（英文）。该功能主要用在英文的查找与替换中。选中该复选框后，会搜索所有与“查找内容”文本框中内容读音相同的单词。

6）查找单词的所有形式（英文）。该功能主要用于英文的查找与替换。选中该复选框后，会搜索“查找内容”文本框中内容的所有格式。

7）区分前缀。选中该复选框，可防止出现断意取词的情况。例如，只想查找“什么”，选中该复选框后，文档中所有出现“为什么”的地方都不会被找出来，使得查找更为精确。

8）区分后缀。该功能类似“区分前缀”功能，可防止出现断意取词的情况。

9）区分全/半角。选中该复选框，可在查找时区分全角和半角。

10）忽略标点符号：选中该复选框，可在查找时忽略标点符号。一个词中间即使加入了标点符号，也会被找出来。当然也可查找出标点前后的词属于两句话中的情况。

11）忽略空格。选中该复选框，在查找时会忽略空格。

12）格式。单击该按钮，在打开的快捷菜单中可以设置查找或替换文本的格式，如字体、段落、制表位等。

13）特殊格式。单击该按钮，在打开的快捷菜单中可以选择要查找或替换的特殊字符，如不限定内容的数字、段落标记、省略号等。

14）不限定格式。若设置了查找或替换文本的格式，则单击该按钮可取消对文本的格式设置。

（2）替换

查找替换

替换功能用于搜索并替换指定的文字或格式。单击“开始”选项卡“编辑”选项组中的“替换”按钮，或按Ctrl +H组合键，打开“查找和替换”对话框，如图6-13所示。在“查找内容”文本框中输入要找的文字或字符串，在“替换为”文本框中输入要替换的新文字或字符串，单击“替换”按钮，出现第一个要替换的匹配串，也可单击“全部替换”按钮，一次性将搜索范围内所有匹配的文字或字符串都替换成新文字或字符串。

图6-13 “查找和替换”对话框之“替换”选项卡

替换功能中的“高级替换”及相关选项功能同“高级查找”。

（3）定位

对于较长的文档，使用定位功能可以很快找到相应的节或页等。在“查找和替换”对话框中选择“定位”选项卡，选中相应的行、节或页等，并输入要查找的具体信息，单击“下一处”按钮即可。

（4）通配符

通配符是一种特殊语句，主要有星号（*）和问号（?），用来模糊搜索目标内容。查找时，可以使用“?”来代替一个字符，用“*”来代替一个或多个字符。需要注意的是，在使用通配符时，要在英文状态下输入。

（5）常用的快捷方式

用户在编辑文档过程中，因为不同的功能在不同的选项卡下，所以通常需要进行切换，非常不方便。为了提高文档编辑的效率，通常使用组合键进行操作，部分常用的组合键及功能如表 6-2 所示。

表 6-2　部分常用的组合键及功能

组合键	功能	组合键	功能
Ctrl+C	复制	Ctrl+A	全选
Ctrl+X	剪切	Ctrl+Z	撤消
Ctrl+V	粘贴	Ctrl+S	保存
Ctrl+E	居中	Ctrl+B	加粗
Ctrl+F	查找	Ctrl+H	替换
Ctrl+N	新建	Ctrl+O	打开
Ctrl+P	打印	Ctrl+Y	重复上一步操作
Alt+Tab	切换窗口	Alt+F4	关闭

任务实施——收集与整理文案资料

对于任务实施过程中的所有材料，可以完全选择已提供的素材，也可以部分选择已提供的素材，部分自行收集素材。对必选素材“西湖十景介绍.docx”需要进行素材前期处理，去除不需要的空格和空行等，对西湖十景的具体名称进行加粗。

操作建议如下。

1）在参考内容之前对空格、空行等进行处理，建议利用“查找”或“替换”功能。对于空格的删除，直接在“查找内容”文本框中输入空格，在“替换为”文本框中不输入任何内容；对于空行，在“查找内容”文本框中输入连续的两个段落标记“^P^P”，在“替换为”文本框中输入“^P”，多次单击全部替换，直至文中空行全部被替换为止。

2）对西湖十景的具体名称进行加粗设置，可以使用“查找”或“替换”功能，输入内容时，注意在英文状态下使用通配符。

能力拓展——在线材料整合

◆ 任务要求

利用现有的工具，如钉钉、QQ 等，实现小组共同收集资料，团队协作在线编辑材料，完成“西湖十景介绍.docx”。学会利用搜索引擎搜索具体软件的使用及操作方法。

◆ 任务实施

1. 准备工作

确定具体使用的软件或工具，掌握在线文档编辑功能。

2. 材料收集

利用网络、图书等各类资源，收集有关“西湖十景”的信息。

3. 在线文档编辑

利用软件或工具，实现小组在线文档编辑，共同完成“西湖十景”文档整合。

评价反馈

自评表

序号	评价内容	评价标准	自评分数	教师评分
1	Word 文档的创建	会运用文档的新建、打开和关闭		
2	Word 文档的设置	会设置 Word 文档		
3	特殊符号的输入	会生成特殊符号，如“→”、上标、下标等		
4	文档内容的定位与选中	会灵活操作鼠标在文档中进行定位与选中		
5	资料查找	会利用工具查找相关资料，按时完成任务		
考核评价	总分（每项评价内容为 20 分，满分 100 分）			
	指导教师评语			

任务二　设置与修改文档格式

任务目标

- 会灵活设置字符格式。
- 会灵活设置段落格式。
- 会运用样式的创建、管理与应用方法。
- 会灵活设置页面格式。

任务描述

小明已经完成了大部分文字信息的收集，为了使文档更美观、结构更明显，小明决定对文档的格式进行设置。

要求如下。

1）对通篇文档建立多层级的编号模式，使文档内容更加清晰明了。

2）统一通篇文档正文格式。

3）将文档格式与其他工作小组相统一，但目前各工作小组还未商定最终文档格式。

任务分析与相关知识

根据以上任务描述进行分析，小明需要从字体格式、段落格式和页面格式方面对文档进行设置。要建立多层级的编号模式，需要利用段落格式中的多级编号。目前还未确定最终文档格式，为了方便后续修改，小明计划利用样式功能进行格式管理，因此需要创建新的样式。

一、字符格式化设置

字符格式的设置主要包括字体、字号、字形、颜色、字符间距及文字特殊效果等的设置。Word 中正文默认的中文格式是宋体五号，默认的英文字体是 Times New Roman。通过设置字符格式可以使文字的效果更加突出。

1. 设置字体格式

设置字体格式的方法和途径很多，用户可以根据自己的需要选择适合的方法。具体操作方法如下。

1）单击“开始”选项卡“字体”选项组中的功能按钮，在参数框进行设置。

2）选中字符后，在打开的“微型工具栏”中进行设置。

3）单击“开始”选项卡“字体”选项组中的对话框启动器，在打开的“字体”对话框中进行设置。

4）右击文本区，在打开的快捷菜单中选择“字体”选项，在打开的“字体”对话框中进行设置。

5）按 Ctrl+D 组合键，在打开的“字体”对话框中进行设置。在字符格式化中，可以对字符的字体、字形、字号、颜色及下划线和效果等进行设置，在“字体”对话框底部的“预览”选项组中显示设置后的效果，如图 6-14 所示。

在 Word 中，格式同文字一样是可以复制的，格式刷是一个非常有用的工具，是用来“刷”格式的，也就是复制选中对象的格式。用户在格式设置操作中可以使用格式刷。格式刷复制的对象主要是文本和段落标记。选中要复制的对象 A，单击“开始”选项卡“剪贴板”选项组中的“格式刷”按钮，这时鼠标指针将变成刷子形状，用鼠标拖动对象 B，便可使对象 B 具有与对象 A 相同的格式。单击“格式刷”按钮只能将格式复制到一个对象上，双击“格式刷”按钮可将格式复制到多个对象上，每拖动一次鼠标，就复制一次格式，直到再次单击“格式刷”按钮或按 Esc 键退出该功能。

2. 设置字符间距

在通常情况下，文档是以标准间距显示的。标准的字符间距适用于绝大多数文本，但有时为了创建一些特殊的文本效果，需要将文本的字符间距扩大或缩小。在“字体”对话框中选择“高级”选项卡，可以对文字的显示位置、间距等内容进行设置，并在该对话框底部的“预览”选项组中显示文字的外观效果，如图 6-15 所示。

在“字体”对话框的“高级”选项卡中，可以进行文字效果的设置，单击“文字效果”按钮，可以进行文本填充、阴影和三维样式等设置。

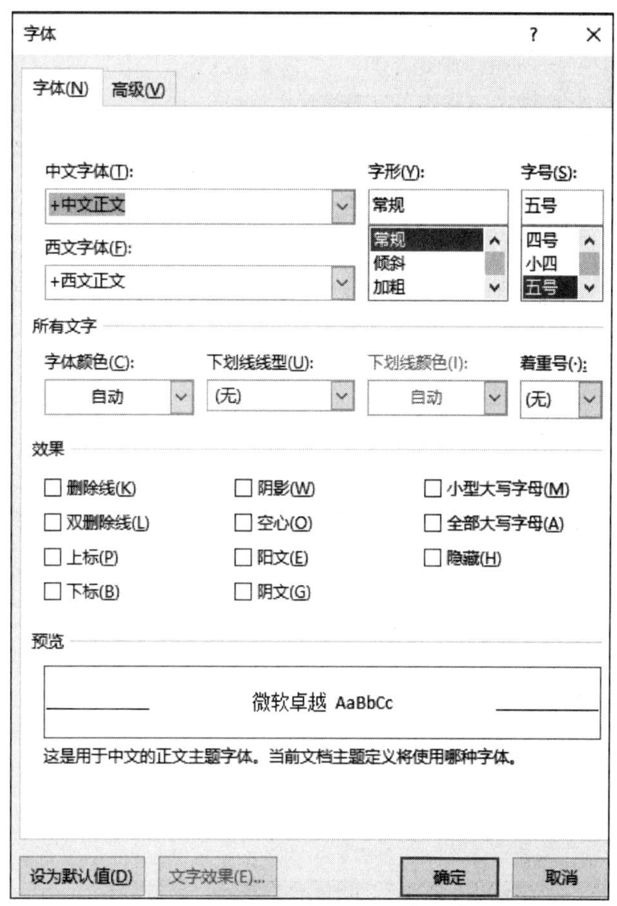

图 6-14 “字体”对话框之“字体”选项卡

3. 设置首字下沉

首字下沉就是将文章段落开头的第一个或者前几个字符放大数倍，并以下沉或者悬挂的方式改变文档的版面样式。

在 Word 中提供了两种不同的方式来设置首字下沉，一种是普通的下沉，另一种是悬挂下沉。两种方式的区别在于：用普通下沉方式设置的下沉字符紧靠其他字符，而用悬挂下沉方式设置的下沉字符可以随意移动位置。

设置首字下沉，可以选中要下沉的字符，单击“插入”选项卡“文本”选项组中的“首字下沉”按钮，在下拉列表中根据需要选择相应选项。

图 6-15　“字体”对话框之“高级”选项卡

4. 设置特殊字符格式

在 Word 2019 中，还有一些特殊的字符格式及设置按钮，如图 6-16 所示。

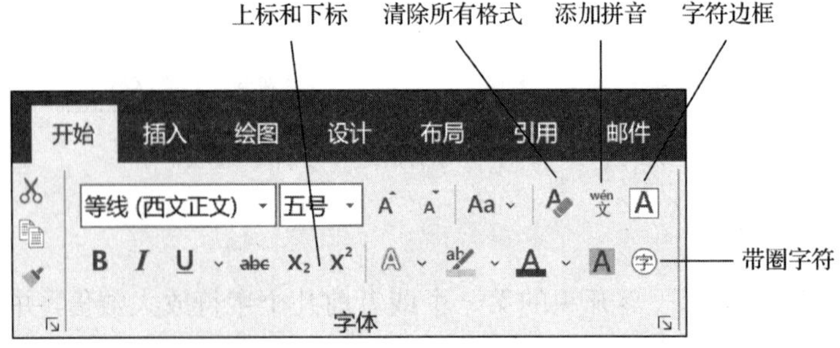

图 6-16　特殊的字符格式及设置按钮

1）清除所有格式。选中带格式的文本后，单击“开始”选项卡“字体”选项组中的“清除所有格式”按钮，将清除选中文本的所有格式，只留下普通无格式的文本。该操作与右击文本在快捷菜单中选择“粘贴”→“只保留文本”选项有相似的作用。

2）添加拼音。选中需要添加拼音的文字，单击“开始”选项卡“字体”选项组中的“添加拼音”按钮，打开“拼音指南”对话框，如图 6-17 所示。可以设置对齐方式、字体等参数，还可以进行部分拼音或文字缺省的设置。

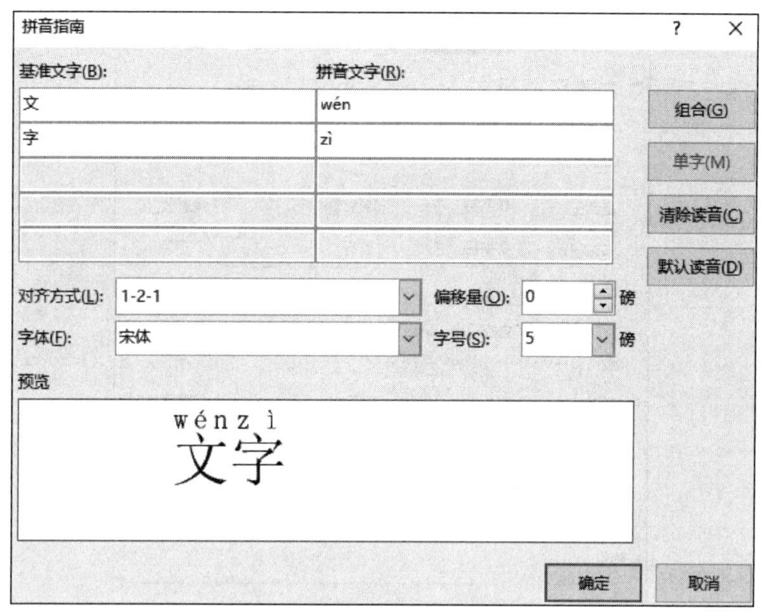

图 6-17 “拼音指南”对话框

3）字符边框。选中需要添加边框的文字，单击“开始”选项卡“字体”选项组中的“字符边框”按钮，添加边框。

4）带圈字符。使用该功能可以添加带圈的文字，避免因在特殊字符中找不到对应带圈字符而无计可施。

5）下标和上标。选中文字后，单击“开始”选项卡“字体”选项组中的“上标”按钮或“下标”按钮，可以将文字内容作为上标或下标，如参考文献的标注等。

二、段落格式化设置

段落是构成整个文档的骨架。在一般情况下，文本行距取决于各行中文字的字体和字号。如果某行包含大于周围其他文字的字符，如图形或公式等，Word 就会增加该行的行距；如果删除了段落标记，则标记后面的一段文本将与前一段文本合并，并采用前一段文本的行距。

段落格式化包括段落对齐、段落缩进及段落间距的设置等。段落格式设置与字符格式设置有所不同，除了可以对选中的段落进行设置，还可以直接将光标插入要设置格式的段落中，然后进行操作即可。

对段落进行格式化。单击“开始”选项卡“段落”选项组中的对话框启动器，打开“段落”对话框，或右击文本区，在打开的快捷菜单中选择“段落”选项，打开“段落”对话框，如图 6-18 所示，在其中对段落格式进行设置。

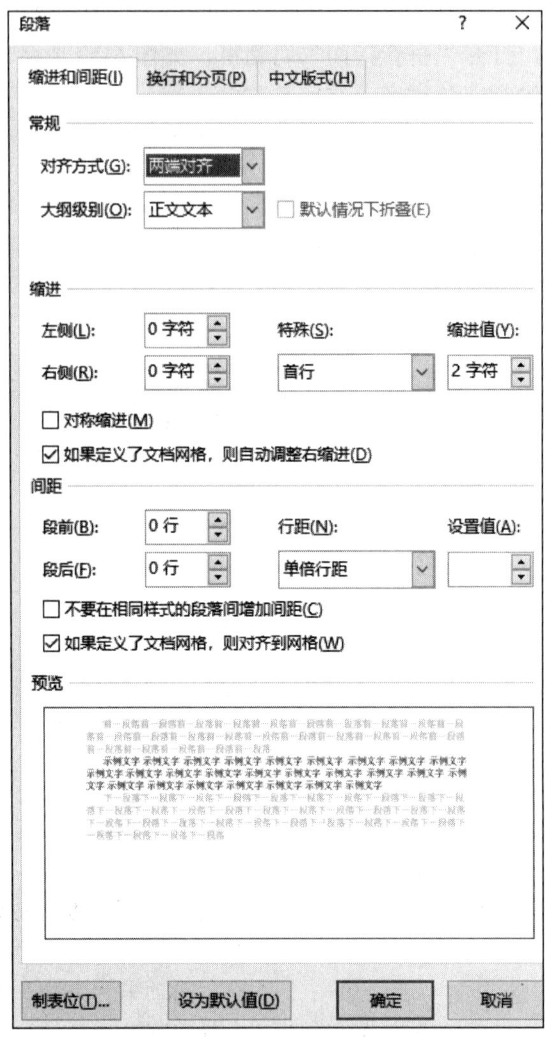

图 6-18　“段落”对话框

段落格式-大纲级别

1. 设置段落对齐方式

段落对齐方式是指文档边缘的对齐方式，一般分为左对齐、右对齐、居中对齐、两端对齐和分散对齐，分别对应“段落”选项组中的按钮。也可以在“段落”对话框中，单击“对齐方式”下拉按钮，在下拉列表中选择各种对齐方式选项。

2. 设置大纲级别

在“导航”窗格中，必须设置大纲级别，才能定位章节。在“段落”对话框的“缩进和间距”选项卡中单击“大纲级别”下拉按钮，在下拉列表中选择所需的级别选项即可。

3. 设置段落缩进

段落缩进有 4 种格式：首行缩进、悬挂缩进、左侧缩进和右侧缩进。首行缩进是指第一行按缩进值缩进，其余行不变；悬挂缩进是指除第一行外，其余行都按缩进值缩进；左侧缩进是指所有行从左边缩进；右侧缩进是指所有行从右边缩进。各种段落缩进方式的设置方法如下。

（1）“段落”对话框

在“段落”对话框的“缩进和间距”选项卡中，可以对“左侧”和“右侧”缩进进行设置；在“特殊”下拉列表中可以对“悬挂”和“首行”缩进进行设置；选中“对称缩进”复选框后，可以对“内侧”和“外侧”缩进进行设置。

（2）增加/减少缩进量

单击“开始”选项卡“段落”选项组中的“增加缩进量”按钮 和“减少缩进量”按钮 ，可直接快速地修改段落的左侧缩进量。

（3）标尺

在文档窗口标尺上的几个滑块，分别代表不同的缩进设置，如图 6-19 所示。用户拖动各缩进滑块，可以设置段落的缩进。若文档窗口中未出现标尺，则可以通过选中“视图”选项卡“显示”选项组中的“标尺”复选框来显示标尺。

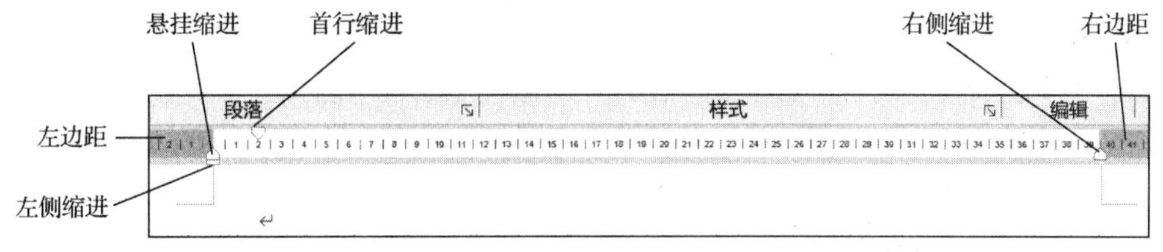

图 6-19 标尺及缩进

4. 设置行距、段落间距

行距是指从一行文字的底部到另一行文字顶部的间距。在 Word 2019 中将自动调整行距以容纳该行中最大的字体和最高的图形。行距决定段落中各行文本之间的垂直距离，系统默认值是“单倍行距”，这意味着间距可容纳所在行的最大字符并附加少许额外间距。段落间距是指前后相邻的段落之间的空白距离。

用户可以根据需要设置段落间距和行距。选中要改变间距的段落，然后在“段落”对话框中对相应属性值进行设置即可。在进行段落设置时，经常会发现所要求设置的单位与 Word 默认的单位不符，此时可根据题目要求自行输入所需要的单位，而不用进行换算。

5. 复制段落格式

在 Word 中，可以通过格式刷来复制段落格式。复制段落格式的方法如下：先选中含有格式的段落标记（只选中段落标记，不要选中任何文字），单击“格式刷”按钮，这时鼠标指针变成刷子形状，再单击需要获得格式的段落即可；若双击“格式刷”按钮，则可以多次复制段落格式。

6. 运用软回车与硬回车

进行段落间换行操作，最常使用的是键盘上的 Enter 键，按 Enter 键在 Word 中会显示一个弯曲的小箭头，这种回车称为硬回车。硬回车是一种清晰的段落标记，在两个硬回车之间的文字自成一个段落。可以单独设置每个段落的格式而不对其他段落造成影响。

除了硬回车，也可按 Shift+Enter 组合键使文字换行，或单击“布局”选项卡“页面设置”选项组中的“分隔符”下拉按钮，在下拉列表中选择“自动换行符”选项，此时产生一个显示为向下的箭头，这种回车称为软回车。软回车不是段落标记，虽然在形式上换行，但是换行不换段，换行前后段落格式相同，且无法设置自身的段落格式。

7. 设置项目符号与编号

在文档中，为了使相关内容醒目且有序，经常需要使用项目符号和编号列表。项目符号是放在文本前的添加强调效果的圆点或其他符号，用于强调一些特别重要的观点或条目；编号用于逐步展开一个文档的内容。

（1）项目符号

项目符号的顺序不分先后，每一行都有相同的标志。将光标移动到要添加项目符号的段落中，或选中要添加项目符号的段落，单击“开始”选项卡“段落”选项组中的“项目符号”按钮 ☰ ▾；或右击文本区，在打开的微型工具栏中选择“项目符号”选项。

若用户想采用其他“项目符号”或格式，则可以单击“开始”选项卡“段落”选项组中的“项目符号”下拉按钮，在下拉列表中选择“定义新项目符号”选项，在打开的“定义新项目符号”对话框中，对符号、图片或者字体进行设置，以满足需求。

删除项目符号的方法主要有以下 3 种。

1）将光标移动到项目符号所在的段落上，单击“开始”选项卡“段落”选项组中的“项目符号”按钮。

2）将光标移动到项目符号所在的段落上，单击“开始”选项卡“段落”选项组中的“项目符号”下拉按钮，在下拉列表中选择“无”选项。

3）将光标移动到项目符号所在的段落的头部（即该段落的第一行按 Home 键后的位置），按 Backspace 键。

（2）编号

对每个不同段落，可以按顺序进行编号。在列举条件时可采用项目符号，而在列举步骤时则一般采用编号。编号的优势是当上一个编号被删除时，下一个编号自动相应变化，不用手动进行修改。

添加编号的方法和添加项目符号的方法相同。将光标移动到要添加编号的段落中，或选择要添加编号的段落，单击“开始”选项卡“段落”选项组中的“编号”按钮 ☰ ▾；或右击选中的段落，在打开的微型工具栏中选择“编号”选项。

用户也可通过单击“开始”选项卡“段落”选项组中“编号”下拉按钮，在下拉列表的编号库中选择合适的编号，或者选择“定义新编号格式”选项定制合适的编号格式。

删除编号的方法与删除项目符号的方法相同。

编号的连续性很强。当在文档的某个部分中使用过某种格式的编号后，在另一个位置再设置编号时，系统会按照前面的编号顺序继续向下编号，即使相隔了许多段落或者许多页也依然如此。如果用户希望能从 1 开始重新编号，则可以将光标定位到该编号所在段落并右击，在打开的快捷菜单中选择“重新开始于 1”选项，或者单击编号前面的“自动更正选项”按钮，选择“重新编号”选项。当然，用户也可在该菜单中选择“设置编号值”选项，设定编号开始的值。

（3）多级列表

多级列表主要用于为列表或文档设置层次结构，它可以用不同的级别来显示不同的列表项。Word 2019 规定文档最多可以有 9 个级别。

选中需要创建多级列表的文本，单击“开始”选项卡“段落”选项组中的“多级列表”按钮，在下拉列表的“列表库”选项组中选择合适的样式即可；也可以自定义所需的样式，单击“多级列表”下拉按钮，在下拉列表中选择“定义新的多级列表”选项，在打开的“定义新多级列表”对话框中，在“单击要修改的级别”列表框中选中“1”，即最高级别，如图 6-20 所示。在“起始编号”微调框中选择或输入起始编号，在“输入编号的格式”文本框中立即显示起始编号。也可以在这个编号前后输入用户所需的内容，如在编号前面输入“第”，在编号后面输入“章”，则第一级别编号显示为“第×章”。在“此级别的编号样式”下拉列表框中选择编号的样式，在“位置”选项组中可以设置项目符号的对齐方式、对齐位置和文本缩进位置等。在“将级别链接到样式”下拉列表中可以选择链接到所选多级符号级别的样式选项，如“标题 1”，如果无需要，则可选择“无样式”选项。

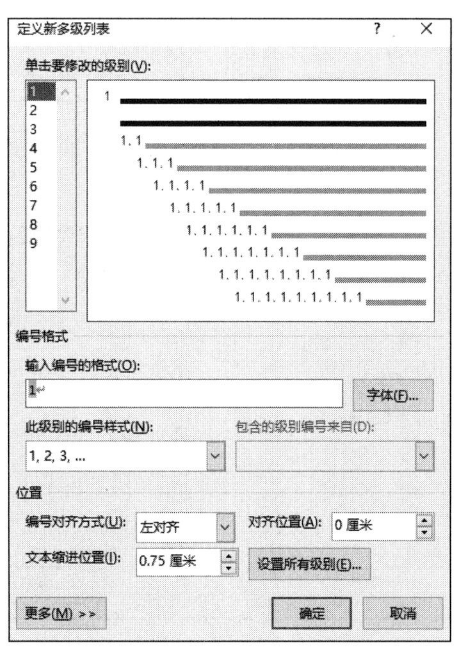

图 6-20 “定义新多级列表”对话框

如果需要设置下一级别的编号样式，则可重复上述操作。用户也可以通过更改列表中项目的层次级别，将原有的列表转换为多级列表，单击列表中除第一个编码外的其他编码，然后按 Tab 键或单击“开始”选项卡“段落”选项组中的“增加缩进量”按钮，将所选的内容下降一级别。按 Shift+Tab 组合键或单击“减少缩进量”按钮，可以提升编号的层次级别。用此方法设置的多级列表的样式是系统默认的样式。

8. 设置边框和底纹

边框和底纹用于美化文档，同时可以起到突出显示的作用，增加读者对文档不同部分的兴趣和关注。用户可以为页面、文本、表格和表格的单元格、图形对象、图片等设置边框。

（1）文字边框

给文字加边框即把用户认为重要的文本用边框围起来，以起到提醒的作用。选中需要添加边框的文本，单击“开始”选项卡“段落”选项组中的“边框和底纹”按钮，打开“边框和底纹”对话框，选择“边框”选项卡，如图 6-21 所示。从“设置”选项组中选择需要的边框类型，从“样式”列表框中选择边框线的样式，从“颜色”下拉列表中选择边框线的背景色，从“宽度”下拉列表中选择边框线的线宽；单击“边框和底纹”对话框中的“确定”按钮，完成操作。

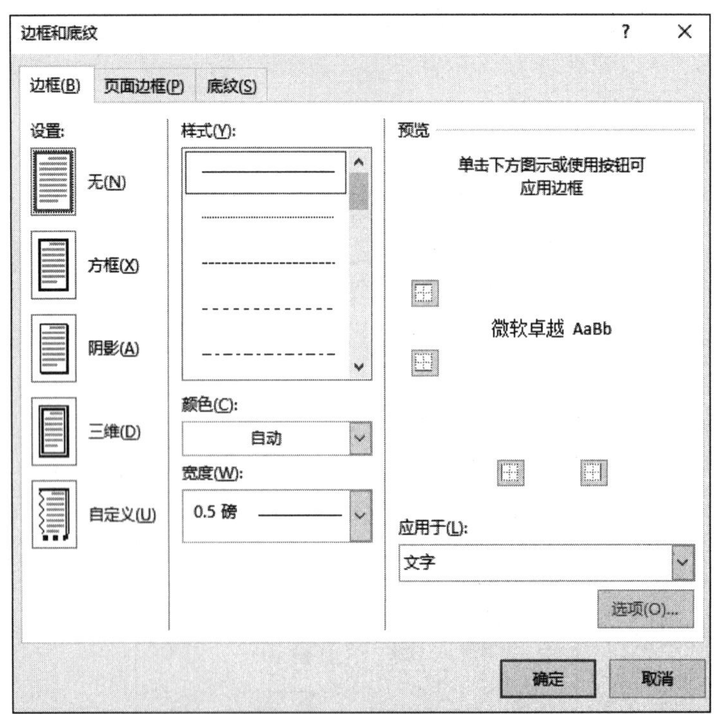

图 6-21 “边框和底纹”对话框之“边框”选项卡

在打开 Word 文档时，“段落”选项组中可能显示的是“下框线” ，而非“边框和底纹”按钮 ，此时可以单击下拉按钮进行选择切换。

（2）页面边框

在 Word 中不仅可以给文字或段落添加边框，还可以给页面添加边框。若要给页面添加边框，则在图 6-21 中选择“页面边框”选项卡即可，其他的操作步骤与文字边框的添加类似。

在页面边框添加过程中，单击“边框和底纹”对话框“页面边框”选项卡右下角的“选项”按钮，打开“边框和底纹选项”对话框，在该对话框中可以对页面边框距正文上、下、左、右的距离进行设置，设置后单击“确定”按钮即可。

（3）底纹

通过添加底纹可以给文本或表格添加打印背景色。选中要添加底纹的文字或表格，单击“开始”选项卡“段落”选项组中的“边框和底纹”按钮 ，打开“边框和底纹”对话框，选择“底纹”选项卡，在“填充”选项组中，可以为底纹选择填充色；在“预览”选项组的“应用于”下拉列表框中可以选择底纹格式应用的范围，其中有“文字”和“段落”两个选项可以选择；在“图案”选项组中，可以选择底纹的样式和颜色。设置完毕后，单击“确定”按钮即可。

如果要删除文字或表格底纹，则选中这些文字或表格，在“填充”下拉列表中选择“无填充颜色”选项即可。

三、样式创建与管理

文字和段落是一篇文档的主体，文字和段落样式的设定能够让文档内容更整齐规范，且使内容编排更便利。图形、图片和表格样式主要用于规范边框、效果、底纹等内容，而文字和段落样式主要用于规范字体、段落格式等，且每种样式都有唯一的样式名，并可以设定组合键。

Word 2019 中的快速样式库位于“开始”选项卡的“样式”选项组中，在快速样式库中默认列出了多种推荐样式，单击右下角的“其他”按钮可查看更多推荐样式，如图 6-22 所示。

在 Word 2019 的模板中定义了一些自带样式供用户使用，这些自带样式称为内置样式。用户可以通过单击“开始”选项卡“样式”选项组中的对话框启动器 ，打开“样式”窗格，如图 6-22 所示。这些内置样式可以直接应用。

1. 新建样式

内置样式往往不能满足用户不断变化的需求，因此用户可以通过新建样式来创建个性化的样式，更好地对文档进行排版，以提高工作效率。

在“样式”窗格中单击“新建样式”按钮 ，打开“根据格式化创建新样式”对话框，如图 6-23 所示，其设置内容如下。

图 6-22　快速样式库与内置样式

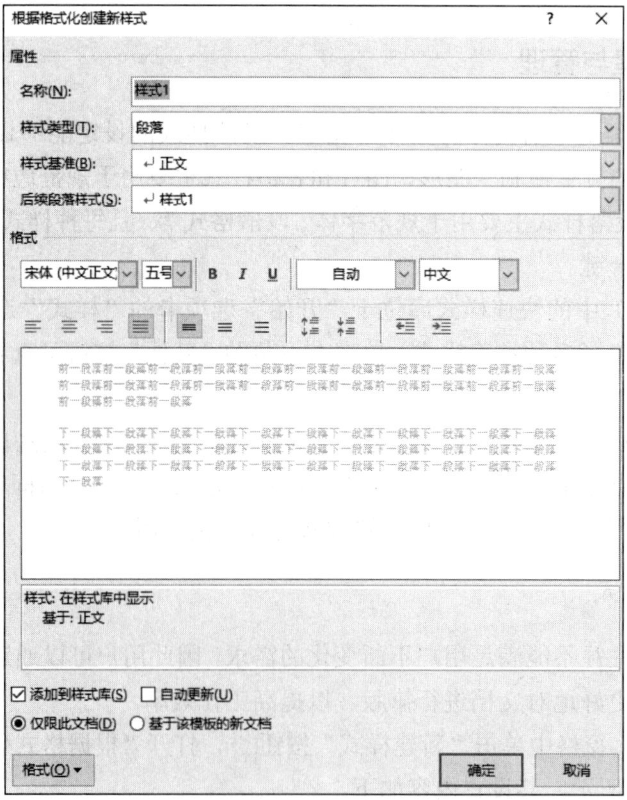

根据格式化创建新样式

属性

名称(N): 样式1

样式类型(T): 段落

样式基准(B): 正文

后续段落样式(S): 样式1

格式

宋体 (中文正文) 五号 B I U 自动 中文

前一段落

下一段落

样式: 在样式库中显示
基于: 正文

☑ 添加到样式库(S) ☐ 自动更新(U)

◉ 仅限此文档(D) ○ 基于该模板的新文档

格式(O) ▾ 确定 取消

图 6-23　“根据格式化创建新样式”对话框

1）名称。在“名称”文本框中输入样式的名称，默认名称为“样式”加上数字标号。用户可以根据需要输入相应的样式名称，注意区分大小写，名称最长不得超过 253 个字符。

2）样式类型。样式类型用于指定所创建的样式类型。

3）样式基准。如果想基于现有样式建立新样式，则可以从“样式基准”下拉列表中选择作为基本型的样式选项。新样式则可以继承这个样式的所有格式，只需要对不同部分进行修改即可。若基本型的样式被更改了，那么新样式也会自动更改。

4）后续段落样式。后续段落样式用来为使用所创建的段落样式之后的文档选择样式。

5）格式。在“格式”区域可以对一些常用的格式进行设置，如字体、对齐方式等。

6）添加到快速样式列表。如果想将正在创建的样式添加到样式列表库中，以便以后使用，则可以选中该复选框。

7）自动更新。当文档中应用了某种样式的文本或段落的格式发生改变后，该样式中的格式也随着自动改变。

8）格式按钮。要创建复杂的样式，可以单击“格式”按钮，并通过选择下拉列表中的相应选项来定义字体、段落、制表位、边框、语言、图文框、编号等的样式，在完成设置后，单击“确定”按钮即可。

2. 应用样式

样式

选择要应用样式的文字或段落，若对段落应用样式，则将插入点移动到该段落的任意位置，或选择其中任意数量的文字；对文字应用样式时，应选择需要使用该样式的文本，在打开的“样式”窗格中选择所需样式即可。

用户也可以通过格式刷来复制样式，或者在第一次套用该样式后，按 Ctrl+Y 组合键对前一次的操作进行复制，即可套用前一次操作中所选的样式。需要注意的是，如果套用样式的操作中断，即在这个过程中进行了其他操作，那么该组合键将复制最近一次操作。

3. 修改样式

创建样式后，样式往往随着具体情况的变化而改变，可能有些格式已不再满足需求，需要进行一定的修改。单击“开始”选项卡“样式”选项组中的对话框启动器，打开“样式”窗格，右击需要修改的样式，在打开的快捷菜单中选择“修改”选项，打开“修改样式”对话框，该对话框与“根据格式化创建新样式”对话框类似。在“修改样式”对话框中进行设置，修改完毕后单击“确定”按钮。

修改样式主要是对已有样式的格式（如字体、段落、编号等）进行修改。

4. 管理样式

如果需要删除某个样式，则在“样式”窗格中单击“管理样式”按钮，在打开的“管理样式”对话框中单击“导入/导出”按钮，打开“管理器”对话框，选择“样式”选项卡，在左边列表框中选中需要删除的样式，单击“删除”按钮即可，内置样式不能删除。如果需要删除在某个段落上应用的某个样式，则可以在选中该段落后，打开“样式”窗格，选择“全部清除”选项即可。

如果需要复制某个样式到另一个文档中，则在“样式”窗格中单击“管理样式”按钮，在打开的“管理样式”对话框中单击“导入/导出”按钮，打开“管理器”对话框，单击“关闭文件”按钮后，单击“打开文件”按钮，在“打开”对话框中选择需要导入样式的文档。在左边列表框中选择需要复制的样式后，单击“复制”按钮即可。

当然，也可以对已有样式进行修改，在“管理样式”对话框中选择“编辑”选项卡，如图 6-24 所示。选择要编辑的样式后，可根据需要进行格式的修改。

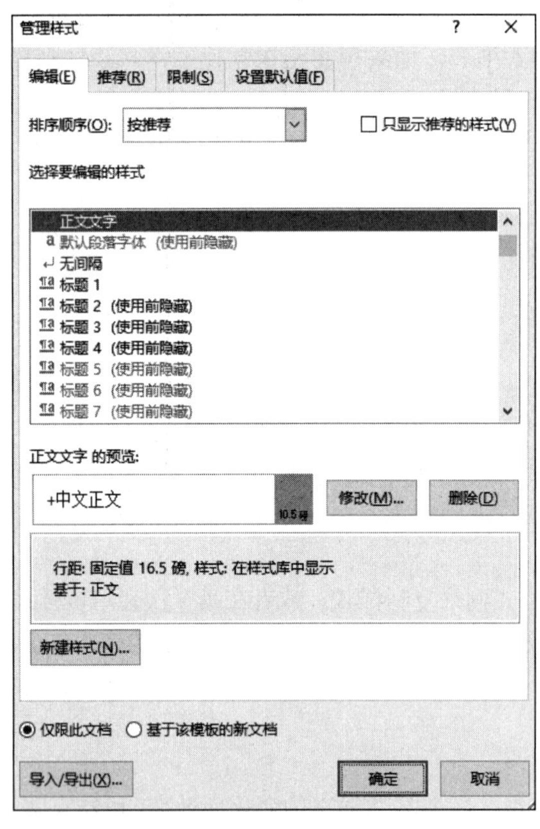

图 6-24　“管理样式”对话框

在应用样式过程中，若样式被设置为使用前隐藏，则该样式在“样式”窗格中不显现；若需要将它显示在“样式”窗格中，则需要在“管理样式”对话框中选择“推荐”选项卡，在“设置查看推荐的样式时是否显示该样式”区域中单击“显示”按钮后，单击“确定”按钮。

四、页面格式化设置

页面格式化设置是指对文档页面布局的设置。页面格式化设置包括文字方向、纸张大小和方向、分隔符、页边距及页眉、页脚和页码等的设置。相关操作选项一部分在“布局”选项卡的“页面设置”选项组中，如图 6-25（a）所示，另一部分在“插入”选项卡的“页眉和页脚”选项组中，如图 6-25（b）所示。

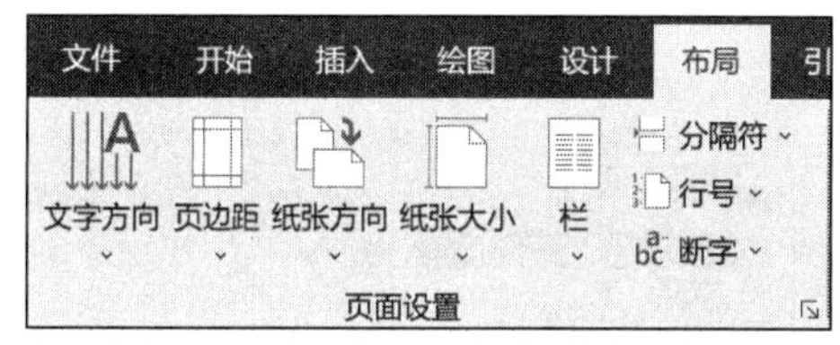

（a）“页面设置”选项组

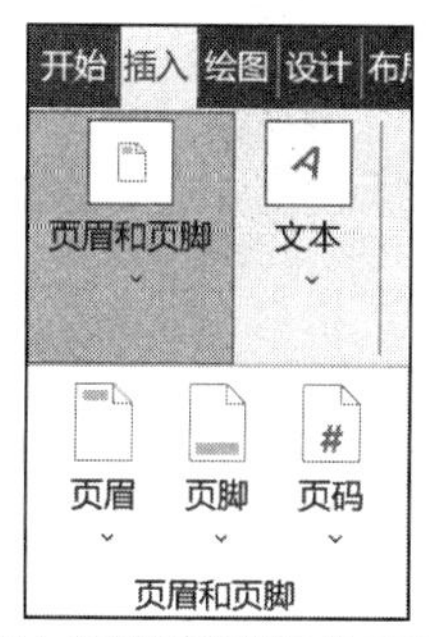

（b）“页眉和页脚”选项组

图 6-25　页面设置相关选项组

1. 设置纸张大小和方向

设置纸张大小就是选择使用的纸型。在 Word 2019 中，用户可以根据实际需要对页面的大小进行设置。用户可以选择使用 Word 内置的文档页面纸型，如果没有需要的内置纸型，则可以自定义纸张的大小。单击“布局”选项卡“页面设置”选项组中的“纸张大小”下拉按钮，在下拉列表中选择需要的页面大小选项，也可以在“页面设置”对话框中，单击“纸张”选项卡，在“宽度”和“高度”文本框中输入数值以自定义纸张大小，单击“确定”按钮，如图 6-26 所示。此时页面大小将按照自定义值改变。

单击“布局”选项卡“页面设置”组中的“纸张方向”下拉按钮，在下拉列表中根据需要选择页面方向为“纵向”或“横向”。

2. 设置页边距

页边距是页面的正文区域和纸张边缘之间的空白距离。设置页边距就是根据打印排版的要求，增大或减小正文区域的大小。设置页边距在文档排版时是十分重要的，页边距太窄会影响文档的修订，而页边距太宽会影响文档的美观且浪费纸张。进行文档排版时，一般先设置页边距，再进行文档的排版操作，因为在文档中已存在内容的情况下，修改页边距会造成内容版式的错乱。

单击“布局”选项卡“页面设置”选项组中的“页边距”下拉按钮，在下拉列表中选择需要使用的页边距选项，也可以在“页面设置”对话框中单击“页边距”选项卡，在“上”“下”“左”“右”文本框中输入数值设置页边距，单击“确定”按钮。

在“页边距”选项卡中，选择“多页”下拉列表中的选项可以设置一些特殊的打印效果。如果打印后要装订为从右向左书写文字的小册子，则可以选择“反向书籍折页”选项；如果打印后要拼成一个整页的上下两个小页面，则可选择“拼页”选项；如果需要创建小册子或创建如菜单、请帖及其他类型的单独居中折页样式的文档，则可选择“书籍折页”选项；如果需要创建如书籍、杂志一样的双面文档的对开页，即左侧页的页边距和右侧页的页边距等宽，则可以选择“对称页边距”选项。

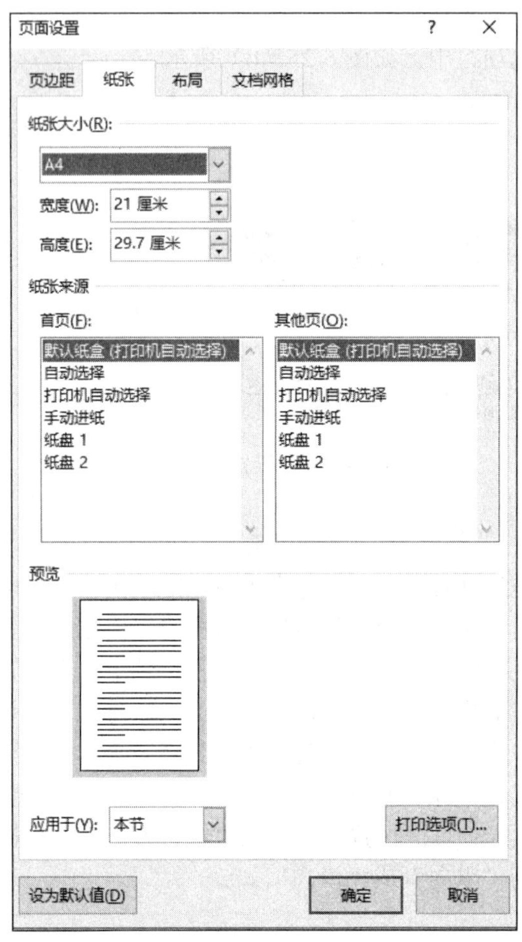

图 6-26 “页面设置”对话框之“纸张”选项卡

3. 设置文档网格

有些文档要求每页包含固定的行数及每行包含固定的字数。可在“页面设置”对话框的“文档网格”选项卡中对页面中的行和字符进行进一步设置。

在“页面设置”对话框中，选择“文档网格”选项卡，如图 6-27 所示。在“文字排列”选项组中可以设置正文排列方式及水平或垂直的分栏数；在“网格”选项组中，可选中“只指定行网格”“指定行和字符网格”“文字对齐字符网格”等单选按钮；若选中“指定行和字符网格”单选按钮，则可以设置每行的字符数、字符的跨度、每页的行数、行的跨度。字符与行的跨度将根据每行每页的字符数自动调整。

4. 设置行号

在“页面设置”对话框中选择“布局”选项卡，单击“行号”按钮，打开“行号”对话框，根据需要可在该对话框中为文档添加行号，还可以设置行号的编号样式等。

“页面设置”对话框中的每个选项卡都有“应用于”下拉列表，可选择将所作的设置选项应用于整篇文档或当前文本插入点之后。如果是在分了节的文档中，则可以选择应用于当前节。

图 6-27　“页面设置”之“文档网格”选项卡

5. 设置分隔符与分栏

（1）分页符

分页符是分页的一种符号，是上一页结束和下一页开始的位置。在 Word 中可以插入自动分页符，又称软分页符；也可以插入手动分页符，又称硬分页符。在指定位置强制分页有以下几种方法。

1）将插入点定位到需要分页的位置，单击“布局”选项卡“页面设置”选项组中的“分隔符”按钮，在下拉列表的“分页符”选项组中直接选择需要的分页符选项即可。

2）将插入点定位到需要分页的位置，单击“插入”选项卡“页面”选项组中的“分页”按钮。

3）将插入点定位到需要分页的位置，按 Ctrl+Enter 组合键插入分页。

（2）分节符

在一般情况下，Word 默认将整篇文档作为一节来编辑，当出现多个页面须设置不同格式和版式时，操作起来相当不方便。如果把一个较长的文档分隔成任意数量的节，就可以单独设置每节的格式和版式，从而使文档的排版和编辑更加灵活。

用户可以使用分节符进行分节。分节符是在节的结尾插入的标记。将鼠标定位到需要加入分节符的位置，单击“布局”选项卡“页面设置”选项组中的“分隔符”按钮，在下拉列表的“分节符”选项组中选择一种分节符的类型即可。各类分节符的作用如下。

1）下一页。在当前插入点插入一个分节符，强制分页，新节从下一页开始。

2）连续。在当前插入点处插入一个分节符，不强制分页，新节从本页下一行开始。

3）偶数页。在当前插入点处插入一个分节符，强制分页，新节从下一个偶数页开始。

4）奇数页。在当前插入点处插入一个分节符，强制分页，新节从下一个奇数页开始。

如果需要删除分节符，则先选中要删除的分节符，再按 Delete 键即可。

（3）分栏

分栏常用于报纸、杂志、论文的排版中，它将一篇文档分成多个栏，而其内容会先从一栏的顶部排列到底部，再延伸到下一栏的开端。在 Word 2019 中可以设置分栏，还可以在不同节中设置不同的栏数和格式。

创建版面的分栏。根据需要选中内容，单击“布局”选项卡“页面设置”选项组中“栏”下拉按钮，在下拉列表中选择需要设置的分栏选项即可。若须进一步设置，则在下拉列表中选择“更多栏”选项，打开“栏”对话框，如图 6-28 所示。在“栏”对话框中进行分栏的各项设置。在没有节设置的文档中，选择应用于整篇文档即可对全文分栏；而在已设置节的文档中，选择应用于本节可对光标所在节进行分栏；若在一个没有节设置却需要将某些文字独立分栏的文档中设置分栏，则可选中需要分栏的文字，此时 Word 会自动在文字前后添加分节符，并将文字分栏。

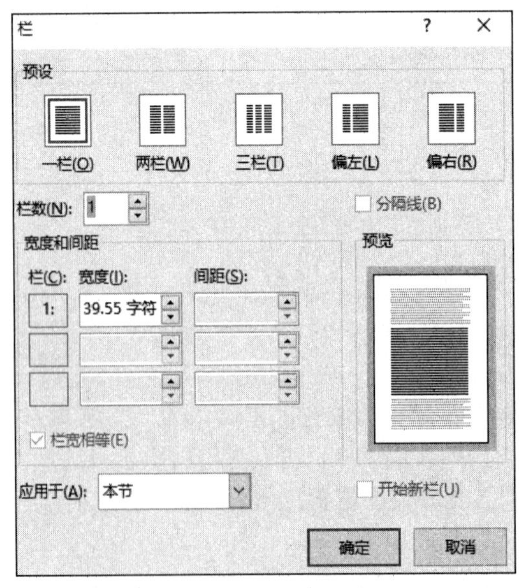

图 6-28 “栏”对话框

分栏后可能会出现页面各栏长度不一致的情况，这样会使版面显得很不美观。此时只需将鼠标移动到需要平衡栏的文档结尾处，在栏的最后一个字符后插入一个连续的分节符，即可实现等长栏的效果。

如果要删除分栏，则可以选中已经分栏的文档，单击“布局”选项卡“页面设置”选项组中“栏”下拉按钮，在下拉列表中选择“一栏”选项。

6. 设置页眉、页脚和页码

页眉和页脚通常用于显示文档的附加信息，如页码、日期、作者名等，页眉位于页面的顶部，而页脚位于页面的底部。可以在文档的每页建立相同的页眉和页脚，也可以在文档的不同部分使用不同的页眉和页脚，如在奇数页和偶数页上建立不同的页眉和页脚。

（1）添加页眉和页脚

设置页眉和页脚时，单击“插入”选项卡“页眉和页脚”选项组中的“页眉”或“页脚”下拉按钮，在下拉列表中选择需要使用的页眉和页脚样式即可，也可以选择“编辑页眉”或“编辑页脚”选项来自定义页眉、页脚的样式。添加页眉或页脚后，光标自动进入页眉、页脚编辑区，文档视图模式自动转换到“页面视图”模式，在功能区中出现“页眉和页脚工具-页眉和页脚”选项卡，如图 6-29 所示。

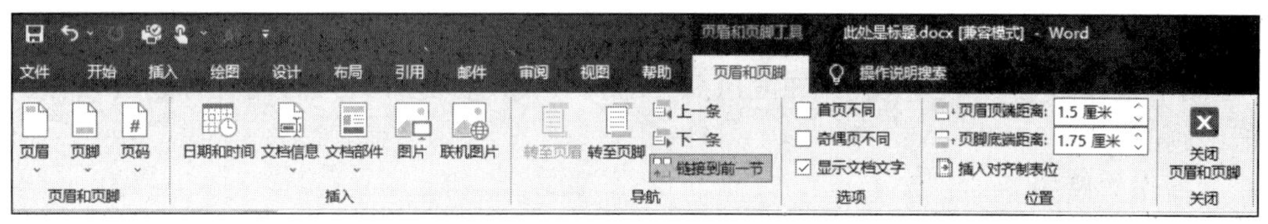

图 6-29 “页眉和页脚工具-页眉和页脚”选项卡

通过选择“编辑页眉”或“编辑页脚”选项，可以打开“页眉和页脚工具-页眉和页脚”选项卡，也可以通过双击文档页眉或页脚区域打开“页眉和页脚工具-页眉和页脚”选项卡。使用“页眉和页脚工具-页眉和页脚”选项卡，可以在页眉、页脚中插入日期和时间、文档部件（如域）、图片和剪贴画。

在页面编辑时，可以通过选中“页眉和页脚工具-页眉和页脚”选项卡“选项”选项组中的“奇偶页不同”复选框，为文档的奇数页和偶数页指定不同的页眉或页脚；通过选中“首页不同”复选框为每章的首页设置不同的页眉。同时可以通过分节为不同节的页面设置不同页眉和页脚，即完成分节后，对第一节设置页眉和页脚，此时整篇文档还是默认使用同样的页眉和页脚，将鼠标定位到下一节页眉和页脚的位置，单击“页眉和页脚工具-页眉和页脚”选项卡“导航”选项组中的“链接到前一节”按钮，使其从银灰底色状态，如 链接到前一节 ，变为灰色不可用状态，即取消对前一节页眉和页脚的链接，之后可以进行新的页眉和页脚设置。

（2）编辑、删除页眉和页脚

在文档中插入页眉或页脚后，若用户要对页眉或页脚进行编辑，则可以双击页眉、页脚区域，切换到页眉、页脚编辑模式。用户不仅可以对页眉、页脚的内容进行修改，也可以对字体等进行设置，在“页眉和页脚工具-页眉和页脚”选项卡“位置”选项组中，对页眉和页脚水平位置与垂直位置、文本和页眉或页脚之间的距离进行修改。

要删除页眉和页脚，只需单击“插入”选项卡“页眉和页脚”选项组中“页眉”或“页脚”的下拉按钮，在下拉列表中选择“删除页眉”或“删除页脚”选项即可。

需要注意的是，在修改页眉或页脚时，Word 2019 会自动对整个文档中相同的页眉或页脚进行修改。要单独修改文档中某部分的页眉或页脚，需要将文档分成若干节并断开各节之间的链接，删除页眉和页脚时也是如此。

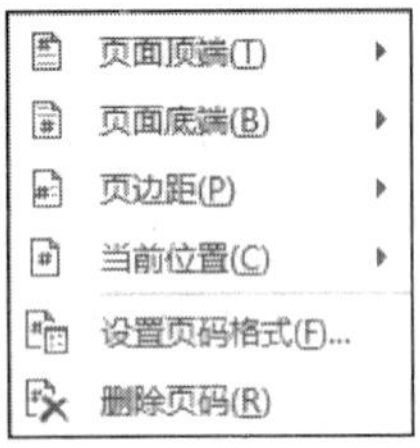

（3）页码

对于多页文档来说，通常需要为文档添加页码，页码的添加和设置方法与页眉和页脚的添加和设置方法基本相同。单击“插入”选项卡“页眉和页脚”选项组中的“页码”下拉按钮，在下拉列表中选择页码的位置及样式选项，如图 6-30 所示。选择“设置页码格式”选项，可以对编码的样式、起始页页码、是否包含章节号等进行设置。

页面顶端(T)
页面底端(B)
页边距(P)
当前位置(C)
设置页码格式(F)...
删除页码(R)

图 6-30 “页码”下拉列表

任务实施——设置与修改方案格式

对必选素材“西湖十景介绍.docx”中的内容进行排版时，建议将格式分层级，即对“西湖十景介绍”“苏堤春晓”“曲院风荷”等内容使用标题样式，且两种标题应该有高低级别的区分。

操作建议如下。

1）设置内容的标题格式，建议单击“开始”选项卡“段落”选项组中“多级列表”下拉按钮，在下拉列表中选择“定义新的多级列表”选项进行设置，在设置中使用“更多”区域中的功能，设置“将级别链接到样式”为链接到不同的标题样式，构建标题框架。

2）设置内容的正文格式，可参考使用“首行缩进 2 字符，1.5 倍行距，小四”等设置，建议使用“新建样式”功能进行样式的新建并将其应用于正文。

能力拓展——制作旅游宣传册

◆ 任务要求

利用已有素材，按照“西湖十景”“交通指南”“杭州特产”“安全小常识”的顺序，整合成西湖旅游宣传册。根据内容结构，利用多级列表进行编辑排版，建议以此 4 部分作为一级大纲级别，并添加页码和页眉。页眉内容为本部分内容所在的一级大纲标题。

◆ 任务实施

1. 准备工作

合理安排素材内容。

2. 建立层级结构

利用段落格式中的多级列表功能，建立层级结构的内容框架。

3. 应用样式

利用样式功能中的新建样式功能，对正文部分的段落格式和字体格式进行整合，完成后应用于通篇正文。

4. 设置页眉

为了使每个一级大纲级别的页眉内容各不相同，需要将每部分内容单独设为一节，即插入分隔符中的分节符。

5. 设置页脚

在页脚部分插入页码。可以单击“插入”选项卡“页眉和页脚”选项组中“页码”下拉按钮，在下拉列表中选择页码样式，实现页码的插入；也可以在“页脚”下拉列表中添加页码。利用域插入页码的方法，请参照模块六任务四中域的使用。

评价反馈

自评表

<table>
<tr><th>序号</th><th>评价内容</th><th>评价标准</th><th>自评分数</th><th>教师评分</th></tr>
<tr><td>1</td><td>文档内容的排布</td><td>会合理排布文档内容，为后续任务做准备</td><td></td><td></td></tr>
<tr><td>2</td><td>字体格式的设置</td><td>会灵活设置文档字体格式</td><td></td><td></td></tr>
<tr><td>3</td><td>段落格式的设置</td><td>会灵活设置文档段落格式</td><td></td><td></td></tr>
<tr><td>4</td><td>样式的创建</td><td>能够利用“样式”功能进行样式的创建</td><td></td><td></td></tr>
<tr><td>5</td><td>样式的应用</td><td>能够对已有样式进行管理、修改和应用</td><td></td><td></td></tr>
<tr><td>6</td><td>文档层级结构的编辑</td><td>能利用多级列表进行文档层级结构的编辑</td><td></td><td></td></tr>
<tr><td>7</td><td>页面格式设置 1</td><td>会灵活添加页码</td><td></td><td></td></tr>
<tr><td>8</td><td>页面格式设置 2</td><td>会合理分节并添加页眉内容</td><td></td><td></td></tr>
<tr><td>9</td><td>素材的补充与完善</td><td>能够在排版过程中，根据内容与要求，合理对素材进行修改与完善</td><td></td><td></td></tr>
<tr><td>10</td><td>任务完成态度与效果</td><td>能够按时认真完成任务，有自己的想法并在任务实施中体现自己的想法，将创新与实践相结合</td><td></td><td></td></tr>
<tr><td rowspan="2">考核评价</td><td colspan="2">总分（每项评价内容为 10 分，满分 100 分）</td><td colspan="2"></td></tr>
<tr><td colspan="4">指导教师评语</td></tr>
</table>

任务三 添加与设置文档图表内容

任务目标

- 会设计并绘制各种图表对象的方法。
- 会灵活运用图形、图片的编辑与调整方法。
- 会熟练编辑与应用表格。
- 会灵活设置图表题注与交叉引用。

任务描述

小明完成宣传内容的文字收集与排版后，觉得光有文字太过单调，因此想在宣传册中加入相应的图片与表格，使宣传册看起来赏心悦目，使相关的数据化内容一目了然。

要求如下。

1）在文档中插入西湖十景的相关图片，并进行一定的编辑和排版。

2）根据文档内容，对插入文档中的图片定位和样式进行排版。

3）在文档中对大量数据罗列的内容进行整理与排版，以表格的形式展现。

4）为所有的图和表添加题注，并对文中相关内容或文字做交叉引用。

任务分析与相关知识

根据以上任务描述进行分析，小明认为要将与西湖十景相关的图片插入文档中并进行排版，实现图文混排，需要对部分图片进行裁剪和编辑，使图片与文字更加契合；同时将西湖十景以列表的形式罗列出来，设计书签，方便用户浏览目标景点信息；对于景点交通这类大批量数据堆砌的内容，应利用表格进行编辑，使内容清晰明了；为了方便用户浏览具体的图片和表格，需要为所有图表添加题注，并进行交叉引用设置。

一、图片的插入及编辑

图片作为信息的载体比文字容量大，易引起读者注意。用户在制作文档时都希望图文并茂，这样既会使内容丰富，又有较好的视觉效果。在 Word 2019 中可以使用图形对象和图片来增强文档的效果。

1. 插图

Word 2019 允许在“插入”选项卡下插入 7 种类型的插图，包括图片、形状、图标、3D 模型、SmartArt 图形、图表和屏幕截图，如图 6-31 所示。由于版本的问题，以及用户所在区域的问题，部分用户的“3D 模型”选项可能呈现灰色不可用状态，这里不做详细展开。同时，在 Word 2019 中还可以通过“绘图”选项卡在文档中添加图形，如图 6-32 所示。

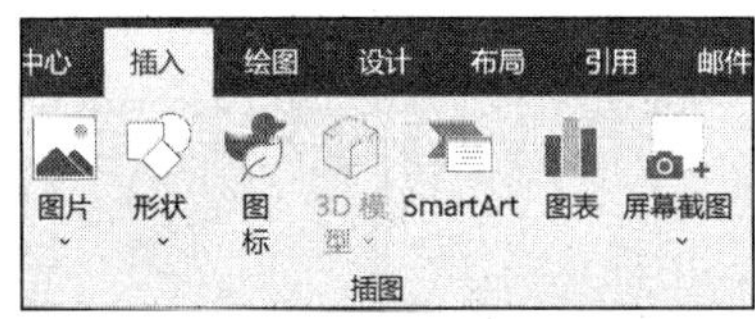

图 6-31 七种类型的插图

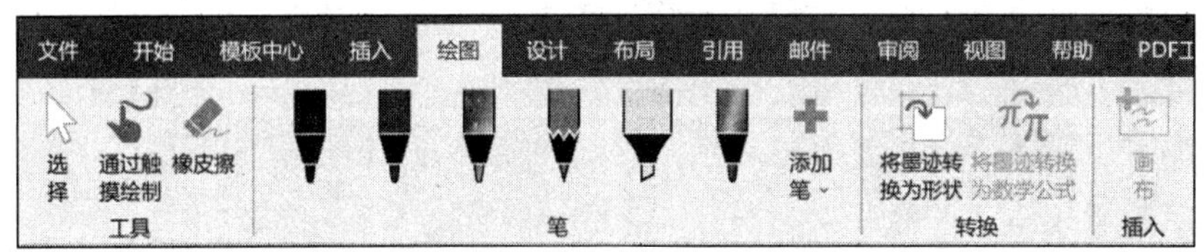

图 6-32 “绘图”选项卡

（1）插入图片

在 Word 文档中插入图片，可以选择图片来自“此设备”或“联机图片”。选择“此设备”选项是从用户计算机本地或链接到此计算机的其他计算机（或外部设备）中导入目标图片，在插入过程中，需要明确图片在设备中的存储路径，在“插入图片”对话框中选中文件并进行确定，如图 6-33 所示；选择“联机图片”选项是从各种联机来源中查找和插入图片，在打开的界面中根据需要选择具体的分类，如图 6-34 所示，进入分类后选择对应的图片即可。无论选择哪种插入方式，其操作过程都是一样的，将光标置于要插入图片的位置，单击“插入”选项卡“插图”选项组中的“图片”下拉按钮，在下拉列表中选择插入途径的选项；选择要插入的目标图片，单击“插入”按钮即可。

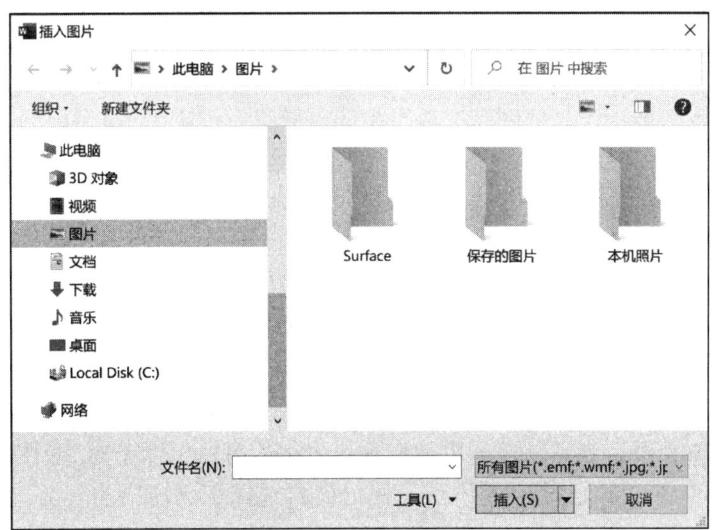

图 6-33 选择“此设备”选项插入图片

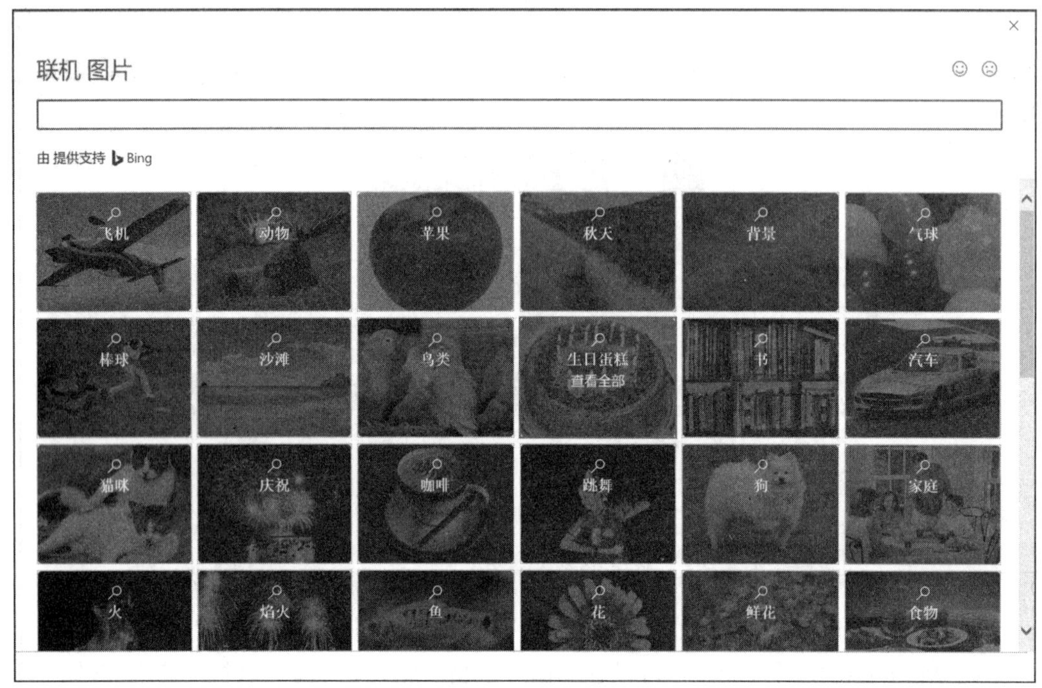

图 6-34 “联机图片”界面

插入联机图片需要通过网络连接，因此会受用户计算机所在的网络状态的影响，不像获取本机上存储的图片那样快捷，但因为资料来自网络，不受本地设备存储容量限制，所以图片的可选范围很广。在“联机图片”模式下选择具体图片时，可以发现在该图片的右下角有 3 个点，单击该点后可以看到该图片的具体大小及图片来源网页的连接。

在默认情况下，使用 Word 2019 可以在文档中直接嵌入图片，但如果插入的图片过多，就会使文档尺寸变得很大，此时用户可以通过使用链接图片来缩小文档尺寸。在“插入图片”对话框中，单击“插入”下拉按钮，在下拉列表中选择“链接到文件”选项即可。

（2）绘制形状

单击“插入”选项卡“插图”选项组中的“形状”按钮，打开“插入形状”下拉列表，出现 6 种类别的形状，包括线条、基本形状、箭头总汇、流程图、标注、星与旗帜。绘制自选图形时，可以选择一种要绘制的类型，单击具体图形按钮，将光标移动到文档窗口适当的位置，按住鼠标左键拖动；也可以单击“形状”下拉按钮，在下拉列表中选择“新建画布”选项，打开“绘图工具-形状格式”选项卡，此时可以在画布上进行绘制，通过画布绘制的图形不再是零碎的图形，而是以一个整体的模式插入文档中。

（3）插入图标

在 Word 2019 中，为了让符号更加直观地表达信息，可以单击“图标”按钮，打开“插入图标”窗口，如图 6-35 所示。根据需要选择左侧窗格的分类选项后，从右侧窗格中选择具体的图标。

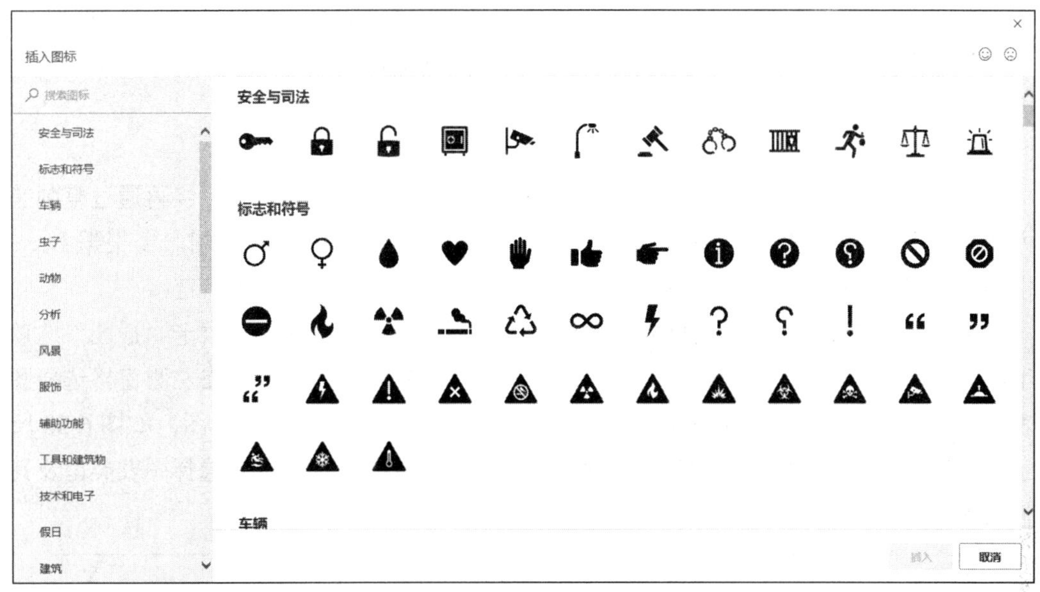

图 6-35 “插入图标”窗口

（4）插入 SmartArt 图形

SmartArt 图形是为了提高用户对信息和观点的理解、增加视觉效果而增设的功能。单击“SmartArt”按钮，打开“选择 SmartArt 图形”窗口，如图 6-36 所示。用户可以根据需要在左侧窗格选择图形类型，在中间窗格选择具体的图形，在右侧窗格浏览所选图形的效果图。完成选择后，单击“确定”按钮，在功能区会出现“SmartArt 工具”选项区，包含“SmartArt 设计”和“格式”两个选项卡。可以在这两个选项卡的选项组中进行设置，更改 SmartArt 图形的形状或文本填充，添加效果，如阴影、反射、发光或柔化边缘等，以此来更改 SmartArt 的外观。

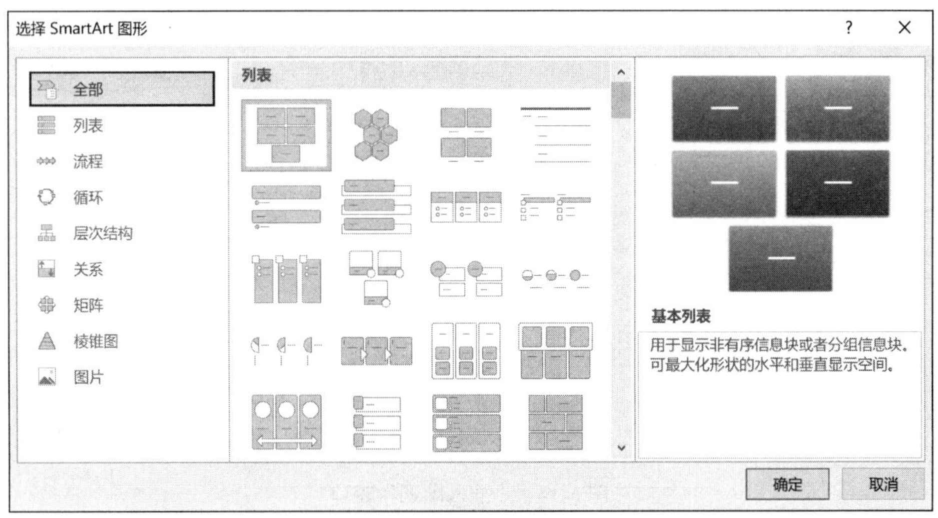

图 6-36 “选择 SmartArt 图形”窗口

在创建 SmartArt 图形后，会在图形左侧出现“文本”窗格。可以在此窗格中输入和编辑需要在 SmartArt 图形中显示的文本，同时 SmartArt 图形会自动更新，即根据需要添加或删除形状。

（5）添加图表

在 Office 组件中，一般先利用 Excel 进行数据的分析和图表的显示，再通过复制等方式将相关的数据和图表移植到 Word 中。如果用户希望 Word 中的图表能根据 Excel 中的数据变化而变化，则在复制图表时，应让该图表与 Excel 文件保持链接。

用户可以直接在 Word 中创建简单的图表，通过单击“插入”选项卡“插图”选项组中“图表”按钮，打开“插入图表”窗口，如图 6-37 所示。先在左侧窗格选择图表的类型选项，再选中右侧窗格中所需的图表，打开“图表设计”视图，如图 6-38 所示。用户在数据区域填写数据信息，同时可以通过图表编辑区域重新选择图表类型及其他设置。

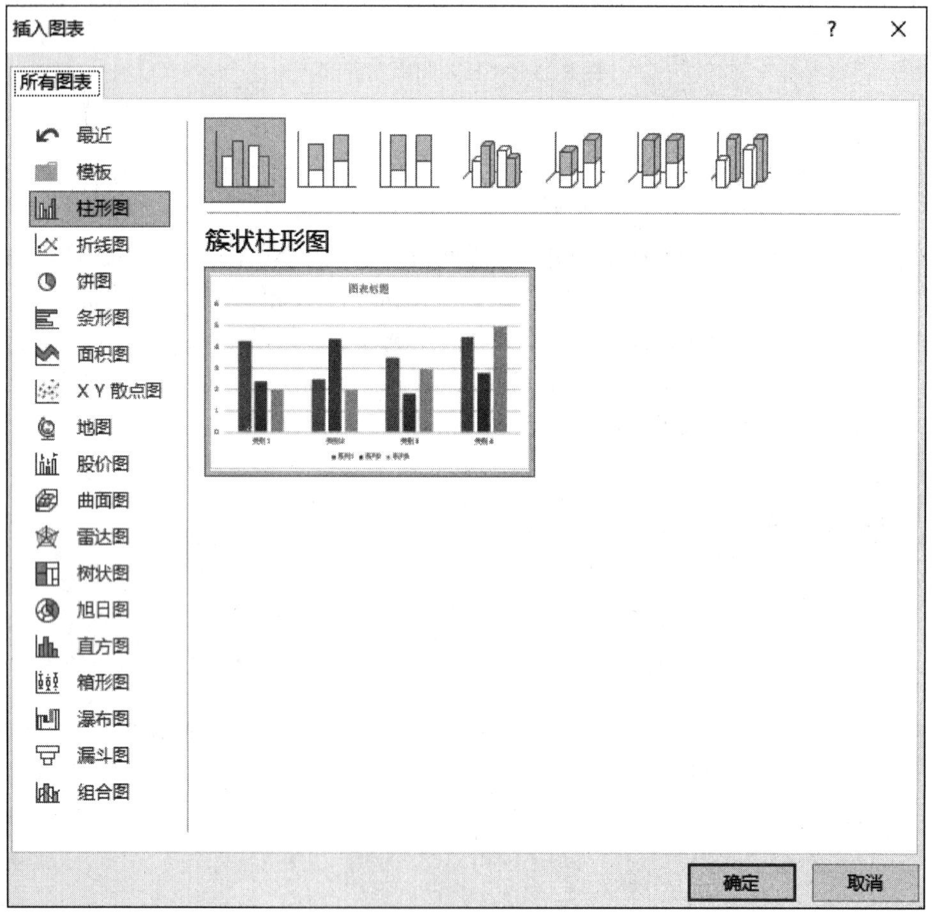

图 6-37 “插入图表”窗口

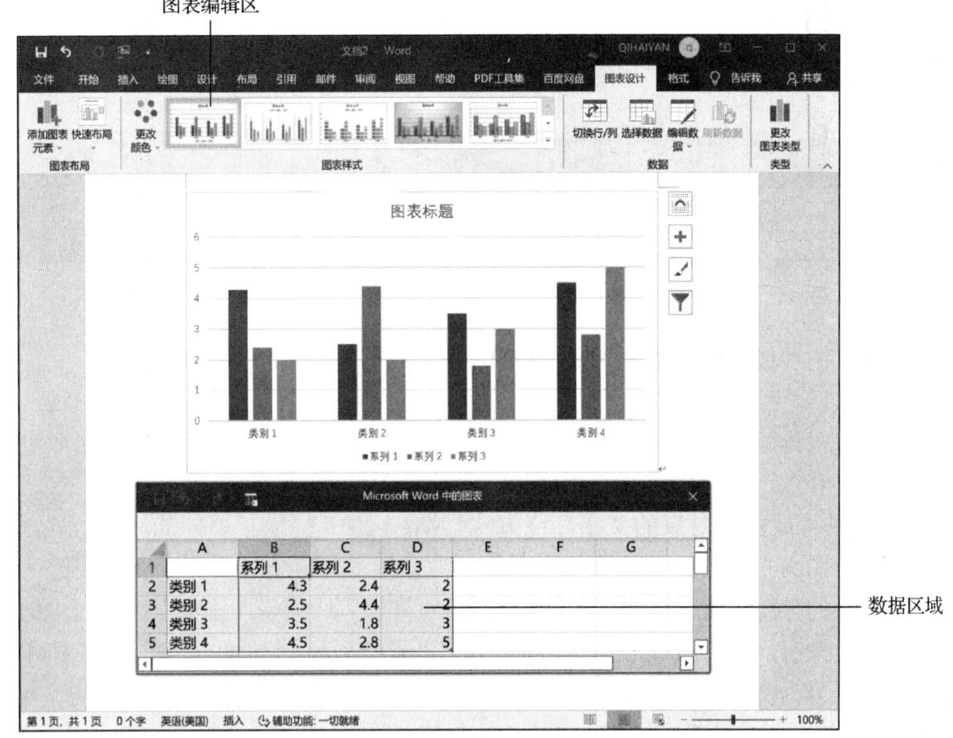

	A	B	C	D
1		系列 1	系列 2	系列 3
2	类别 1	4.3	2.4	2
3	类别 2	2.5	4.4	2
4	类别 3	3.5	1.8	3
5	类别 4	4.5	2.8	5

图 6-38 “图表设计”视图

（6）捕获屏幕截图

Word 2019 提供了“屏幕截图”功能，该功能可以将任何未最小化的程序屏幕视图插入文档中。具体操作如下：将光标置于要插入图片的位置，单击“插入”选项卡“插图”选项组中的“屏幕截图”下拉按钮，打开“可用的视窗”列表，其中存放了除当前屏幕外的其他未最小化的程序屏幕视图。若要插入程序窗口，则选择所要插入的程序屏幕视图即可。若要插入屏幕剪辑图，则在“可用的视窗”列表中选择“屏幕剪辑”选项，此时“可用的视窗”列表中的第一个选项被激活且呈模糊状，鼠标形状亦发生改变。将光标移动到需要剪辑的位置，拖动鼠标即可剪辑图片，并完成插入操作。

（7）绘图模式

在“绘图”选项卡“笔”选项组中，单击“添加笔”按钮可以添加自己喜欢的画笔颜色及设置画笔粗细。在“工具”选项组中，可以选择当前文档是“绘制”模式还是“橡皮擦”模式，在“橡皮擦”模式下，可以将绘制的笔记擦拭掉。在“转换”选项组中，单击“将墨迹转换为形状”按钮，可以对手工绘制的图形进行调整，如绘制三角形、矩形等。单击“将墨迹转换为数学公式”按钮，可以通过手工绘制数学公式的方式进行公式编辑。

2. 混排图文

将图片放在文档中后，为了使图片和文档能更好地结合，往往要对图片的大小、位置和文字环绕方式等进行调整。设置图片的格式时，首先选中该图片，在功能区会出现“图片工具-图片格式”选项卡，如图 6-39 所示，其中包含了“图片样式”“排列”等选项组。

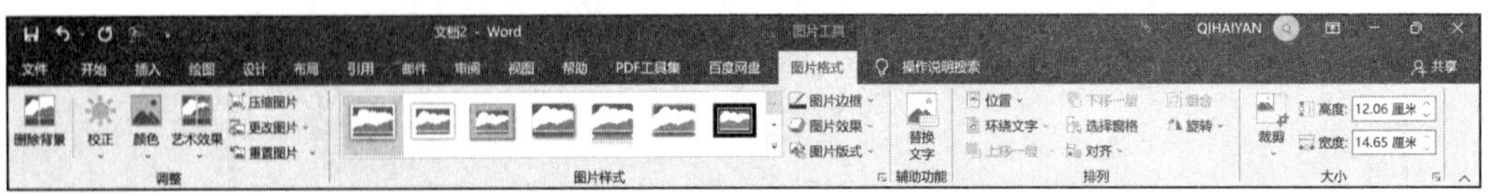

图 6-39 “图片工具-图片格式”选项卡

（1）设置图片或图形对象的版式

图片默认以“嵌入”方式插入文档中，不能随意移动位置，且不能在周围环绕文字。为了更好地进行排版，需要更改图片的位置及其与文字的关系。设置图片或图形对象版式的方法主要有以下两种。

1）更改图片或图形对象的文字环绕方式。Word 2019 提供了不同的环绕方式，允许用户为不在绘图画布上的浮动绘图画布或图形对象更改环绕方式，但不能更改已在绘图画布上的对象的环绕方式。单击“图片工具-图片格式”选项卡“排列”选项组中的“环绕文字”下拉按钮，在下拉列表中有“嵌入型”“紧密型环绕”“四周型”等多种环绕方式选项，主要分为两大类，即嵌入型和非嵌入型。

嵌入型，就是把图片当成文字一样处理，优点是图片与文字段落间的关系是不变的，对整篇文档进行调整时不用担心出现图片错乱、图片与文字不对应的问题。有时我们拿到一份文件，发现页数太多，想调整行距、字号等以减少文件页数，但希望图片能够保持原有位置和大小不变。这时，如果文档中的图片都是非嵌入式的，则调整行距或字号等参数后，图片往往会发生错乱。嵌入型的缺点是嵌入式图片造成的空白难以处理，特别是图片左右两边的留白，当图片比较长时，因底部空间高度不足，容易导致图片移动到下一页，同时该页留出了很多空白，往往需要通过缩小图片来使排版紧凑。

非嵌入型，如“四周型”“紧密型环绕”“上下型环绕”等，图片是浮动的，对图片位置的调整是非常灵活的，可以使文档的排版更加灵活多样、布局更加合理。非嵌入型的缺点也很明显，当用户在调整文档时，图片容易错乱，一般科研用文档都是利用锚点来固定图片相对于文本中的位置。

2）相对于页面、文字或其他基准定位图片对象。用户可以更改相对于页面、文字和其他基准定位不在绘图画布上的图片或浮动对象的环绕方式，但不能更改嵌入式对象或在绘图画布上的对象的环绕方式。单击“图片工具-图片格式”选项卡“排列”选项组中“位置”按钮，在下拉列表中选择需要使用的文字环绕方式，或选择“其他布局选项”选项，打开“布局”对话框，如图 6-40 所示。选择“位置”选项卡，对定位所需的“水平”和“垂直”选项组中的对齐方式、绝对位置等进行设置后，单击“确定”按钮即可。注意，只有图片为“非嵌入型”，才可以进行位置调整，“嵌入型”图片位置调整为不可用状态。

图 6-40 “布局”对话框

（2）设置图片的大小

在很多情况下，插入文档中的图片因为大小不合适，会对排版效果产生不好的影响，此时用户可以根据需要自行设置图片的大小。选中图片后，在“图片工具-图片格式”选项卡“大小”选项组中的“高度”和“宽度”文本框中输入数值，可以设置图片的高度和宽度；或右击图片，在打开的快捷菜单中选择“大小和位置”选项，在打开的“布局”对话框中，选择“大小”选项卡，对图片的高度、宽度进行设置。是否选中“锁定纵横比”复选框，会对图片大小设置产生影响。

（3）设置图片属性

在“图片工具-图片格式”选项卡“调整”选项组中提供了几个可以对图片的属性进行设置的按钮，各按钮的功能如下。

1）“校正”按钮：用于改变图片的亮度、对比度或清晰度。

2）“颜色”按钮：用于更改图片颜色以提高质量或匹配文档内容。

3）“艺术效果”按钮：将艺术效果添加到图片，以使其更像草图或油画。

4）“压缩图片”按钮：用于压缩文档中的图片以减小其尺寸。

5）“更改图片”按钮：将选中图片更改为其他图片，但保存原图片的格式和大小。

6）“重设图片”按钮：放弃对此图片所做的全部格式更改。

7）“删除背景”按钮：自动删除不需要的部分图片，如果需要，则可以通过标记表示图片中要保留或删除的部分。

（4）修改图片的样式

在“图片工具-图片格式”选项卡“图片样式”选项组中提供了功能强大的图片样式处理工具，使用它们可以制作出效果精美的图片。Word 2019 提供了多种图片样式效果，选中图片后，直接选择这些样式即可设置效果。

（5）自选图形编辑

通过绘制形状，可在文档中插入自选图形。选中图形后，可以根据需要对图形进行各种编辑。

1）改变图形大小。单击要改变大小的图形，当鼠标移动到控点上变成双向箭头后，拖动控点。

2）旋转图形。单击要旋转的图形，拖动对象上的旋转控点，或者单击“绘图工具-形状格式”选项卡“排列”选项组中的“旋转对象”按钮进行设置。

3）添加文本。在图形上右击，在打开的快捷菜单中选择“添加文字”选项，在图形中会出现一个光标，这时可输入文字。

4）排列模式。对于形状的排列，可以通过单击“绘图工具-形状格式”选项卡“排列”选项组中相应按钮进行设置，具体操作及功能参照图片的“排列”选项组介绍。

5）绘制完图形后，所绘制的图形只是单调的线条图形。若想让绘制的图形更美观，还需要进行图形的一些效果设置。

6）填充图形颜色。选择需要填充颜色的自选图形，单击“绘图工具-形状格式”选项卡“形状样式”选项组中的“形状填充”按钮完成填充。

7）更改图形轮廓。选择需要更改的对象，单击“绘图工具-形状格式”选项卡“形状样式”选项组中的“形状轮廓”下拉按钮，在下拉列表中对图形的边框粗细、颜色等进行设置。

8）设置形状效果。选择需要更改的图形，单击“绘图工具-形状格式”选项卡“形状样式”选项组中的“形状效果”下拉按钮，在下拉列表中根据需要对阴影、映像、发光、柔化边缘、棱台和三维旋转等效果进行设置。

二、表格的制作及编辑

1. 创建表格

Word 2019 提供了多种建立表格的方法。单击“插入”选项卡“表格”选项组中的“表格”按钮，打开“插入表格”下拉列表，如图 6-41 所示。用户可以根据需要进行选择。

（1）利用单元格选择板创建表格

单击“插入”选项卡“表格”选项组中的“表格”按钮，将鼠标移动到“插入表格”下拉列表最上方的单元格选择板中，如图 6-41 所示。向右下方拖动鼠标以覆盖单元格选择板，使覆盖的单元格变以橙色显示，这表示该单元格被选中。系统会自动根据当前鼠标位置在文档中创建相应大小的表格，同时单元格选择板自动关闭。使用该方法创建的表格最大为 8 行×10 列。

（2）选择“插入表格”选项创建表格

在“插入表格”下拉列表中，选择“插入表格”选项，打开“插入表格”对话框，如图 6-42 所示。在“表格尺寸”选项组的相应文本框中输入需要的列数和行数，在“自动调整”选项组中设置表格调整方式和列的宽度，单击“确定”按钮完成创建。使用这种方法可以创建任意大小的表格。具体功能介绍如下。

图 6-41 “插入表格”下拉列表

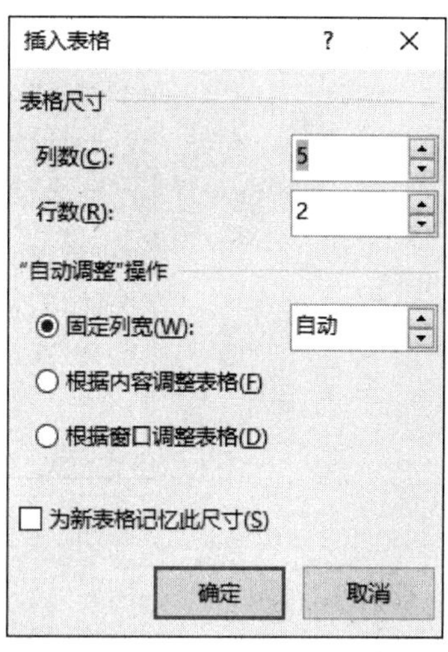

图 6-42 “插入表格”对话框

1）固定列宽：输入一个值，使所有的列宽度相同。

2）根据内容调整表格：使每一列具有足够的宽度，以容纳其中的内容。

3）根据窗口调整表格：适用于创建 Web 页面。

（3）选择“绘制表格”选项创建表格

选择“绘制表格”选项可以创建更为复杂的表格，如单元格的高度不同或每行包含的列数不同等。将光标置于文档中要创建表格的位置，在“插入表格”下拉列表中，选择“绘制表格”选项，此时光标会变成绘图笔形状。用户可以根据具体需要，在“表格工具-布局”选项卡中进行各种设置，以辅助完成表格的绘制。

（4）文本转换成表格

在 Word 2019 中，如果想快速将文字转换为表格，则首先需要在文本间插入分隔符，一般为逗号、空格或制表符等，其作用是用于识别文本转换成表格时的行、列和单元格的位置；其次选中要转换的文本，选择“插入表格”下拉列表中的“文本转换成表格”选项，打开“将文字转换成表格”对话框，如图 6-43 所示，此时一般会根据分隔符自动确定列数和行数，这样就创建了表格。需要注意的是，用于做分隔符的逗号等，必须是英文状态下的符号，否则 Word 无法识别，会将标点符号作为文本内容处理，从而得到一列多行的表格。

（5）插入 Excel 电子表格

Excel 电子表格具有强大的数据处理能力。在 Word 中可插入 Excel 电子表格，双击嵌入的表格进入编辑模式后，可以发现 Word 功能区会变成 Excel 功能区，用户可以像操作 Excel 工作表一样使用该表格。Excel 创建表格内容详见模块七。

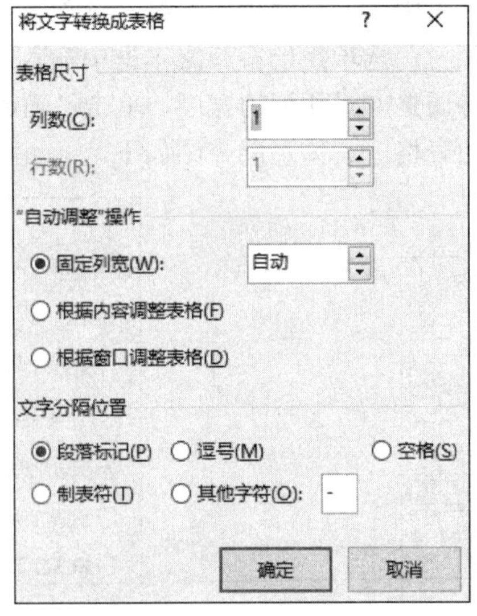

图 6-43 “将文字转换成表格”对话框

（6）快速创建表格

在“插入表格”下拉列表中选择“快速表格”选项，可以在 Word 中插入带有内置样式的表格。用户可以根据需要选择合适的样式进行插入编辑。

2. 编辑表格

表格初步制作完成后，可以对表格进行插入或删除行、列和格式化单元格等操作。

（1）表格格式化

编辑表格和编辑文档一样，在进行操作前要先选中后操作。表格常用的选中方法有如下几种。

1）选中一个单元格。把鼠标指针放在要选中的单元格的左侧边框附近，待鼠标指针变为斜向右上方的实心箭头➚时，单击即可选中相应的单元格。

2）选中一行或多行。移动鼠标指针到表格该行左侧外部，待鼠标指针变为斜向右上方的空心箭头形状⇗时，单击即可选中该行，此时上下拖动鼠标可以选中多行。

3）选中一列或多列。移动鼠标指针到表格该列顶端外部，待鼠标指针变为竖直向下的实心箭头形状↓时，单击即可选中该列，此时左右拖动鼠标可以选中多列。

4）选中整个表格。将鼠标拖动到表格上方，在表格左上角将出现表格移动控点⊞，单击该控点，或者直接按住鼠标左键，将鼠标拖过整张表格，即可选中该表格。

5）表格样式设置。用户可以利用系统自带的表格样式来对表格进行格式化操作。选中要进行格式化的表格，此时功能区增加了“表格工具-表设计”选项卡，如图 6-44 所示。在“表格工具-表设计”选项卡“表格样式”选项组中单击“其他”按钮▾后，可以查看所有系统自带的样式列表，用鼠标在样式上滑动，可以在文档中预览表格应用该样式后的效果；选择满意的样式后，文档中的表格会自动应用该样式。单击“表格工具-

表设计”选项卡“表格样式”选项组中的相应按钮可对样式进行调整，同时可以随时观察表格样式发生的变化。

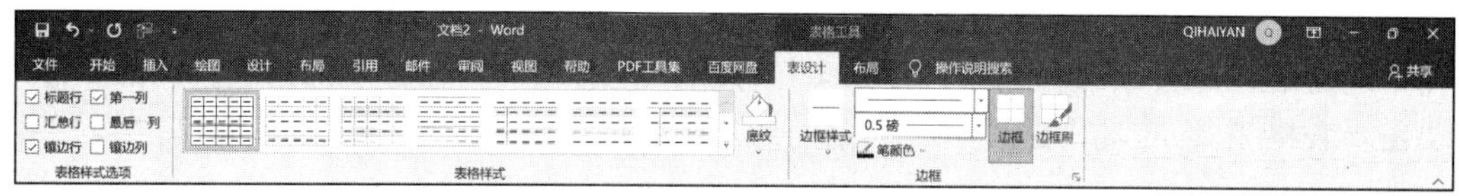

图 6-44 “表格工具-表设计”选项卡

6）手动制作表格。用户可以利用手动制作的方法细化绘制表格。将鼠标定位到初步制作的表格中，选择“表格工具-布局”选项卡，如图 6-45 所示，可以对表格和单元格的属性进行细化设置。具体操作如下。

图 6-45 “表格工具-布局”选项卡

① 设置单元格的大小。选中要修改的单元格，若要修改单元格的高度，则可直接在“表格工具-布局”选项卡“单元格大小”选项组中的“高度”文本框中输入所需高度的数值；若要修改单元格的宽度，则可直接在“单元格大小”选项组中的“宽度”文本框中输入所需宽度的数值。

② 平均分布行和列。选中要修改的行（列），单击“单元格大小”选项组中的“分布行”按钮（“分布列”按钮）即可。

③ 拆分单元格。选中要拆分的单元格，单击“表格工具-布局”选项卡“合并”选项组中的“拆分单元格”按钮，或右击选中的单元格，在打开的快捷菜单中选择“拆分单元格”选项，打开“拆分单元格”对话框，设置要将选中的单元格拆分成的行数或列数，单击“确定”按钮完成。

④ 插入行/列。在表格中选中待插入行（列）的位置，插入行（列）必须在选中行（列）的上面或下面（左边或右边），单击“表格工具-布局”选项卡“行和列”选项组中的相应按钮进行操作，或右击该单元格，在打开的快捷菜单中选择相应的选项。

表格中文字的插入、修改、删除等操作与表格外文字的相应操作相似。

（2）表格的边框和底纹设置

在 Word 2019 中可以为整个表格或表格中的某个单元格添加边框或填充底纹。

1）“表设计”选项卡设置。选中需要修饰的表格的某个部分，单击“表格工具-表设计”选项卡“表格样式”选项组中的“底纹”下拉按钮，在打开的“底纹”下拉列表中显示一系列底纹颜色（或边框设置），选择相应选项即可。

2）“边框和底纹”对话框设置。选中需要修饰的表格的某个部分，单击“表格工具-表设计”选项卡“边框”选项组中的对话框启动器，或选中需要修饰的部分，在打开的浮动工具栏中单击“边框和底纹”按钮，在“边框和底纹”对话框中进行设置，详见模块六任务二中的“边框和底纹”部分内容。

（3）表格的分页设置

处理大型表格时，常常需要将其分割成几页来显示，为了便于表格阅读，可以将表格标题显示在每页顶部。选中一行或多行标题，注意选中内容必须包括表格的第一行，单击“表格工具-布局”选项卡“数据”选项组中的“重复标题行”按钮即可。

3. 应用表格其他功能

（1）将表格转换为文本

在 Word 2019 中允许对文本和表格进行相互转换。当用户需要将文本转换为表格时，首先应将需要转换的文本格式化，即把文本中的每一行用段落标记隔开，将文本中的每一列用分隔符（如逗号、空格、制表符等）分开，否则系统不能正确识别表格的行、列，不能正确进行转换。

对于将文本转换成表格，在表格的创建部分已做介绍，这里不再详述。将表格转换为文本时，选中要转换为文本的表格或表格内的行，单击“表格工具-布局”选项卡“数据”选项组中的“转换为文本”按钮，打开“表格转换成文本”对话框，在“文字分隔符”选项组中选择所需的选项作为替代列边框的分隔符，单击“确定”按钮完成。

（2）表格中函数的应用

对于 Word 中的表格，也可以如 Excel 表格一样，进行排序和简单的计算。

1）排序。选中表格，单击“表格工具-布局”选项卡“数据”选项组中的“排序”按钮，打开“排序”对话框，如图 6-46 所示，对排序各项按要求进行设置后，单击“确定”按钮。具体设置如下。

① 关键字。以哪列或者哪个关键字为依据来进行排序。当关键字相同时再以第二、第三关键字来进行排序。

② 类型。类型包括笔画、数字、日期、拼音 4 种。

③ 升序/降序。按升序或降序排列。

④ 使用。选择段落数。一般情况下仅有段落数可选。

⑤ 列表。选择有无标题行。在有标题行的情况下，Word 会把表格的第一行当成标题。

2）函数计算。在 Word 表格中可以进行一些简单的函数公式计算，如加、减、乘、除、求和、求积、求平均值等。

选中要填入目标值的单元格，单击“表格工具-布局”选项卡“数据”选项组中的“公式”按钮，打开“公式”对话框，如图 6-47 所示。用户根据实际需求，选择对应的函数或公式，其中涉及 left、right、above、below 等参数，单击“确定”之后，即可得到结果。

对于计算多个结果的表格，当第一栏公式结果计算完成后，复制结果单元格中的数据，粘贴到下方单元格中，选中该计算区域，按 F9 键，刷新公式将自动得到结果；或者当第一栏公式结果计算完成后，将光标置于下一个单元格中，直接按 F4 键（重复上一步操作），也可达到快速计算的效果。

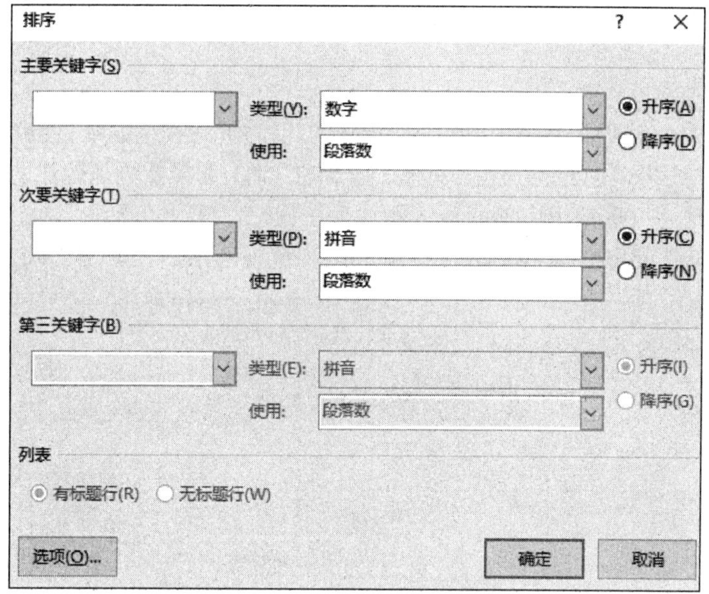

图 6-46 “排序”对话框

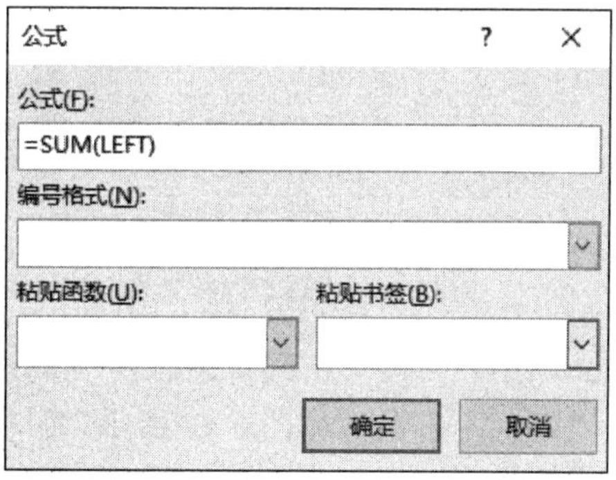

图 6-47 “公式”对话框

当表格中两个数据之间存在空白单元格时，以公式按左边求和为例，如果遇到空白单元格，则系统将不再向左边延伸求和。要解决这个问题，只需将空白单元格填上 0 值即可。

除默认的公式表达式外，还可以像 Excel 一样引用行号列表，如：=SUM(B2:D2)，无论单元格中有没有 0 值，都可以正确求和。需要注意的是，在 Word 中，这样的引用方式只能是绝对引用，如果把这个公式复制到下方的单元格中，则公式=SUM(B2:D2)并不会自动变为=SUM(B3:D3)，需要手动修改公式中的参数。

三、题注与交叉引用

在 Word 中，脚注和尾注用于为文档中的文本提供解释、批注及相关的参考资料的说明；而题注则是可以添加到表格、图表、公式或其他项目上的编号标签。

1. 运用题注

（1）插入题注

题注由标签、编码和具体内容组成。用户可以为不同类型的项目设置不同的题注标签和编号格式，还可以创建新的题注标签。插入题注时，选择要添加题注的项目，单击“引用”选项卡“题注”选项组中的“插入题注”按钮，打开“题注”对话框，如图 6-48 所示，在“选项”区域的下拉列表中选择标签和位置选项后，单击“确定”按钮。

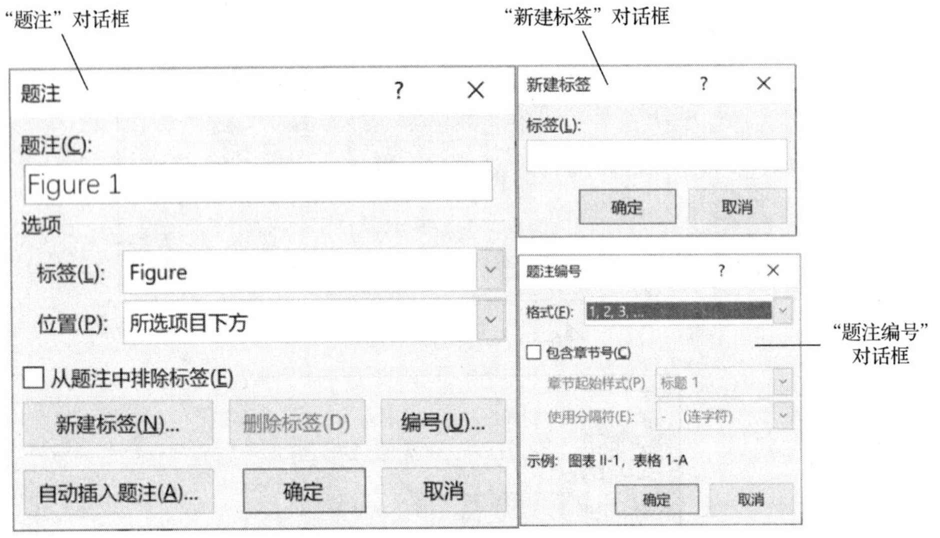

图 6-48 “题注”对话框

若没有可选用的标签，则用户可以单击“新建标签”按钮，打开“新建标签”对话框，输入标签名后，单击“确定”按钮，如图 6-48 所示。若需要改变默认的编号格式，则可以在“题注”对话框中单击“编号”按钮，打开“题注编号”对话框，选择合适的编号格式选项，单击“确定”按钮，如图 6-48 所示。有时为了能和文档章节相匹配，可以选中“包含章节号”复选框，还可以对章节起始样式和分隔符进行设置。

（2）更新题注

在插入新题注时，Word 2019 会自动更新题注编号，但是如果删除或移动标题，则需要手动更新题注。选中要更新的一个或多个题注，如果要更新所有的标题，则需要选中整个文档，右击选中内容，在打开的快捷菜单中选择“更新域”选项即可；或者按 Ctrl+A 组合键全选，然后按 F9 键完成所有域的更新。

2. 运用脚注和尾注

（1）插入脚注或尾注

脚注和尾注由两个相互链接的部分组成：注释引用标记和与其对应的注释文本。脚注位于页面结尾处，而尾注位于文档的结尾处。若要在文档中插入脚注或尾注，则需要在页面视图中选中文档中要插入注释引用标记的文本；单击“引用”选项卡“脚注”选项组中的“插入脚注”按钮或“插入尾注”按钮，在光标处输入注释文本即可。在默认情况下，Word将脚注放在每页的结尾处，而将尾注放在文档的结尾处。

（2）更改脚注或尾注

如果要对脚注或尾注的格式和位置进行更改，则可以单击“引用”选项卡“脚注”选项组中的启动器，打开“脚注和尾注”对话框，如图6-49所示。在该对话框中对“脚注”或“尾注”的位置、编号格式、起始编号和应用范围进行设置后，单击“确定”按钮即可。对于已经在文档中创建好的脚注和尾注，还可以进行相互转换，即将脚注转换为尾注，或者将尾注转换为脚注。在“脚注和尾注”对话框中，单击“转换”按钮，打开“转换注释”对话框，选择对应的选项，单击“确定”按钮即可。

（3）删除脚注或尾注

如果要删除脚注或尾注，则需要删除文档中的注释引用标记，而不是删除注释窗格中的注释文字。如果删除了一个自动编号的注释引用标记，则Word 2019会自动对注释重新进行编号。如果要删除全部的脚注或尾注，则可使用“查找和替换”功能。

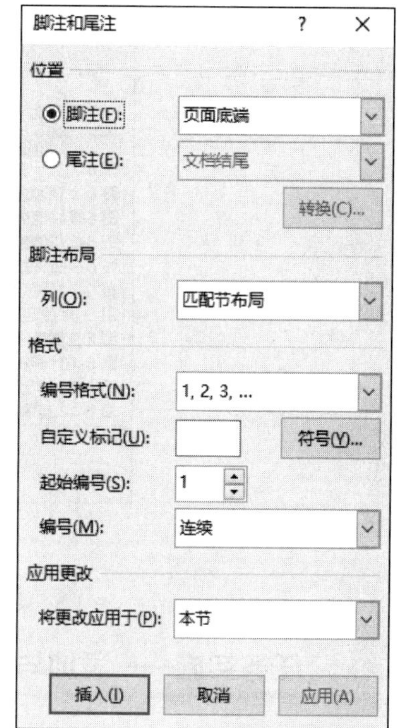

图6-49 “脚注和尾注”对话框

3. 运用交叉引用

交叉引用就是在文档的一个位置引用文档另一个位置的内容，它类似于链接，但一般仅在同一文档中相互引用。交叉引用常常用于需要相互引用内容的地方，如“如图×所示”“有关×的使用方法，请参阅第×节”等。

交叉引用可以使读者尽快找到想要的内容，也能使整个文档的结构更加有条理。把光标定位到文档中需要插入交叉引用的位置，或输入交叉引用开头的介绍文字，类似于“如图×所示”中的“如图”字样。单击“引用”选项卡“题注”选项组中的“交叉引用”按钮，打开“交叉引用”对话框，如图6-50所示，在“引用类型”下拉列表中选择需要的项目类型，在“引用内容”列表中选择要插入的信息，如“页码”“标题编号”等，注意该列表框中可选择的信息与“引用类型”下拉列表框中选择的项目类型有关。在“引用哪一个编号项”列表中选择引用的具体内容，为使读者能够通过插入的交叉引用直接跳转到引用的项目，须选中“插入为链接”复选框，否则将直接插入选中项目的内容，完成选择后单击“插入”按钮，在文档中插入交叉引用，此时原先的“取消”按钮转为“关闭”按钮，单击“关闭”按钮即可关闭该对话框。

在创建交叉引用后，有时需要修改其内容，如因为章节的更改等。在修改时选中文档中的交叉引用部分，不要选择介绍性的文字，打开“交叉引用”对话框后，在“引用内容”下拉列表中重新选择要更新引用的项目即可，其他操作同创建交叉引用一样。

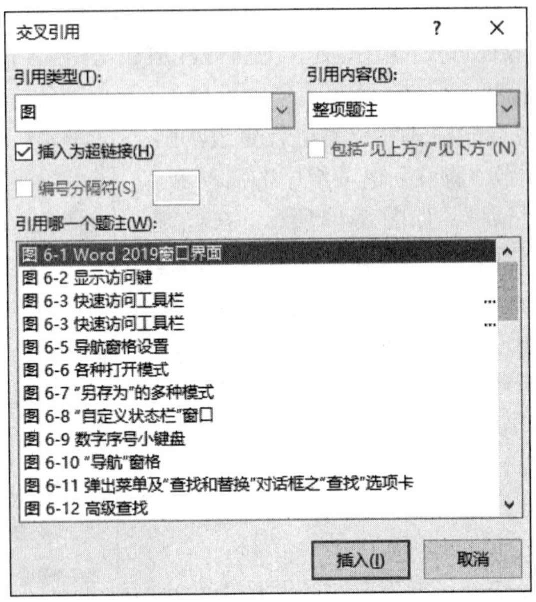

图 6-50　“交叉引用”对话框

任务实施——添加与设置文档图表内容

根据已收集的内容，在网上查找相关的图片（不少于 5 张），插入文档对应位置并进行排版设置。在网上查找西湖周边酒店的信息，将其以表格的形式插入文中。为文档中的图与表设置题注，格式为“图 1××××”“表 1××××”。

操作建议如下。

1. 搜索图片

从网上搜索相关图片保存到本地计算机，单击“插入”选项卡“插图”选项组中的“图片”按钮，在下拉列表中选择“此设备”选项，将存储于本地计算机的图片插入文档中，注意图片与文本内容相对应，且不应距离太远。

2. 设置图片

根据排版需要，可以将图片设置为嵌入型或非嵌入型。设置为非嵌入型时，考虑到图片与文本的边界感，可以通过样式功能为图片添加边框等。

3. 插入图片题注

选中图片后，单击“引用”选项卡“题注”选项组中的“插入题注”按钮，根据要求插入题注。注意题注的 4 要素，即标签、编号、位置和内容。

4. 搜索信息

利用互联网搜索西湖周边酒店的信息，并根据内容设计表格行列数，如酒店名称、酒店星级、酒店平均价位、酒店地址、酒店离西湖距离等。

5. 插入表格

在文档中选择合适的位置插入表格，并将酒店信息填入表格中。

6. 设置表格

通过表格工具，对表格进行设置，或套用已有的样式。可以对单元格大小、内容对齐方式、自动调整等进行设置，对于非常规的表格可以通过拆分单元格、合并单元格或绘制表格等方式进行处理。

7. 设置表格题注

选中表格后，单击“引用”选项卡“题注”选项组中的“插入题注”按钮，打开“题注”对话框，根据要求插入题注。

能力拓展——旅游宣传册图表注释

◆ 任务要求

根据已收集的内容，在网上查找相关的图片（不少于 5 张），插入文档对应位置并进行排版设置。在网上查找西湖周边酒店的信息，将其以表格的形式插入文中，并根据酒店离西湖的距离做排序。为文档中的图与表设置题注，格式为“图 x-y××××”“表 x-y××××”，其中，x 为图（表）所在的一级大纲编号，y 为图（表）在本一级级别中的序号，如“图 2-1”为第二部分第一张图，题注内容为具体的图（表）说明。对文中指向性文字“如图××××所示”“如表××××所示”等做交叉引用。

◆ 任务实施

操作具体步骤参照本任务中的任务实施要求，在此基础上，还有以下几点要求。

1. 数据

在表格内容中必须要有酒店距离西湖的千米数据。

2. 排序

选中表格，单击“表格工具-布局”选项卡“数据”选项组中的“排序”按钮，在打开的“排序”对话框中，选择距离西湖的数据作为主要关键字进行排序。

3. 插入题注

在插入图表题注过程中，考虑要求编号格式为“x-y”，在设置题注时，需要选中“编号”对话框中的“包含章节号”复选框。此处操作需要在正确完成本模块任务二中文档多级列表设置的基础上进行。

4. 使用交叉引用

选中文档中指向性文字，单击“引用”选项卡“题注”选项组中的“交叉引用”按钮，在打开的“交叉引用”对话框中，选择“引用类型”为图或表，选择“引用内容”为“仅标签和编号”。

评价反馈

自评表

序号	评价内容	评价标准	自评分数	教师评分
1	图片内容的搜索	能认真搜索与文档内容相关的图片并确定目标图片		
2	表格内容的搜索	能够认真搜索酒店信息，并核对相关信息，做到严谨细致		
3	图片的插入	将图片插入文档，且位置合适		
4	图片的设置	能够根据文档排版需要对图片进行设置		
5	图片题注的添加	能够按照要求，正确插入题注，并能恰当使用题注内容进行描述		
6	表格的插入	在表格中插入文档，且位置合适		
7	表格的设计	能够根据内容合理设计表格		
8	表格的设置	能够根据需要对表格进行设置（排序）		
9	表格题注的添加	能够按照要求，正确插入题注，并能恰当使用题注内容进行描述		
10	任务完成态度与效果	能够按时认真完成任务，有自己的想法并在任务中实施体现自己的想法，将创新与实践相结合		
考核评价	总分（每项评价内容为 10 分，满分 100 分）			
	指导教师评语			

任务四 设计文案目录与图表目录

任务目标

- 掌握自动生成目录及应用。
- 掌握自动生成图表目录及应用。
- 掌握索引的创建及应用。

任务描述

在完成所有内容的收集和排版后，为了使宣传册框架更为清晰，使用户在阅读时可以一步到位进行检索，小明所在小组与其他小组商量后，决定在每个景点宣传册中增加目录、图索引和表索引。

要求如下。

1）为宣传册添加自动生成的目录。

2）为宣传册添加自动生成的图索引，即图目录。

3）为宣传册添加自动生成的表索引，即表目录。

任务分析与相关知识

根据以上任务描述进行分析，小明在前期任务执行中已经完成了文档结构的排版和设计，也为图表添加了相应的题注，现在需要在文档前部添加对应的目录，更方便读者对内容进行检索查阅，在制作目录的过程中，要注意页码的变化和设置，包括页眉和页脚的设置。

一、目录编辑

目录是长文档不可缺少的部分，它展示了文档内的信息。有了目录，用户对文档中的内容可以一目了然，同时可以快速查找相应的内容。

1. 创建目录

创建目录需要利用文档的标题或者大纲级别，因此在创建目录之前，应确保出现在目录中的标题应用了内置的标题样式或者应用了包含大纲级别的样式及自定义的样式。

将光标移动到要插入目录的位置，通常是文档的开始处。单击“引用”选项卡“目录”选项组中的“目录”按钮，打开“目录”下拉列表，如图 6-51（a）所示，选择对应的目录模式选项即可。手动目录是系统内置的目录，如果选择“手动目录”模式，则代表接受该模式的全部默认设置；在“自定义目录”选项中可以根据具体需求进行个性化设置，设置完成后打开“目录”对话框，如图 6-51（b）所示。用户可以对目录的格式和显示的级别进行设置，设置完成后单击“确定”按钮即可。

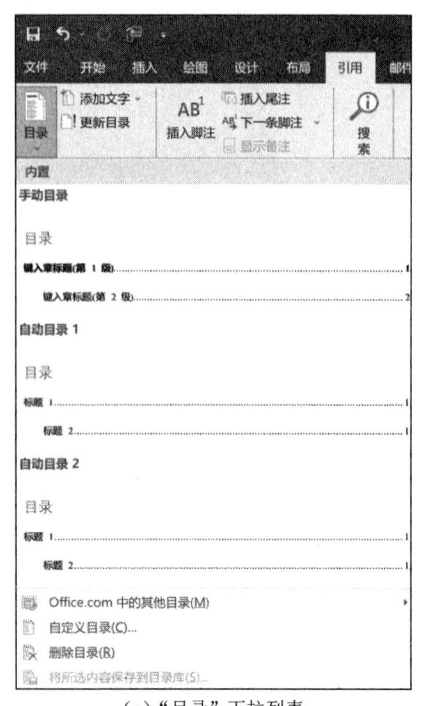

（a）“目录”下拉列表

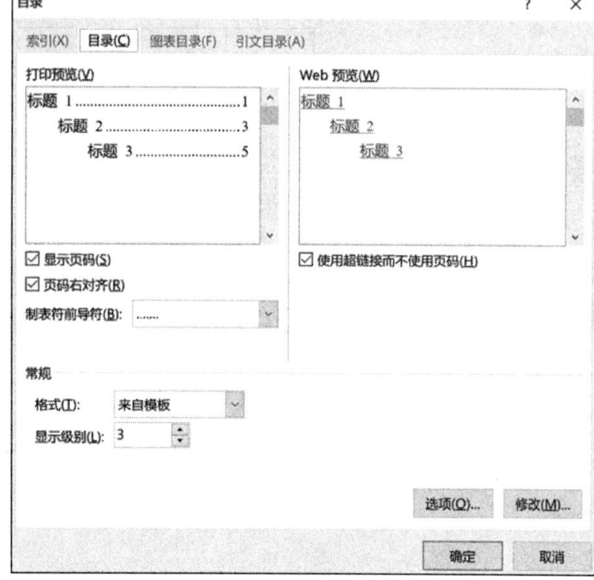

（b）“目录”对话框

图 6-51 “目录”下拉列表与“目录”对话框

在文档目录区域，按住 Ctrl 键的同时单击目录区域中的标题项，可以直接跟踪到该标题项在文档中的位置，对文档进行定位。

2. 更新目录

在 Word 2019 中创建的目录是以文档的内容为依据的，如果文档的内容发生了变化，如页码或者标题发生了变化，就需要更新目录，使目录与文档的内容保持一致。更新目录可以在目录区域右击，在打开的快捷菜单中选择“更新域”选项。在打开的“更新目录”对话框中选中“只更新页码”或者“更新整个目录”单选按钮，单击“确定”按钮即可，如图 6-52 所示。

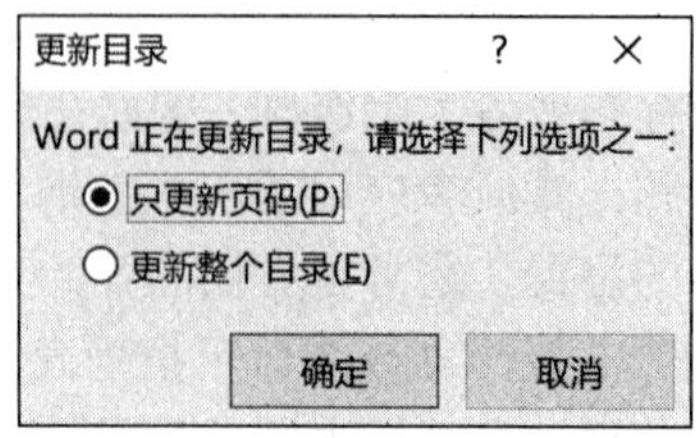

图 6-52 “更新目录”对话框

二、图表目录

图表目录也是一种常用的目录，可以显示图片、图表、图形等对象的说明，以及它们在文档中出现的页码。在建立图表目录时，可以根据图表的题注标签或者自定义样式的图表标签来创建。首先，确定文档中要建立图表目录的图片、表格、图形都已加有题注；其次，将光标移动到要插入图表目录的地方，单击“引用”选项卡“题注”选项组中的“插入表目录”按钮，打开“图表目录”对话框，如图6-53所示；最后，选择“图表目录”选项卡，在“题注标签”下拉列表中选择要建立目录的题注选项，在“格式”下拉列表中选择一种目录格式选项，其他设置与创建一般目录一致。

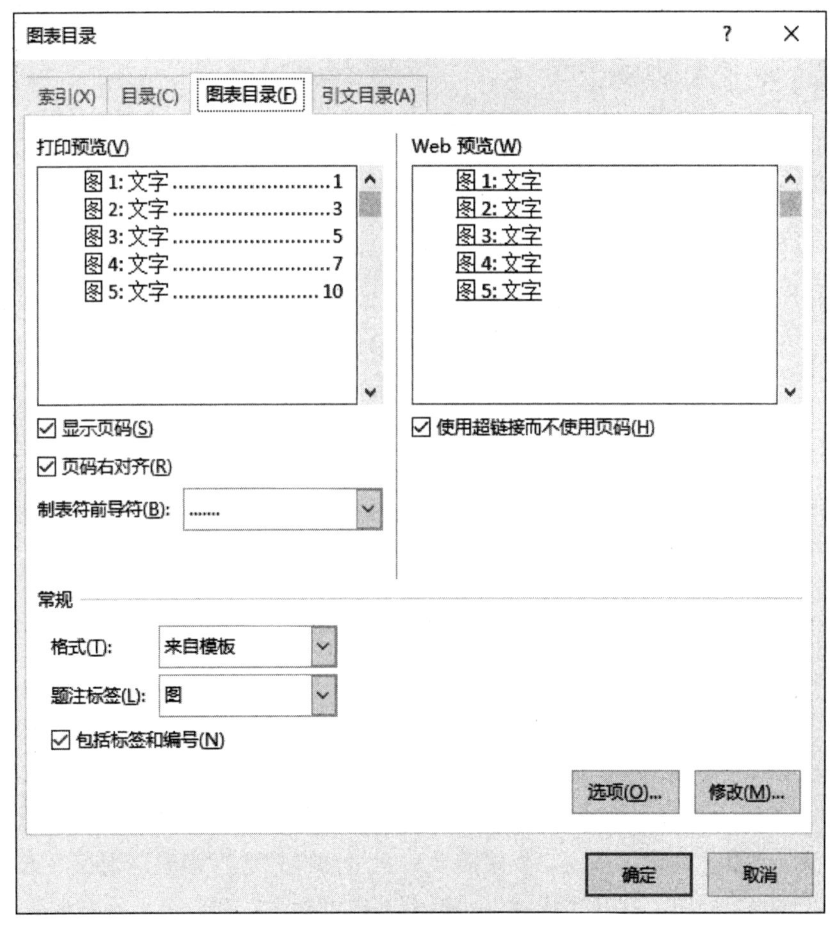

图6-53　“图表目录”对话框

三、索引编辑

索引是指在打印文档中出现的单词或短语列表。索引能够方便用户查找文档中的信息。在 Word 中，创建索引一般包含标记索引项和创建索引两个步骤。

1. 标记索引项

单击“引用”选项卡“索引”选项组中的“标记条目”按钮，打开“标记索引项”对话框，如图 6-54 所示。在文档中选中作为索引项的文本，单击“主索引项”文本框，将选择的文字添加到文本框中，单击“标记”按钮标记索引项，完成标记索引项后，单击“关闭”按钮，关闭该对话框。

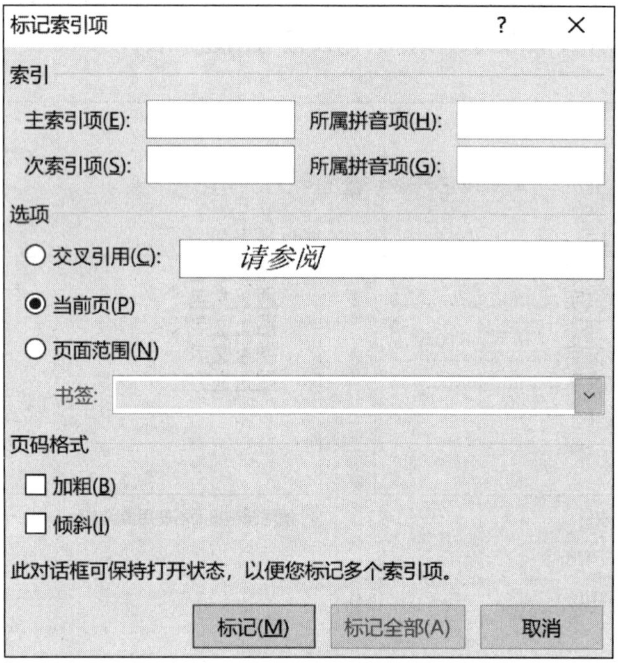

标记索引项 ? ×
索引
主索引项(E): 所属拼音项(H):
次索引项(S): 所属拼音项(G):
选项
交叉引用(C): 请参阅
当前页(P)
页面范围(N)
书签:
页码格式
加粗(B)
倾斜(I)
此对话框可保持打开状态，以便您标记多个索引项。
标记(M) 标记全部(A) 取消

图 6-54 “标记索引项”对话框

2. 创建索引

将插入光标放置到需要创建索引的位置，单击“引用”选项卡“索引”选项组中的“插入索引”按钮，打开“索引”对话框，如图 6-55 所示。在该对话框中对创建的索引进行设置后，单击“确定”按钮。如果需要对索引的样式进行修改，则在“索引”对话框中单击“修改”按钮，打开“样式”对话框，在“索引”列表中选择需要修改样式的索引选项，单击“修改”按钮，在打开的“修改样式”对话框中对索引样式进行设置后，单击“确定”按钮。

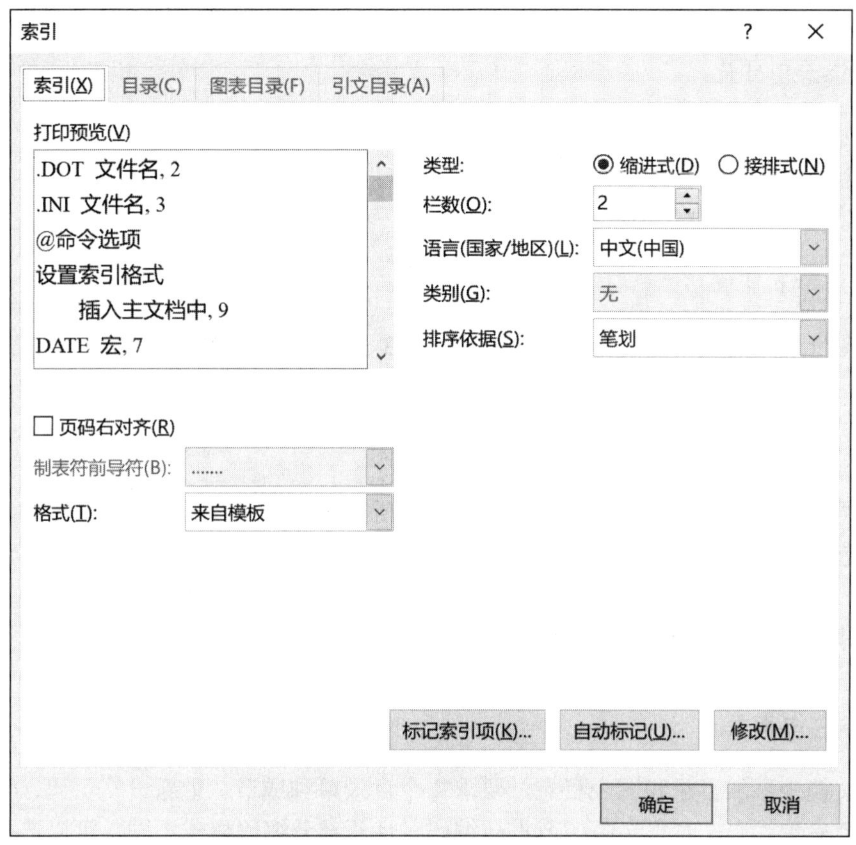

图 6-55 “索引”对话框

任务实施——宣传册目录页编辑

在本任务实施之前，须确保本模块任务一至任务三已经正确完成。在此基础上，才能有效地在文档中添加目录和图表目录。

操作建议如下。

1. 添加分节符

将光标定位到文档的最前部分，且对目录部分与正文部分进行分节处理。将光标定位到正文最前面，单击“布局”选项卡“页面设置”选项组中的“分隔符”下拉按钮，在下拉列表的“分节符”选项组中，选择合适的分节符选项进行分节。

2. 添加目录

在新的页面中，输入目录并居中处理；换行后，单击“引用”选项卡“目录”选项组中的“目录”下拉按钮，在下拉列表中选择“自定义目录”选项，插入具体的目录内容。

3. 添加图目录

直接在目录后插入新的节，输入“图索引”3个字，单击“引用”选项卡“题注”选项组中的“插入表目录”按钮，打开“图表目录”对话框，选择“题注标签”文本框为“图”，单击“确定”按钮后生成图目录。

4. 添加表目录

在图目录后插入新的节，输入“表索引”3个字，然后参照图目录生成方式，生成表目录。

5. 更新域

在调整文档内容后，右击图目录或表目录所在区域，在打开的快捷菜单中选择“更新域”选项，进行更新操作。

能力拓展——旅游宣传册页码与索引设置

◆ 任务要求

在文档中添加目录和图表目录，要求每个目录单独成节。重新设置页码，要求对正文前的节单独编码，对正文中的节重新编码，且两部分编码格式不同，可以选择正文前即目录页的页码格式为“Ⅰ，Ⅱ，Ⅲ……”，正文中的页码格式为“1，2，3……”。更新目录，使目录的页码与文档调整后的页码一致。

利用自动标记的方式，对文档中的“苏堤春晓”“花港观鱼”等西湖十景进行索引标记，并在文档最后一页生成索引，索引内容为西湖十景名称首字母。

◆ 任务实施

目录与图表目录的添加，参照任务实施——宣传册目录页编辑中的操作步骤，在此基础上添加以下操作。

1. 设置页码格式

对目录与图表目录部分添加页码后，右击页码区域，在打开的快捷菜单中进行页码格式的设置。

2. 设置页码编号

在给正文部分添加页码之前，应考虑页码格式的改变，主要涉及页眉页脚内容的变化，即页面格式的变化。因此，在正文中要添加或修改页码，必须在定位完成后。单击“页眉和页脚工具-页眉和页脚”选项卡“导航”选项组中的“链接到前一节”按钮，使其处于取消状态。若此功能无法选择，则考虑是否正确插入了分节符。

考虑正文与前面的内容各自编号，因此在正文中添加页码时，考虑页码编号从“1”开始。

3. 确认页码格式

在目录部分内容更新完毕后，可以看到目录、图索引和表索引的编码格式为“Ⅰ，Ⅱ，Ⅲ……”，如果与要求的格式不一致，则可能是设置页码格式时操作错误或无效，需要重新设置。

4. 新建索引文件

新建一个索引文档，格式为 10 行×2 列，首列为西湖十景的中文名称，次列为西湖十景名称的首字母。

5. 创建索引

在宣传文档的末尾插入一节，单击“引用”选项卡“索引”选项组中的“插入索引”按钮，在打开的“索引”对话框中单击“自动标记”按钮，在打开的“打开索引自动标记文件”对话框中选中目标文档，单击“打开”按钮完成索引的自动标记。再次在“引用”选项卡“索引”选项组中单击“插入索引”按钮，打开“索引”对话框后单击“确定”按钮完成索引的插入。

评价反馈

自评表

序号	评价内容	评价标准	自评分数	教师评分
1	分节操作	会正确利用分节符进行分节		
2	添加目录	会正确添加目录		
3	添加图索引	会正确添加图索引		
4	添加表索引	会正确添加表索引		
5	添加页码	能够正确添加页码		
6	页码格式设置	能够根据要求对页码格式进行设置		
7	目录和图表索引的更新	能够完成目录和图表索引的更新		
8	索引文档的创建	能够按要求正确创建索引文档		
9	插入索引	能够正确插入索引		
10	任务完成态度与效果	能够按时认真完成任务，有自己的想法并在任务中实施体现自己的想法，将创新与实践相结合		
考核评价	总分（每项评价内容为 10 分，满分 100 分）			
	指导教师评语			

任务五　审核及合并文档

任务目标

- 掌握审阅状态下对文档的修改方法。
- 掌握批注的添加与修改。
- 掌握主控文档与子文档的创建方法。

任务描述

小明将自己负责的宣传册部分资料上交后，领导提出各组相互交换资料进行审核检查，完成后将各组的资料进行汇总，统一制定成册。

要求如下。

1）对宣传册的文字内容进行检查。

2）对宣传册的格式进行审核，使各组格式统一。

3）修改完毕后，对各组的材料进行统一汇总。

任务分析与相关知识

根据以上任务描述进行分析，各组需要交换完成宣传册资料的检查，并将检查后的资料交于原制作人进行修改，因此需要在审阅状态下对文档进行修订，并在必要时添加批注等。完成修改后，需要将各组资料统一汇总，可以选择用主控文档与子文档的创建模式来完成这一任务。

一、修订与更改

1. 添加修订

修订是 Word 审阅菜单中的一个重要功能，它和批注都是文本编辑审阅中的一环。当修改的内容需要别人审核时，可使用修订模式。这样修改的内容就能显示并被对方接受或拒绝。

单击“审阅”选项卡“修订”选项组中的“修订”按钮，即可进入修订模式；再次单击该按钮则退出修订模式。

对于在修订模式下对文档所做的修改，Word 会根据用户对显示标记不同类型的选择，显示不同的效果，如图 6-56 所示。具体功能如下。

1）所有标记。在修改的文本左侧显示修订标记，并显示具体修订行为，如增加了什么、删除了什么等。

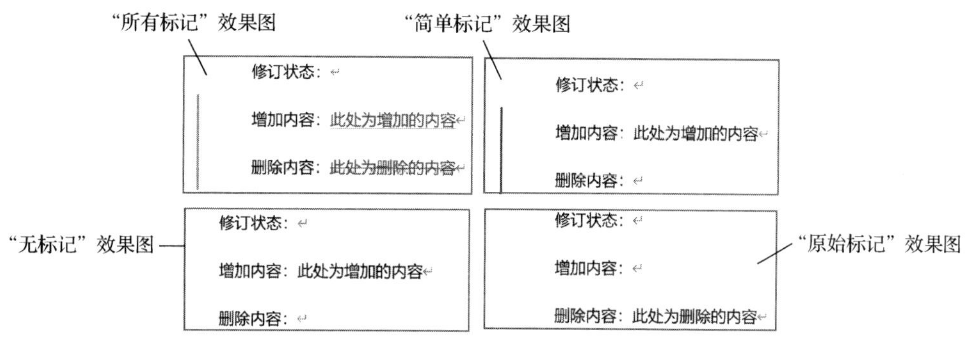

图 6-56 4 种标记的效果图

2）简单标记。会在文本左侧显示红色标记，方便用户知道该行内容是否被修改过。

3）无标记。不会在文档中显示任何标记，和普通文档编辑一样。

4）原始标记。用户可以清楚地看到文档修订前的状态。原始标记是一种将原始文档与修订后的文档区别开来的状态。

单击"审阅"选项卡"修订"选项组中的"审阅窗格"按钮，打开"修订"窗格，如图 6-57 所示。也可以单击"审阅窗格"下拉按钮，在下拉列表中选择"垂直"或"水平"显示模式选项，打开"修订"窗格。在"修订"窗格中，可以查看具体的修订信息，包括修订的人、修订的具体操作，以及修订的内容。

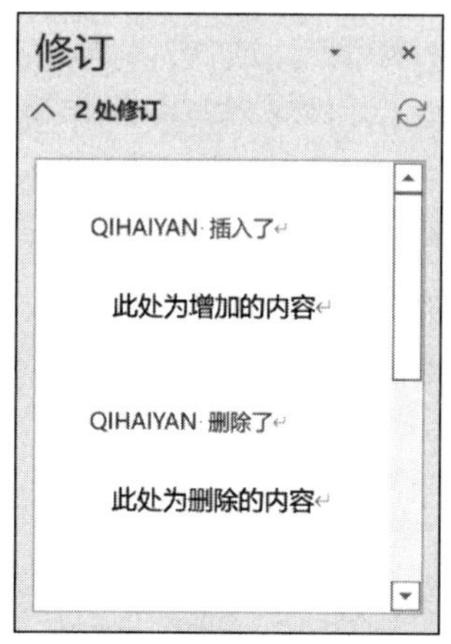

图 6-57 "修订"窗格

2. 设置更改

审阅者将文档发回给作者后，作者可以选择拒绝或接受审阅者所做的修订。若拒绝修订，则修改内容从正文中移除，恢复该处的原状态；若接受修订，则修改内容将合并到文档中。选择拒绝或接受修订后，修订标记会消失。

（1）逐条拒绝或接受修订

选中修订后的内容，单击“修订”选项卡“更改”选项组中的“拒绝”或“接受”按钮，可选择拒绝或接受该处修订；也可通过单击“更改”选项组中的“上一条”或“下一条”按钮，进行逐条检查。

（2）同时拒绝或接受所有修订

单击“更改”选项组中的“拒绝”下拉按钮，在下拉列表中选择“拒绝对文档的所有修订”选项，即可拒绝所有修订；单击“接受”下拉按钮，在下拉列表中选择“接受对文档的所有修订”选项，即可接受所有修订。

二、批注

批注是审阅者在阅读 Word 文档时所做的注释、提出的问题、建议或者其他想法。批注不显示在正文中，它不是文档的一部分，也不会被打印出来。

1. 建立批注

选中需要添加批注的内容，单击“审阅”选项卡“批注”选项组中的“新建批注”按钮，此时在页面右侧将出现批注框。用户可以在其中直接输入批注的内容，并单击批注框外的任何区域，即可建立批注。

2. 查看批注

在文档编辑中，可以有多人参与批注或修订。Word 文档的默认状态是显示所有审阅者的批注和修订。在进行指定审阅者操作后，文档中仅显示指定审阅者的批注和修订，便于用户进一步了解该审阅者的编辑意见。单击“审阅”选项卡“修订”选项组中的“显示标记”下拉按钮，在下拉列表中选择“特定人员”→“所有审阅者”选项后，再次选择指定审阅者选项即可指定审阅者。

对于加了许多批注的长文档，可以通过单击“审阅”选项卡“批注”组中的“上一条”或“下一条”按钮进行查看。

3. 删除批注

对于已查看的、同时不希望再显示的批注，可以进行删除。若要删除一个批注，则右击该批注，在打开的快捷菜单中选择“删除批注”选项；若要删除文档中的所有批注，则可单击“审阅”选项卡“批注”选项组中的“删除”下拉按钮，在下拉列表中选择“删除文档中的所有批注”命令即可。

三、主控文档与子文档

主控文档是一组单独文件（或子文档）的容器。使用主控文档可创建并管理多个子文档。如果一部书籍的每个章节需要不同的人来撰写，就可以把每个章节都设定为一个子文档，然后先分别将每个章节当作一般的文档来处理，再由主控文档来汇集和管理子文档。

1. 创建主控文档和子文档

在 Word 中创建主控文档和子文档，可以根据不同情况选择不同的方式。

（1）已有文档的合并

已有多个单独的文档，如果要将这些单独文档合并到一个文档中，则可将单独文档作为子文档。可以新建一个 Word 文档作为主控文档，打开主控文档，将文档的视图切换到大纲视图，单击“大纲”选项卡“主控文档”选项组中的“显示文档”按钮，然后单击“插入”按钮，在打开的“插入子文档”对话框中，将子文档逐一插入主控文档中。

（2）直接创建

直接在主控文档中生成子文档。创建一个主控文档后，打开主控文档，录入各章节的标题内容，注意将其设置成标题样式；将主控文档的视图切换到大纲视图，单击“大纲”选项卡“主控文档”选项组中的“显示文档”按钮，单击“创建”按钮，则会在同一个文件夹下自动生成以各章节标题内容为文档名的子文档。

2. 操作子文档

自动拆分已设置了标题、标题 1 样式的标题文字作为拆分点，并默认以首行标题作为子文档名称。若想自定义子文档名，则可在第一次保存主控文档前，双击框线左上角的图标打开子文档，在打开的 Word 窗口中，单击“保存”按钮，即可保存该子文档。在保存主文档后，子文档就不能再重命名或者移动了，否则主控文档会因找不到子文档而无法显示。

打开主控文档时不会自动显示内容，只附上所有子文档，因此要对所有内容进行编辑，需要先把编辑好内容的主控文档转换成一个普通文档，再统一进行排版。

任务实施——审核与合并文档

◆ 任务要求

在开始本任务之前，先完成之前所有任务的文档。根据任务的要求，进行文档内容和格式的审核，并在审阅状态下进行修订和批注；完成后将文档发回给文档作者，由作者完成后续修订；最后组织 4～5 个宣传册资料进行主从文档的组合。

◆ 任务实施

1. 添加修订

审阅者打开文档后，单击“审阅”选项卡“修订”选项组中的“修订”按钮，对文档进行通篇审核阅读，对内容和格式进行修改。

2. 添加批注

对于有疑义的部分，通过单击“审阅”选项卡“批注”选项组中的“新建批注”按钮，添加修改意见或问题，完成后将文档发回给作者。

3. 设置更改

作者收到文档后，对被修改的部分选择“接受”或“拒绝”选项；对于批注部分，完成修改后，将解答或回复内容通过其他工具发给审阅者，并删除通篇批注。

4. 新建主控文档与子文档

新建一个 Word 文档，将其作为主控文档，通过单击“视图”选项卡“视图”选项组中的“大纲视图”按钮，在打开的“大纲”选项卡中单击“主控文档”选项组中的“显示文档”按钮，单击“插入”按钮，将需要组合在一起的各文档按序导入。

能力拓展——多人协同审核

◆ 任务要求

将同一个文本提交给不同的人进行审核。注意合理使用“审阅”模式，最后将多位审阅者的审核合并到一个文档中，交于作者处理。

◆ 任务实施

多人在“审阅”模式下对同一文本进行审核，审核完毕后，利用“审阅”中的“比较”功能，将不同审核结果合并到一个文档中。作者须根据审核意见进行修改。

评价反馈

自评表

序号	评价内容	评价标准	自评分数	教师评分
1	文档内容的修订	会对文档中的内容进行修订，如错别字、病句等		
2	文档格式的修订	会运用修订功能，对文档的格式进行修订		
3	文档批注的添加	会添加批注		
4	修订的更改	会灵活运用修改的更改、接受、拒绝功能		
5	批注的处理	会解决批注提出的问题，并删除通篇批注		
6	组织子文档	会灵活运用主控文档功能		
7	子文档微调	会灵活调整子文档		
8	主控文档与子文档创建	能利用主控文档和子文档的功能，对各宣传文档进行组合		
9	团队合作情况	根据整个团队的合作情况进行评比		

续表

序号	评价内容	评价标准	自评分数	教师评分
10	任务完成态度与效果	能够按时认真完成任务，有自己的想法并在任务中实施体现自己的想法，将创新与实践相结合		
考核评价	总分（每项评价内容为 10 分，满分 100 分）			
	指导教师评语			

任务六　设计与制作邀请函

任务目标

- 能说明邮件合并的作用及意义。
- 会运用邮件合并功能。
- 掌握打印的技巧。

任务描述

某公司要召开年终大会，并拟邀请合作公司一同参与，现在已经将受邀客户的信息汇总，急需制作一批邀请函并打印。

要求如下。

1）设计一款邀请函并进行排版。

2）根据提供的客户信息批量生成邀请函。

3）设置并打印邀请函。

任务分析与相关知识

根据以上任务描述进行分析，小明需要利用格式设置等方式进行邀请函的设计排版，之后他计划用 Word 自带的邮件合并功能进行客户资料的导入，批量生成邀请函电子版并打印。

一、邮件合并

在日常工作中，经常会碰到需要处理的文件主要内容基本相同、只是具体数据有变化的情况，如成绩单、邀请函、名片等。此时可以灵活运用 Word 的邮件合并功能，不仅操作简单，还可以设置各种格式，以满足不同用户的不同需求。

以使用邮件合并功能制作一个统一格式的学生成绩单为例进行说明。在开始邮件合并操作前，首先建立数据源。数据源是一个文件，该文件包含了合并文档各副本中的数据，如 Excel 数据表。需要注意的是，该数据表的第一行是列标题行，第二行起为数据，不能有数据表标题行。可以把数据源看作一维表格，其中的每一列对应一类信息，在邮件合并中称为合并域，如成绩表中的学生姓名。然后新建一个 Word 文档，撰写一份学生成绩单模板，并对其进行格式设置，如图 6-58 所示。单击“邮件”选项卡“开始邮件合并”选项组中的“选择收件人”按钮，在下拉列表中选择“使用现有列表”选项，按照引导选择数据源；将光标定位在需要插入合并域的位置上，单击“邮件”选项卡“编写和插入域”选项组中的“插入合并域”按钮，在下拉列表中选择对应的合并域选项。最后将所有要填入的部分填写完成后，单击“完成并合并”按钮，选择“编辑单个文档”选项，根据需要设置记录范围，完成操作。在这种设置下，每个记录占据一页。

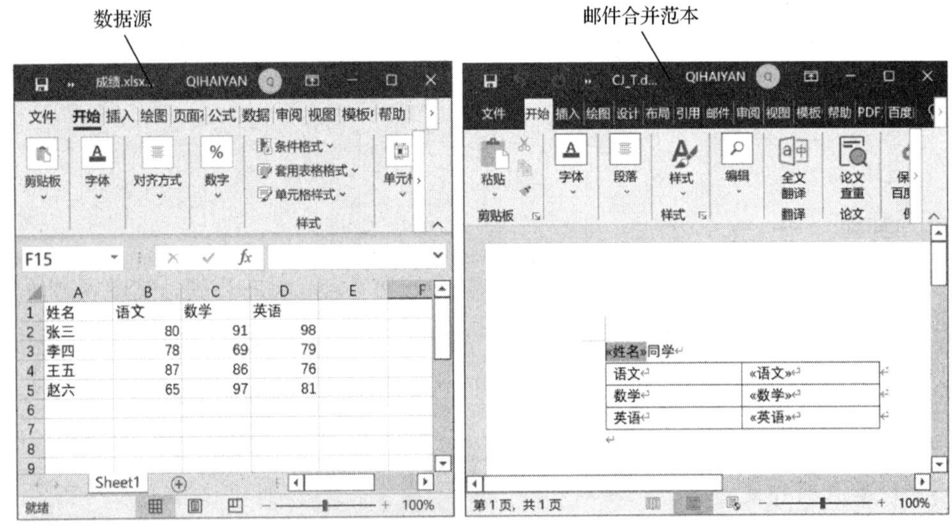

图 6-58　数据源及邮件合并范本效果图

用户通常会碰到邮件合并产生的每个记录只占据几行，但是在邮件合并默认情况下每个记录占据一个页面的情况。可以通过替换的方式，将整个文档中的分节符（^b）全部替换为手动换行符（^l），使一个页面可以包含多条记录。

二、打印设置

对于编排完成的文档，通常需要将其打印出来，合理的页面设置和打印设置有助于输出令人满意的页面。在 Word 中，完成文档的打印一般需要经过设置打印选项、预览打印文档和打印文档 3 个步骤。

1. 设置打印选项

进行文档打印前，可以先对要打印的文档进行设置。在 Word 2019 中，通过“Word 选项”对话框能够设置打印选项，可以决定是否打印文档中绘制的图形、插入的图像及文档属性信息等内容。

打开文档，选择“文件”→“选项”选项，在打开的“Word 选项”对话框的左侧窗格中选择“显示”选项，在右侧窗格的“打印选项”选项组中选中相应的复选框，设置文档的打印内容，完成设置后单击“确定”按钮，关闭对话框。

2. 预览打印文档

在 Word 中有对打印文档进行预览的功能，该功能可以根据文档打印设置模拟文档被打印在纸张上的效果。在打印文档之前进行打印预览，可以及时发现文档中的版式错误。如果对打印效果不满意，则可以及时对文档的版面进行重新设置和调整，以便获得满意的打印效果，避免打印纸张的浪费。

打开文档，选择“文件”→“打印”选项，此时在文档窗口中将显示所有与文档打印有关的选项，在最右侧的窗格中能够预览打印的效果，拖动“显示比例”滑块能够调整文档的显示大小，单击“下一页”按钮和“上一页”按钮，能够进行预览的翻页操作。

3. 打印文档

对打印的预览效果满意后，即可对文档进行打印。在 Word 2019 中，可以在打印时进行页面、页数和份数等设置，可以直接在“打印”窗格中进行设置。

打开需要打印的文档，选择“文件”→“打印”选项，在“份数”增量框中设置打印份数，单击“打印”按钮即可开始打印文档。在 Word 2019 中，默认打印文档中的所有页面，在“打印所有页”下拉列表中选择相应的选项，可以对需要打印的页码进行设置，如选择“打印当前页”选项，则只打印当前页。在“打印”窗格中提供了常用的打印设置按钮，可以设置页面的打印顺序、页面的打印方向及设置页边距等。用户只需要单击相应的按钮，在下拉列表中选择预设参数选项即可。如果需要进行进一步的设置，则可单击“页面设置”按钮，在打开的“页面设置”对话框中进行设置。

任务实施——设计与制作邀请函

◆ 任务要求

本任务需要批量制作邀请函。首先要完成被邀请人的信息收集，其次设计邀请函，并进行打印设置，最后生成邀请函并打印。

◆ 任务实施

1. 收集信息

收集被邀请人的信息，并保存为 Excel 文档。注意：只要求填写列标题和具体信息内容，不需要填写该表的表头名称等。

2. 设计页面

设计邀请函，一般设置为 4 页，考虑到每页格式排版的灵活性，设置每页内容单独作为一节，因此需要用分节符进行分隔。

3. 设置格式

先把每页内容都输入完毕，再进行排版，包括字体格式、段落格式和页面格式排版。如果在操作过程中先输入第一页内容并排版，再输入第二页内容，则第二页内容会跟随第一页内容的排版格式，这对后续排版非常不利。

4. 选择收件人

利用邮件合并功能导入信息。单击“邮件”选项卡“开始邮件合并”选项组中的“选择收件人”按钮，在下拉列表中选择“使用现有列表”选项，在打开的“选择数据源”对话框中选择存放信息的 Excel 表后，单击“打开”按钮。

5. 插入合并域

单击“邮件”选项卡“编写和插入域”选项组中的“插入合并域”按钮，在下拉列表中选择对应的合并域选项插入邮件范本中。

6. 设置打印

单击“布局”选项卡“页面设置”选项组中的页面设置启动器，在打开的“页面设置”对话框“页边距”选项卡中，选择“页码范围”区域“多页”文本框中的“书籍折页”选项。需要注意的是，因为是双面打印，所以要根据打印机来选择“手动双面打印”或“自动双面打印”选项，选择“自动双面打印”选项要考虑是“从长边翻转页面”还是“从短边翻转页面”，实际情况要视打印机而定。

7. 生成邮合并文档

单击“邮件”选项卡“完成”选项组中的“完成并合并”按钮，生成所有邀请函。

能力拓展——制作工资条

◆ 任务要求

利用“邮件合并”功能批量实现工资条的打印，兼顾节省的原则，在同一张纸上打印多个工资条。

◆ 任务实施

完成“工资条”模板的设置、数据源的整理，以及邮件合并操作。参照“任务实施——设计与制作邀请函”中的操作。在打印之前，将视图切换到“大纲”模式，利用“查找/替换”功能，先将“分页符”替换为“换行符”，再进行打印预览与打印。

评价反馈

自评表

序号	评价内容	评价标准	自评分数	教师评分
1	Excel 表的制作	能准确合理收集信息，并存放在 Excel 文档中，格式正确		
2	邀请函内容设计	会设计邀请函内容		
3	邀请函格式设计	会设计邀请函格式，格式美观大方，版面排版符合公司形象		
4	Excel 表导入	能够准确导入存放数据的 Excel 表		
5	插入合并域	能够准确在邀请函模板中插入合并域		
6	打印设置	会灵活运用打印设置		
7	生成邀请函	能够利用邮件合并功能批量生成邀请函		
8	邀请函功能评价	设计的邀请函功能符合公司要求		
9	邀请函感官评价	设计的邀请函美观大方、有创新、有亮点		
10	任务完成态度与效果	能够按时认真完成任务，有自己的想法并在任务中实施体现自己的想法，将创新与实践相结合		
考核评价	总分（每项评价内容为 10 分，满分 100 分）			
	指导教师评语			

任务七 设计与制作公函

任务目标

- 能解释 Word 的模板及其作用。
- 会运用 Word 现有模板的应用。
- 掌握 Word 模板的新建与应用。

任务描述

人事管理部门经常需要出具某些固定格式的文件或证明。领导希望小明能采用一种简便的方式，对这些文档进行整理，对于部分文档，如公司规章制度等，需要进行限制，只有指定员工可以进行编辑。

要求如下。

1）将常用的文档制作成模板。

2）对部分文档的编辑权限进行设置。

任务分析与相关知识

根据以上任务描述进行分析，小明计划将常用文档格式通过新建模板的方式进行整理汇总，方便员工调用和使用。对于公司规章制度等文档，根据权限管理，通过设置密码的方式进行访问限制。

一、宏和域的使用

在文档的编辑过程中，可能某个同样的工作要重复做很多次，利用 Word 的自动化技术（如宏），可以提高工作效率。

宏可用来使任务自动化执行，它是一系列计算机指令的集合。宏是在 VBA（Visual Basic for applications，应用程序用 VB 语言）中录制的。

域是指 Word 中用来在文档中自动插入文字、图形、页码和其他资料的一组代码。

1. 使用宏

Word 2019 提供了宏录制器。用户可以在不了解 VBA 的情况下创建和使用宏。创建宏最简单的方法是使用宏录制器录制一系列操作。录制宏就是将所完成的操作翻译为 Visual Basic 代码的过程。在默认情况下，Word 将宏存储在 Normal 模板内，这样每个 Word 文档都可以使用它；也可以将宏保存在某个文档中，仅供该文档使用。

单击“视图”选项卡“宏”选项组中的“宏”下拉按钮，在下拉列表中选择“录制宏”选项，在打开的“录制宏”对话框中输入相应的参数，如宏名、保存的范围等，如图 6-59 所示。单击“确定”按钮后，进行录制操作，完成后单击“视图”选项卡“宏”选项组中的“宏”按钮，在下拉列表中选择“停止录制”选项，完成录制。

运行创建的宏。单击“视图”选项卡“宏”选项组中的“宏”按钮，在下拉列表中选项“查看宏”选项，打开“宏”对话框，单击“运行”按钮即可，如图 6-60 所示。

2. 使用域

域的中文意思是范围，类似数据库中的字段，实际上它是文档中的变量。每个 Word 域都有唯一的名字，但有不同的取值。用 Word 排版时，若能熟练使用域，则可增强排版的灵活性，减少许多烦琐的重复操作。

域分为域代码和域结果。域代码是由域特征字符、域类型、域指令和开关组成的字符串；域结果是域代码所代表的信息，它根据文档的变动或相应因素的变化而自动更新。

Word 域分类主要有：编码、等式和公式、连接和引用、日期和时间、索引和目录、文档信息、文档自动化、用户信息和邮件合并。它的功能主要有：自动编页码、图表的题注、脚注、尾注的号码；按不同格式插入日期和时间；通过连接与引用在活动文档中插入其他文档的部分或整体内容；自动创建目录、关键词索引、图表目录、插入文档属性信息等。用户可通过插入域或者按 Ctrl+F9 组合键启动域输入模式。

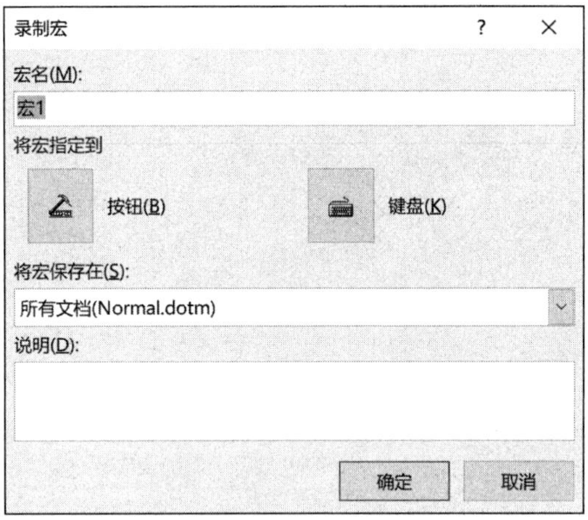

图 6-59　“录制宏”对话框

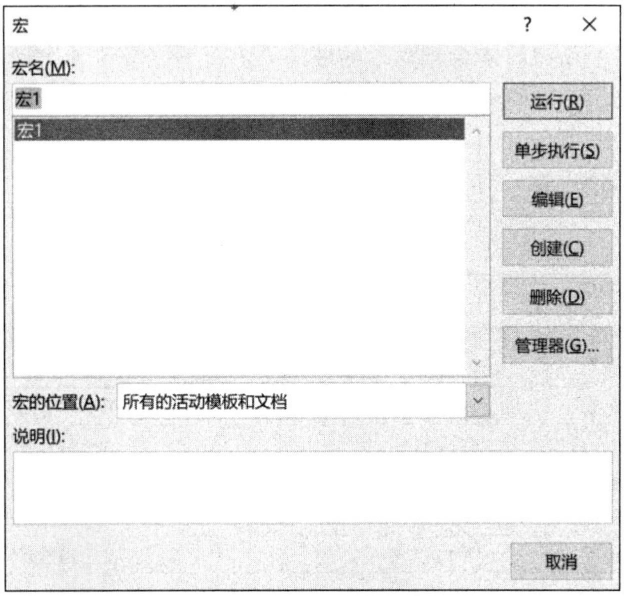

图 6-60　“宏”对话框

将光标定位到要插入域的位置，单击“插入”选项卡“文本”选项组中的“文档部件”按钮，在下拉列表中选择“域”选项，打开“域”对话框，如图 6-61 所示。在该对话框中选择需要的类别和域名，若有格式要求，则对格式进行设置，单击“确定”按钮完成设置。

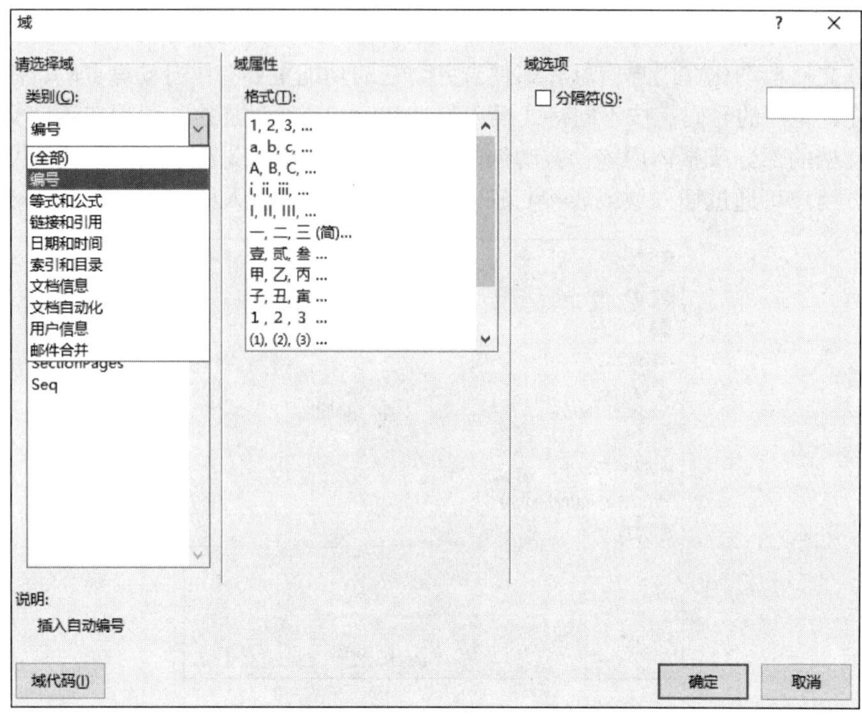

图 6-61 “域”对话框

在一般情况下，用户只能看到插入的域结果，而不能看到域代码。如果需要查看某个域代码，则可以选中要查看的域并右击，在打开的快捷菜单中选择“切换域代码”选项即可，也可以通过按 Shift+F9 组合键实现域代码和域结果之间的切换。当切换为域代码时，可以直接对域进行修改。在文档编辑中常用的域如表 6-3 所示。

表 6-3 常用的域

类型	代码	功能
编号	Page	插入当前页码
	Section	插入当前节号
	Sectionpages	插入本节的总页数
链接和引用	Hyperlink	插入链接
	Styleref	插入具有类似样式的段落中的文本
日期和时间	Date	当前日期
	Time	当前时间
文档信息	Author	文档属性中的文档作者姓名
	Filename	文档的名称和位置
	Filesize	活动文档的磁盘占用量
	Numchars	文档的字符数
	Numpages	文档的页数
	Numwords	文档的字数
	Title	文档属性中的文档标题

若对文档进行了更改，且需要看到最新结果，则可以通过“更新域”功能来实现。右击要更新的域，在打开的快捷菜单中选择“更新域”选项即可；若要更新整篇文档的域，则可以全选文本后右击，在打开的快捷菜单中选择“更新域”选项，也可以直接按F9键实现域的更新。删除域的操作与删除一般文本一样。

二、链接

链接本质上属于一个网页的一部分，它是一种允许用户同其他网页、站点或者其他目标进行链接的元素。所谓的链接是指从一个页面指向一个目标的连接关系，这个目标可以是另一个网页，也可以是相同页面上的不同位置，还可以是一个图片、一个电子邮件地址、一个文件，甚至是一个应用程序；而在页面中用来链接的对象可以是一段文本或者一个图片。当用户单击设置链接的文字或图片后，可将链接目标显示在浏览器上，并且根据目标的类型来打开或者运行。

按照链接路径的不同，链接一般可以分为内部链接、锚点链接和外部链接。按照使用对象的不同，链接可以分为文本链接、图像链接、E-mail 链接、锚点链接、多媒体链接、空链接等。

1. 创建链接

在 Word 中创建链接，可以有多种方式。常见的是直接插入链接，选中作为链接的对象，单击“插入”选项卡“链接”选项组中的“链接”按钮，或者右击对象，在打开的快捷菜单中选择“链接”选项，打开“插入超链接”对话框，如图 6-62 所示。根据需要在左侧窗格中选择网页、文件、电子邮件等选项，设置后单击“确定”按钮即可。若选择“本文档中的位置”选项，则可以选用文档中原有的标题级别的内容，或者已经插入文档的书签名。

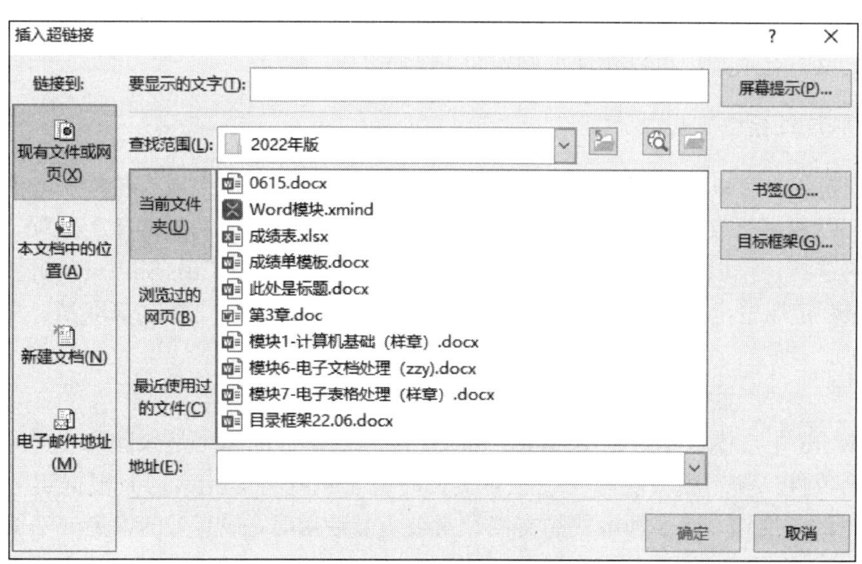

图 6-62 “插入超链接”对话框

在 Word 文档中，利用书签能够轻松定位某个位置或者文档中的某个特定内容，特别是在长文档中。利用书签进行设置的链接，其实就是文档的内部链接。将光标定位到需要添加书签的位置或选中要添加书签的内容，单击“插入”选项卡“链接”选项组中的“书签”按钮，打开“书签”对话框，如图 6-63 所示，在“书签名”文本框中输入书签名，单击“添加”按钮将其添加到书签列表框中，完成书签的创建。

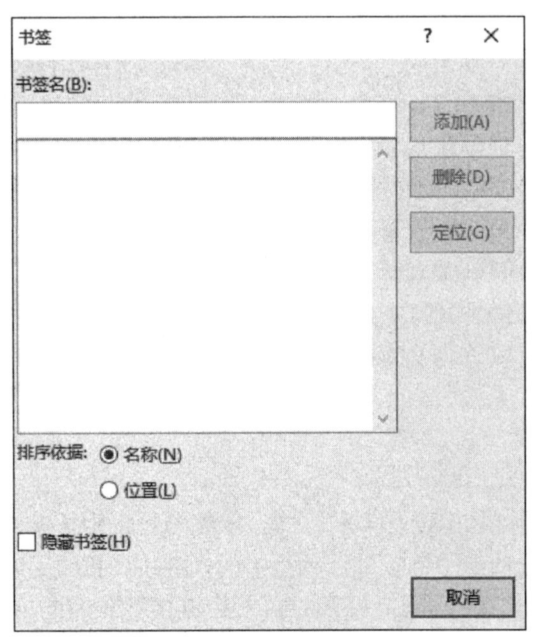

图 6-63 “书签”对话框

书签不仅可以用来进行文档的内部链接，还可以用来定位。单击“书签”对话框中的“定位”按钮，可以定位到所选的书签所在的位置，或者在“查找和替换”对话框中选择“定位”选项，也可以实现准确定位。

2. 取消链接

取消链接，可以是取消单个链接，也可以是取消整篇文档中所有链接。取消单个链接时，可以右击要取消链接处，在打开的快捷菜单中选择“取消超链接”选项。取消整篇文档的链接，可以通过按 Ctrl+A 组合键全选整篇文档，按 Ctrl+Shift+F9 组合键或者 Ctrl+6 组合键取消全部链接。当然，也可以通过选中部分链接进行局部取消。

三、模板

在 Word 中，模板是一个预设固定格式的文档，模板的作用是保证同一类问题风格的整体一致性。使用模板能够在生成新文档时包含某些特定元素，并根据实际需要建立个性化的新文档。当某种格式的文档经常被重复使用时，最有效的设置方法就是使用模板。

在 Word 中，任何文档都衍生于模板，即使是在空白文档中修改并建立的新文档，也是衍生于 Normal.dotm 模板。选择“文件”→“新建”选项或单击快速访问工具栏中的“新建空白文档”按钮，会自动生成一个空白文档。这个文档就是依据模板 Normal.dotm 生成的，继承了共用 Normal.dotm 模板默认的页面设置、格式和内置样式。Word 文档都是基于 Normal.dotm 生成的，即使将新建文件另存为一个新模板，该模板也同样基于 Normal.dotm 模板。

Word 模板一般分为两类，一类为系统自带的模板，如简历、日历等，一类为用户自定义的模板。在 Word 2019 中还可以通过搜索功能进行联机模板的查询。使用现成的 Word 模板。选择“文件”→“新建”选项，在右侧窗格中会出现 Word 自带的一些模板，并且已经进行了分类，如业务、卡、传单、信函等，选择对应分类中的具体模板即可。

若需要进行自定义模板的创建，则可先将 Word 文档编辑完毕，包括内容与格式，再选择“文件”→“另存为”→“浏览”选项，打开“另存为”对话框，找到本地计算机的自定义模板存放路径后，在该对话框中选择“保存类型”为“.dotm”即可。如果不知道自定义模板存放路径，则可以选择“文件”→“选项”→“保存”选项，在“默认个人模板位置”文本框中看。

四、文档保护

在使用 Word 文档过程中，为了避免被他人误操作或部分文档不适合所有人阅览，通常会对一些重要的文件设置访问权限。

选择“文件”→“信息”选项，在“信息”窗格中，单击“保护文档”下拉按钮，在下拉菜单中选择对应的权限设置选项，可以对文档进行合理的权限管理，如图 6-64 所示。Word 2019 的权限主要包括以下方面。

1）始终以只读方式打开：询问读者是否加入编辑，防止意外的更改。

2）用密码进行加密：用密码保护此文档。在“信息”窗格中，选择该选项后，在打开的“加密文档”对话框中输入密码，单击“确定”按钮后，再次输入密码并单击“确定”按钮即可。在打开文档时需要输入正确的密码，否则打开文档失败。

3）限制编辑：控制其他人可以做的更改类型。可以单击“审阅”选项卡“保护”选项组中的“限制编辑”按钮，在打开的“限制编辑”窗格中，选中“仅允许在文档中进行此类型的编辑”复选框，如图 6-64 所示。单击“启动强制保护”区域的“是，启动强制保护”按钮，打开“启动强制保护”对话框，选择密码保护方式，输入新密码后，单击“确定”按钮。

4）限制访问：授予用户访问权限，同时限制其编辑、复制和打印文档的能力。

5）添加数字签名：通过添加不可见的数字签名来确保文档的真实性、完整性和不可否认性。

6）标记为最终：告诉用户此文档是最终版本。

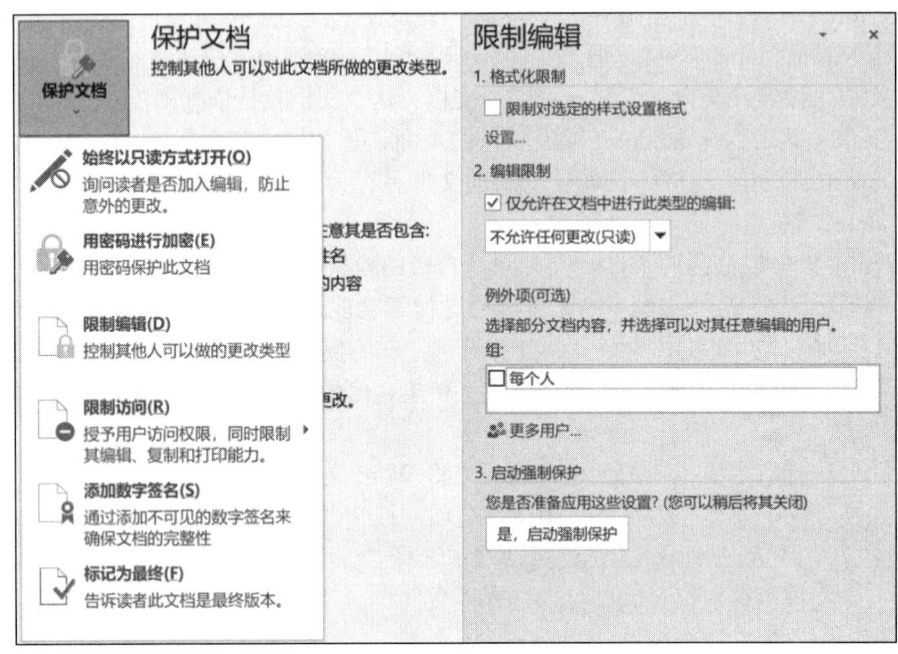

图 6-64　加密类型及“限制编辑”栏

任务实施——设计与制作公函

◆ 任务要求

整理公司常用的格式文本，如在职证明、收入证明等，将此类文档以模板的方式存入计算机中，既方便调用，又不容易被删除。以在职证明为例，如图 6-65 所示。

在职证明

兹证明______女士/先生，于________年___月___日出生，

身份证号：________________，自________年___月起在我公司

工作至今。

特此证明

公司名称

年　　月　　日

图 6-65　在职证明模板

◆ 任务实施

1. 新建 Word 文档

参照图 6-65，在文档中完成在职证明的排版。

2. 建立模板

选择“文件”→“另存为”→“这台电脑”或“浏览”选项，打开“另存为”对话框，在路径处填入 Word 自定义模板的存放路径。如果不知道存放路径，则可以选择“文件”→“选项”→“保存”选项，查看“默认个人模板存放位置”，或自行设定一个存放路径。在“保存文档”区域中，在“将文件保存为此格式”处选择“Word 模板(*.dotx)”选项，单击“确定”按钮。在“文档名”文本框中输入“在职证明”，单击“保存”按钮即可。

3. 打开模板

需要调用在职证明时，选择“文件”→“新建”选项，在个人自定义模板中选择“在职证明”选项即可。

4. 设置加密

对于需要进行保密设置的文档，根据保密的级别设置不同的权限。打开文档后，选择“文件”→“信息”选项，单击“保护文档”按钮，根据具体保密要求，选择密码保护类型，依次进行加密操作即可。

能力拓展——制作收入证明模板

◆ 任务要求

收集收入证明常规的格式样例，完成收入证明模板的制作。

◆ 任务实施

参照“任务实施——设计与制作公函”中在职证明的模板制作流程，完成收入证明的模板制作。

评价反馈

自评表

序号	评价内容	评价标准	自评分数	教师评分
1	格式文档的创建	会灵活创建格式文档		
2	模板的创建	会灵活创建个人自定义模板		
3	模板的应用	能够利用自行创建的模板，创建文档		

续表

序号	评价内容	评价标准	自评分数	教师评分
4	文档的加密	根据文档权限的要求，能够合理准确地对文档进行加密		
5	任务完成态度与效果	能够按时认真完成任务，有自己的想法并在任务中实施体现自己的想法，将创新与实践相结合		
考核评价	总分（每项评价内容为 20 分，满分 100 分）			
	指导教师评语			

模 块 测 试

□ 请扫描二维码，进行本模块学习内容的自我测评。

模块七　电子表格处理

导读

Office 2019 目前仅限安装于 Windows 10 及以上版本的微软系统中，不再支持 Windows 7、Window 8 及更早的微软系统。Word 2019 是 Microsoft Office 2019 的组件之一，集文字编辑、文档排版、域的使用、邮件合并等多项功能于一体，是计算机办公应用最普及的软件之一。

Word 2019 在 Word 2016 的基础上，新增了数字笔、类似图书的页面导航、学习工具和翻译等功能，还具有全新的现代外观，内置协作工具，可以帮助用户更快捷地创建和整理文档。

Excel 是一个电子表格软件，集数据采集、加工、分析于一体，具有数据分析能力强、简单易学的特点，被广泛应用于财务、金融、审计、供应链、个人事务等领域。

在 Excel 2019 中新增了多个函数和图表，增强了数据透视表的功能，还可插入增强的视觉对象和墨迹公式等，比之前的软件版本功能更加强大。

学习目标

知识目标	● 能设计 Excel 表格的设计 ● 能归纳和规范数据格式要求 ● 能概述公式和函数 ● 能说明图表的基本结构 ● 能概述数据透视表（图）
能力要求	● 会运用 Excel 基本操作技能 ● 会使用和管理数据 ● 会运用公式和函数 ● 会灵活运用数据分析 ● 会设计和应用图表 ● 会设计和应用数据透视表（图） ● 会灵活运用技术并解决实际问题

续表

职业素养	● 养成基本的科学素养 ● 弘扬精益求精的工匠精神 ● 掌握数据需求，熟悉数据流程 ● 提升良好自主学习能力，并能进行内化 ● 培养良好的敬业精神和创新意识

本模块通过设计和制作八匹马贸易有限公司的 4 个典型工作表（员工信息表、工资统计表、销售统计分析表和销量统计图表），详细介绍 Excel 2019 在数据管理、数据统计和数据分析等方面的应用。

任务一　设计员工信息表

任务目标

- 会设计表格。
- 会完成数据的输入和表格的格式化。
- 会运用数据验证。
- 能对工作表进行打印设置。
- 会完成工作簿和工作表的保护。

任务描述

小明步入大三，进入八匹马贸易有限公司进行实习。该公司安排红姐作为小明的指导师傅。随着公司规模扩大，该公司需要人事部对员工进行管理，要求能直观展示员工的基本信息、快速体现员工的工作面貌、便于统计分析数据、方便管理。

要求如下。

1）在表格中输入员工工号、姓名、性别等数据（不包括“学历”列数据），如图 7-1 所示。

	A	B	C	D	E	F	G	H	I
1									
2		八匹马贸易有限公司员工信息表							
3		工号	姓名	性别	学历	部门	职位	参加工作时间	身份证号
4		10001	汪萍	女	本科	人事部	部门经理	2009年2月5日	370202198702021823
5		10002	赵佳	男	硕士	人事部	职员	2004年7月3日	370205198008021713
6		20001	方舟	男	本科	财务部	职员	2016年7月6日	370303199212074219
7		20002	林丽	女	硕士	财务部	职员	2015年5月20日	440203198811121424
8		20003	王林涛	男	博士	财务部	部门经理	2013年8月1日	450103198304291517
9		20004	盛天明	男	硕士	财务部	职员	2013年12月7日	370103198605063516
10		30001	黄明	男	专科	营销部	职员	2019年7月15日	440102199808032713
11		30002	张文亚	男	专科	营销部	职员	2020年7月2日	370106199812234513
12		30003	鲁东东	男	硕士	营销部	职员	2018年4月17日	370301199212012617
13		30004	周韩宇	男	本科	营销部	部门经理	2017年7月4日	450202199301181513
14		40001	沈静	女	硕士	总务部	部门经理	2015年7月30日	440202199006124226
15		40002	傅明森	女	本科	总务部	职员	2018年7月14日	370301199409012524
16		40003	刘文瑞	男	本科	总务部	职员	2020年7月5日	45010219961118121
17		40004	宋伊诺	女	硕士	总务部	职员	2021年4月30日	370103199612181122

图 7-1　“员工信息表”原始表

2）对每列数据进行数据格式、数据验证的设置，并补充缺少的数据信息。

3）在“方舟”所在行前，增加一行数据，“10003，方苗苗，女，本科，人事部，职员，当前日期，430101199804091223”，其中参加工作日期请写当前日期。

4）在学历列右侧增加一列“学位”，统一学历信息和学位信息，将缺少的信息补充完整。

5）设置行高和列宽及边框线，使得表格更加美观，并设置打印格式。

任务分析与相关知识

根据以上任务描述进行分析，小明认为：首先，要从设计表的结构开始，确定哪些数据需要统计，采用对应的数字格式；其次，使用便于快速输入并规范的数据，必要时需要进行数据清洗和数据整理，便于后期进行统计分析，以及数据的补充更新；最后，要设计表格格式，使其便于打印。

一、Excel 的基本操作

在 Excel 2019 中，默认的工作簿是扩展名为.xlsx 的文件。用户可以根据需要打开多个工作簿（每个工作簿都有自己的窗口），同样，一个工作簿中可包含多张工作表，一个工作表中包含许多个单元格，四周显示方框的就是活动单元格。工作簿就像一本账簿，而工作表就是其中的一张账页，单元格就是账页中的格子。

启动 Excel 2019 后，即可进入 Excel 窗口，如图 7-2 所示。

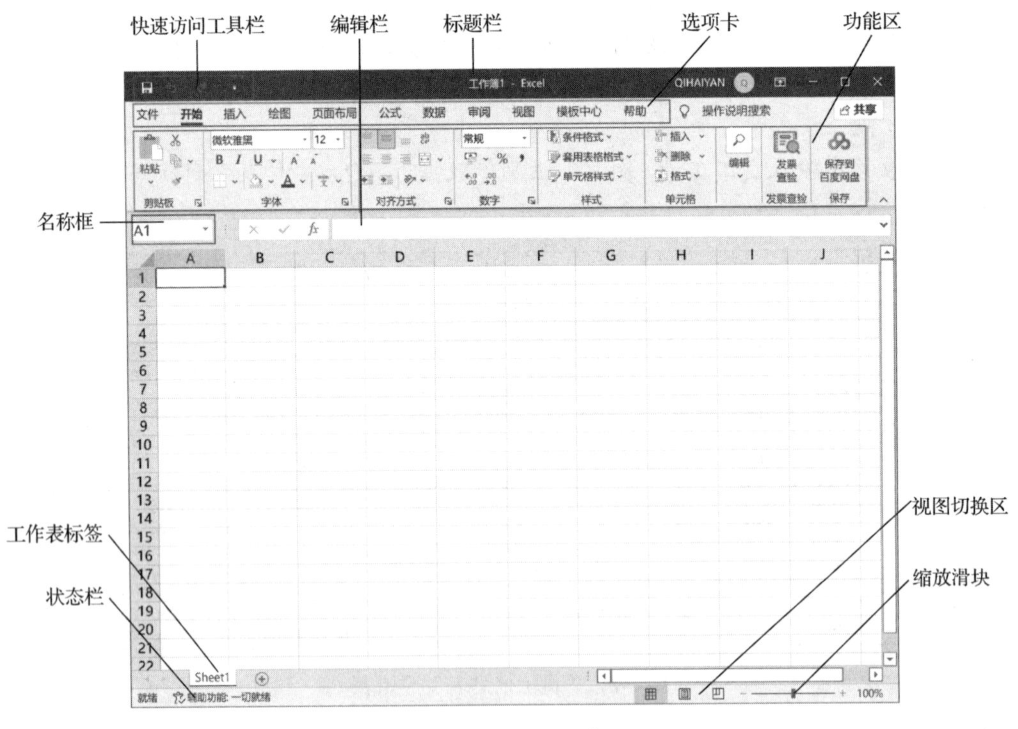

图 7-2　Excel 2019 窗口

1. 创建工作簿

在 Excel 2019 中，用户可以使用模板、快速访问工具栏和组合键 3 种方式来创建工作簿。

（1）使用模板

选择“文件”→“新建”选项，在打开的“可用模板”列表中选择“空白工作簿”选项即可，如图 7-3 所示。

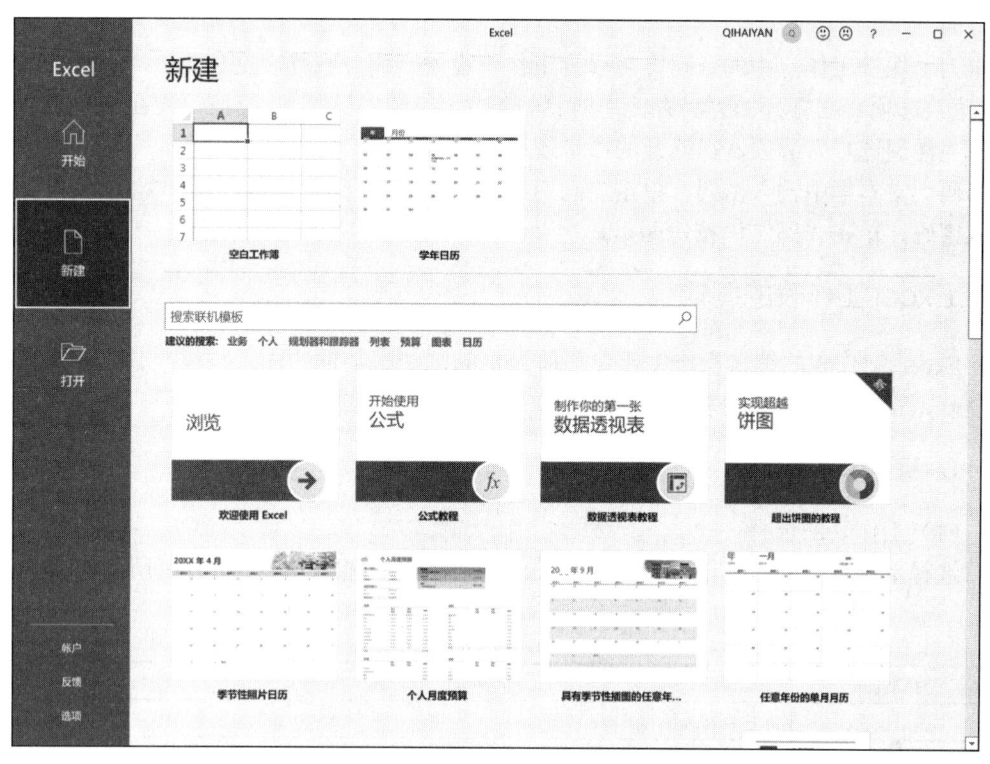

图 7-3　“新建工作簿”窗口

（2）使用快速访问工具栏

在快速访问工具栏的下拉列表中选择“新建”选项，单击快速访问工具栏中的“新建”按钮，即可创建一个新的工作簿。

（3）使用组合键

按 Ctrl+N 组合键，可以快速创建空白工作簿。

2. 保存工作簿

在 Excel 2019 中，保存工作簿的方法可分为手动保存和自动保存两种。

（1）手动保存

选择“文件”→“保存”选项或者单击快速访问工具栏中的“保存”按钮，在打开的“另存为”对话框中，设置文件要保存的位置与名称，选择“保存类型”下拉列表中相应的选项，单击“保存”按钮即可。用户也可以按 Ctrl+S 组合键或者 F12 键，打开“另存为”对话框，完成保存。

（2）自动保存

选择“文件”→“选项”选项，在打开的“Excel 选项”对话框的左侧窗格中选择

“保存”选项，在右侧窗格的“保存工作簿”区域进行相应的设置，单击“确定”按钮，完成保存。

3. 加密工作簿

为了保护工作簿中的数据，可以为工作簿设置密码。选择“文件”→“另存为”→“浏览”选项，在打开的“另存为”对话框中，单击“工具”下拉按钮，在下拉列表中选择“常规选项”选项，在打开的“常规选项”对话框的“打开权限密码”与“修改权限密码”文本框中输入密码，单击“确定”按钮，在打开的“确认密码”对话框中重新输入密码，单击“确定”按钮即可。

二、Excel 工作表的编辑

Excel 工作表的编辑操作主要包括单元格的选中、数据的输入与修改、工作表移动与复制、查找与替换等内容。

1. 操作工作表

（1）工作表的选择

选择是进行任何操作的前提，在 Excel 中工作表的选择方式如表 7-1 所示。

表 7-1 工作表的选择方式

选择项目	方式
单张工作表	单击所需选择的工作表标签
多张相邻的工作表	先单击第一张工作表标签，再按住 Shift 键单击要选择的最后一张工作表标签
多张不相邻的工作表	先单击第一张工作表标签，再按住 Ctrl 键单击每张需要选择的工作表标签
所有工作表	右击任意一张工作表标签，在打开的快捷菜单中选择“选定全部工作表”选项

（2）工作表的更名

可以双击要更名的工作表标签，输入新的工作表名；也可以右击要更名的工作表标签，在打开的快捷菜单中选择“重命名”选项，并输入新工作表名。

（3）工作表的插入

工作簿中可以包含多张工作表，在工作簿中插入工作表，可以单击“开始”选项卡“单元格”选项组中的“插入”下拉按钮，在下拉列表中选择“插入工作表”选项，在当前工作表前插入一张新的工作表；也可以在工作表标签栏中单击“新工作表”按钮⊕，完成新工作表的插入。

（4）工作表的删除

如果一张工作表已失去存在的必要，则用户可以删除工作表。删除工作表，可以单击“开始”选项卡“单元格”选项组中的“删除”下拉按钮，在下拉列表中选择“删除工作表”选项；也可以右击要删除的工作表标签，在打开的快捷菜单中选择“删除”选项。

（5）工作表的移动或复制

在实际使用过程中，用户需要经常对工作表进行移动、复制操作。工作表的移动或复制有以下几种方法。

1）选中要移动的工作表，将其直接拖动至相应位置后松开，即可完成工作表的移动操作；若要复制工作表，则在采用以上操作的同时按住 Ctrl 键即可。

2）在工作表标签栏，右击某一张工作表标签，在打开的快捷菜单中选择“移动或复制工作表”选项，在“移动或复制工作表”对话框中，选择移动到某个工作簿的某张工作表前，如果是复制操作，则必须选中“建立副本”复选框，最后单击“确定”按钮。

3）单击“开始”选项卡“单元格”选项组中的“格式”下拉按钮，在下拉列表中选择“移动或复制工作表”选项，接下来的操作与方法 2）相同。

2. 输入数据

（1）单元格的选择

在 Excel 中，选中操作是任何操作的前提条件，工作表中的基本元素是单元格，在此我们先来介绍单元格的选择，具体操作方法如表 7-2 所示。

表 7-2　单元格的选择

选择项目	方法
一个单元格	单击要选择的单元格；或在名称框中输入单元格地址后按 Enter 键；或使用键盘上的光标移动键选中单元格
矩形区域	选择矩形区域左上角的单元格，然后沿对角线拖动鼠标；或选择矩形区域左上角的单元格，然后按住 Shift 键单击矩形区域右下角单元格；或在名称框中输入矩形区域的地址，按 Enter 键
多个不相邻单元格	先选中第一个单元格，再按住 Ctrl 键并单击其他要选择的单元格
一行或一列	直接单击行号或列标
相邻的行或列	单击第一个行号或列标后，拖动鼠标至最后一行或列；或单击第一个行号或列标后，按住 Shift 键单击最后一行行号或列标
不相邻的行或列	单击第一个行号或列标后，按住 Ctrl 键分别单击其他要选择的行号或列标

（2）工作表中数据的录入

Excel 工作表中数据的录入方法可以分为人工录入和网络采集两种。

1）人工录入。在单元格中可以存储数字、文本、日期、时间、图形、公式等数据，同时可以通过数据验证来限制录入数据的格式。横向录入数据，按 Tab 键，活动单元格会向右移动；纵向录入数据，按 Enter 键，活动单元格会向下移动。以下从不同数据类型角度出发介绍数据输入中的关键点。

① 数值数据。数字（0～9）及数字与特殊字符［+　（）　%　$］等组成的字符串可被看作数值数据。若未对单元格做特殊设定，则在其中输入的数字为数值常量。输入时需要注意以下几点。

a．当数值的整数位数超过 11 位时，系统将按科学记数法显示数字。例如，123456789012345，单元格内显示 1.23457E+14。当单元格宽度小于 5 而内部数据过长时，单元格内用“#”号填满。在 Excel 单元格中保存数值型数据时，最多保留 15 位数字。

b．输入正数可省略“+”，负数可用“-”或“()”表示；输入分数时，可在分数前加 0 和空格，如输入“0 1/4”表示 1/4。

c．可加入逗号作为数值分节号，如 7,234；数字中单个的“.”被系统认作小数点。

数值数据在单元格中默认为右对齐。单击“开始”选项卡“单元格”选项组中的“格式”下拉按钮，在下拉列表中选择“设置单元格格式”选项，在打开的“设置单元格格式”对话框中可对“数值”格式进行专门的设置。

② 文本数据。这里所说的文本包括字符文本和数字文本，要特别说明以下两种情况。

a．同一单元格中多行信息的输入。在同一单元格中输入多行信息，若对象是少量单元格，则可采取手动方法实现，即在输入过程中须换行时，直接按 Alt+Enter 组合键，然后继续输入；若对象是大量单元格，则可采取设置格式的方法实现，即右击对象单元格，在打开的快捷菜单中选择“设置单元格格式”选项，打开“设置单元格格式”对话框，选择“对齐”选项卡，选中“自动换行”复选框，单击“确定”按钮。

b．数字文本的输入。在 Excel 中输入的普通数字被认为是数值，默认为右对齐。在某些情况下，我们需要将数值作为文本处理，如学号 001、002 或身份证号等。先输入英文单引号“'”，再输入数字；也可以先设置需要输入数字区域的单元格格式为文本格式，即单击“开始”选项卡“单元格”选项组中的“格式”下拉按钮，在下拉列表中选择“设置单元格格式”选项，在打开的“设置单元格格式”对话框“数字”选项卡的“分类”列表中选择“文本”选项，单击“确定”按钮后，再输入数字，则该数字为数字文本，采用文本的左对齐方式。

如要输入学号 001、002…这样有规律的数据，则无须依次输入，可以拖动填充柄来实现。

③ 日期、时间数据。日期输入分隔符只能用“-”或者“/”，如果要快速输入当前日期，则可以按 Ctrl+;组合键；要快速录入当前时间，可按 Ctrl+Shift+;组合键。日期数据的格式有“年-月-日”“月/日/年”等；时间数据格式有“时：分：秒 am | pm”“时：分：秒 上午 | 下午”等。用户可以选择“设置单元格格式”选项，打开“设置单元格格式”对话框，设置日期和时间的表示方式。

④ 特殊符号。输入数据时，经常需要输入各种符号，有的符号可以直接从键盘输入，有的符号需要在“符号”对话框中输入。单击“插入”选项卡“符号”选项组中的“符号”按钮，在打开的“符号”对话框中，选择字体下拉列表中的“Wingdings”选项，即可显示出特殊符号，选择符号后单击“插入”按钮即可。

⑤ 批注。可在 Excel 工作表中为一些重要的单元格添加批注。选中目标单元格，单击“审阅”选项卡“批注”选项组中的“新建批注”按钮，此时在该单元格旁边出现一个批注方框，同时在该单元格右上角出现一个红色标记，在批注方框中输入批注文本后，在批注方框外任意位置单击即可。

⑥ 填充。为了提高录入数据的速度与准确性，用户可以利用 Excel 提供的自动填充功能实现数据的快速录入。具体方法如下。

a．填充柄填充。填充柄是位于选中区域右下角的方形点。当鼠标指针移动到填充柄上面时，会变成细黑十字形“+”。在编辑工作簿时，当整行或整列需要输入相同的数据时，可以利用填充柄来填充相邻单元格中的数据。使用填充柄还可以填充有规律性的数据，并且可以向下、向上、向左、向右填充数据。

利用填充柄填充数据后，在单元格的右下角会出现“自动填充选项”下拉按钮，单击该下拉按钮，在下拉列表中可以选择相应的选项。各选项的功能具体如下。

- 复制单元格：选择该选项表示复制单元格中的全部内容，包括单元格数据及格式等。
- 填充序列：选择该选项表示按顺序等差序列填充单元格中的内容。
- 仅填充格式：选择该选项表示只填充单元格的格式。
- 不带格式填充：选择该选项表示只填充单元格中的数据，不复制单元格的格式。
- 快速填充：选择该选项表示输入相同的和有规律的数据，可以是数值，也可以是文本，也可按 Ctrl+E 组合键实现该功能。

b．“填充”命令。在 Excel 2019 中，用户不仅可以利用填充柄实现自动填充，还可以利用填充选项实现多方位的填充。选择需要填充的单元格或单元格区域，单击“开始”选项卡“编辑”选项组中的“填充”按钮，在下拉列表中选择相应的选项。各选项的功能如下。

- 向下：选择该选项表示向下填充数据。
- 向右：选择该选项表示向右填充数据。
- 向上：选择该选项表示向上填充数据。
- 向左。选择该选项表示向左填充数据。
- 至同组工作表：选择该选项可以在不同的工作表中填充数据。
- 序列：选择该选项可以在打开的“序列”对话框中，控制填充的序列类型和步长值等，如图 7-4 所示。

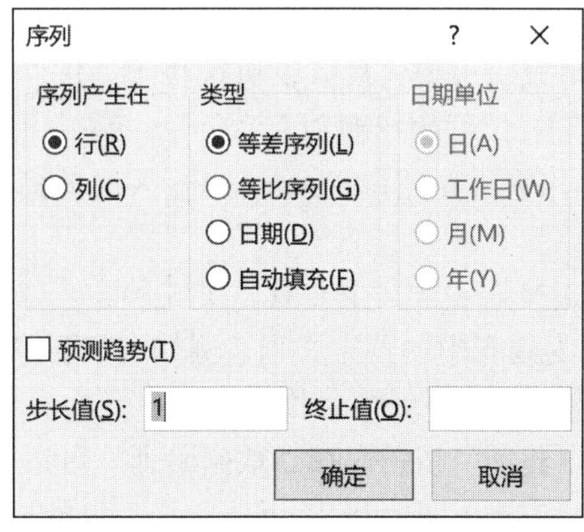

图 7-4　“序列”对话框

- 内容重排：选择该选项可以将一个单元格的内容按照设定的列宽向下分配到多个单元格中，还可以将多个单元格的内容按列宽重新合并到一个或多个单元格。
- 快速填充：与填充柄中该选项功能相同，是非常有用的文本处理工具，能够快速提取字符串、拆分多列、合并文本等。

c．定位填充。通过条件定位到相应单元格或者选中相应的单元格后，输入数据或者公式，按 Ctrl+Enter 组合键进行一次性统一处理，极大地提高数据处理效率。

⑦ 数据验证。数据验证用于限定在单元格中输入的数据，可以通过配置数据格式来防止用户输入无效数据。同时该功能还可以提供消息，以定义用户期望在单元格内输入的内容，以及帮助其更正错误的说明。

单击“数据”选项卡“数据工具”选项组中的“数据验证”下拉按钮，在下拉列表中选择“数据验证”选项，或直接单击“数据验证”按钮，在打开的“数据验证”对话框中，完成数据有效性设置，如图 7-5 所示。

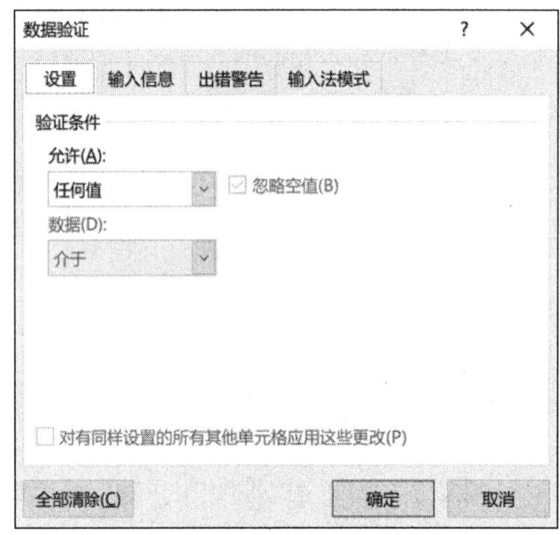

图 7-5 “数据验证”对话框

若数据输入错误，则会有“出错警告”。该警告信息可在“数据验证”对话框的“出错警告”选项卡中设置，可以设置警告样式，可选择“停止”“警告”“信息”选项；同时还可以设置“出错警告”对话框的标题和内容。

“输入信息”选项卡是用来设置用户提示的，“输入法模式”可以用来设置是否打开中文输入法。

数据验证条件设置方式灵活多样，主要有以下 5 种。

a．列表。将数据限制为列表中的预定义项。例如，若要将“班级名称”限制为“一班”“二班”“三班”，就选择要填写班级名称的所有单元格，单击“数据”选项卡“数据工具”选项组中的“数据验证”按钮，在“数据验证”对话框中选择验证条件为允许“序列”，在“来源”文本框中输入“一班,二班,三班”，中间的间隔符是英文标点符号，如图 7-6 所示。设置完成后，单击“确定”按钮。选中单元格，在右边出现一个下拉箭头，单击该箭头会出现下拉列表，在下拉列表中选择相应的选项，进行单元格内容的输入。

自定义序列的数据可以来自工作表中其他位置，只要先将列表内容输入到表格中，再在“数据验证”对话框“设置”选择卡的“来源”文本框中引用该列表所在的单元格区域即可。

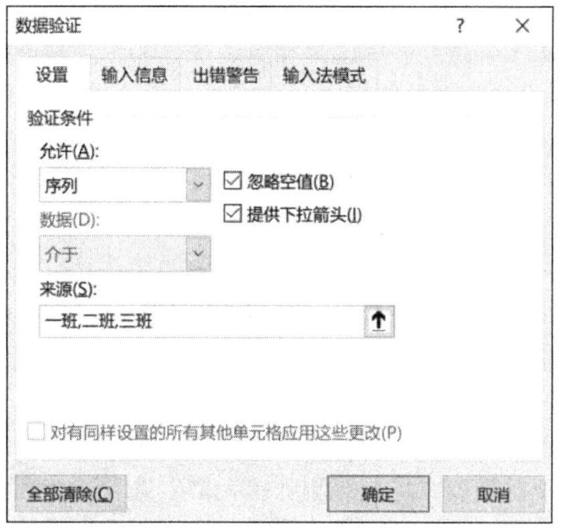

图 7-6　自定义“序列”设置

b．将数字限制在指定范围内。在“数据验证”对话框中，选择数据验证条件允许“整数”选项（也可以是“小数”选项），填入具体数值或者运算公式，单击“确定”按钮即可。

c．将日期/时间限制在指定范围内。在“数据验证”对话框中，选择验证条件允许“日期”/“时间”选项，输入日期/时间，单击“确定”按钮即可。

d．限制文本字符数。在“数据验证”对话框中，选择验证条件允许“文本长度”选项，输入长度要求，单击“确定”按钮，设置文本的长度。

e．利用数据验证功能进行数据检查，将无效数据圈释。当数据输入完毕后，用户可以用数据验证来进行数据检查。将数据清单中的数据进行数据验证设置后，选中数据，单击“数据”选项卡“数据工具”选项组中的“数据验证”下拉按钮，在打开的下拉列表中选择“圈释无效数据”选项，将不符合要求的数据圈定。如果要取消数据圈释，则选择“数据验证”下拉列表中的“清除验证标识圈”选项即可。

2）网络采集。Excel 除了从本地输入数据，还可以从外部获取数据，其中应用比较多的是从网络自动获取数据，这种方式不仅便捷，还可以保证数据实时更新。

单击“数据”选项卡“获取和转换数据”选项组中的“自网站”按钮，在打开的“从 Web”对话框中输入要抓取数据的网站网址，单击“确定”按钮，等待数据加载，在打开的“导航器”对话框中，选择要导入的表格数据，单击“加载”按钮即可生成一张超级表，利用该表可以直接对数据进行统计分析。对于不会编程的新手而言，Excel 这一功能的优点是简单、易上手，缺点是只能获取网页上表格化的数据。

（3）数据的清除和删除

对选中的单元格、矩形区、行或列可以进行清除和删除操作，但是这两种操作有本质的区别。清除操作只是清除单元格中的信息，不删除单元格本身；而删除操作是在删除信息的同时将单元格本身一并删除。

1）清除操作。选中须清除区域的单元格，单击“开始”选项卡“编辑”选项组中的“清除”下拉按钮，在下拉列表中选择相应选项。各选项功能如下。

① 全部清除。清除选中对象所有内容和格式，包括批注和超链接。

② 清除格式。只删除选中对象的格式，不删除内容和批注。

③ 清除内容。删除选中对象内容，不影响单元格格式，也不删除批注。

④ 清除批注。只删除选中对象的批注。

⑤ 清除超链接（不含格式）。只删除选中对象的超链接。

所谓的清除操作是指清除选中对象的内容，而清除内容的另一种更为便捷的操作方式就是选定对象后直接按 Delete 键。

2）删除操作。

① 删除单元格。选中须删除的单元格，单击“开始”选项卡“单元格”选项组中的“删除”按钮，在下拉列表中选择“删除单元格”选项，打开“删除文档”对话框，根据需要进行选择后单击“确定”按钮。在此对话框中也可删除整行或整列。

② 删除行（列）。选中需要删除的行（列），单击“开始”选项卡“单元格”选项组中的“删除”按钮，在下拉列表中选择“删除工作表行（列）”选项。

（4）查找和替换

查找和替换是编辑工作表中最常用的操作之一，使用查找和替换可迅速在表格中定位查找的内容，并根据需要对其进行修改或替换。鉴于此操作与 Word 类似，在此不多做介绍。

（5）分列

分列是用于批量化数据整理的工具，可以快速将工作表中的一列拆分成多列。可以按分隔符拆分工作表，也可以按固定宽度拆分工作表，实现对文本的批量拆分、提取和转换格式。

（6）操作的撤消与恢复

恢复与撤消在编辑工作表中是很实用的两项操作，单击快速访问工具栏中的“撤消”按钮或按 Ctrl+Z 组合键，可连续逐次撤消前面的操作。恢复操作与撤消操作类似。

3. 格式化工作表

格式化工作表后，便于阅读表格数据。

（1）改变行高和列宽

新建工作表后，行高和列宽都是一致的，用户可根据需要进行调整，调整行高和列宽可以将鼠标指向须调整行或列的分割线处，此时鼠标变为左右箭头形状，可拖动进行调整；也可以选中须调整的行或列，单击“开始”选项卡“单元格”选项组中的“格式”下拉按钮，在下拉列表中选择“行高”（或“列宽”）选项，在打开的对话框中进行精确调整。如果用户希望行高或列宽与单元格的内容相适应，则可单击“开始”选项卡“单元格”选项组中的“格式”按钮，在下拉列表中选择“自动调整行高”（或“自动调整列宽”）选项即可。

（2）设置数据格式

用户设置数据格式时，可单击“开始”选项卡“单元格”选项组中的“格式”下拉按钮，在下拉列表中选择“设置单元格格式”选项；或右击单元格，在打开的快捷菜单中选择“设置单元格格式”选项，打开“设置单元格格式”对话框，如图 7-7 所示。在该对话框中可以设置单元格的数据格式、对齐格式、字体、边框、图案等。鉴于字体、边框、图案的设置与 Word 类似，以下着重介绍“数字”选项卡和“对齐”选项卡。

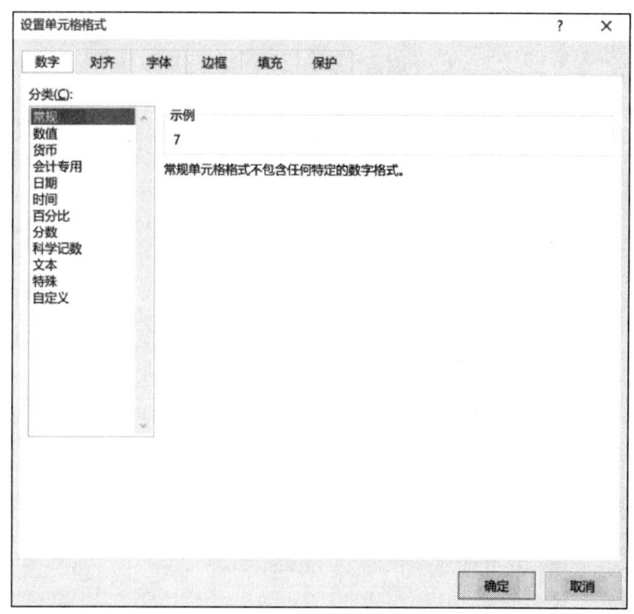

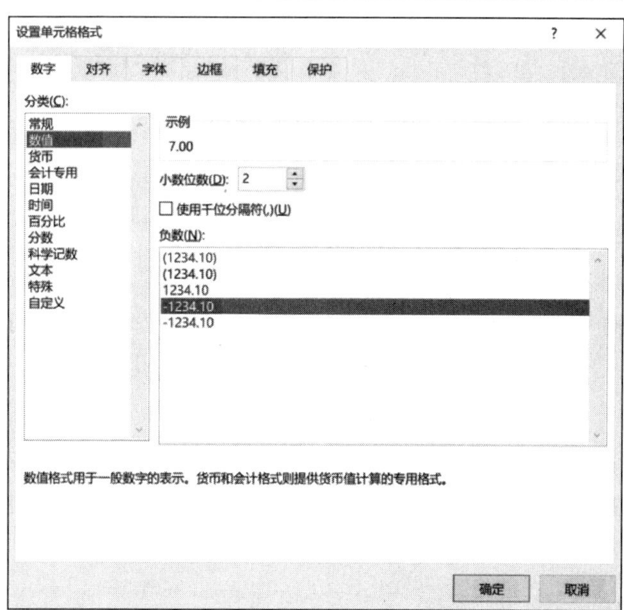

图 7-7　“设置单元格格式”对话框及常规数值格式设置

1）设置数字格式。设置数据格式时，使用“数字”选项卡，单元格默认的数据格式是“常规”格式，“常规”格式不包含任何特定的数字格式。

① 数值格式。在“设置单元格格式”对话框的“分类”窗格中选择“数值”选项，在右侧窗格中设置小数位数、负数表示方法等。例如，用户对某单元格设置了小数位数为 3 位，当输入的数据为 2563.3658 时，在 Excel 中将显示 2563.366。

② 货币格式。在“设置单元格格式”对话框的“分类”窗格中选择“货币”选项，如图 7-8 所示，在右侧窗格中可以设置小数位数、货币符号和负数表示方法等。例如，数字前可加美元符“$”或人民币符“¥”。

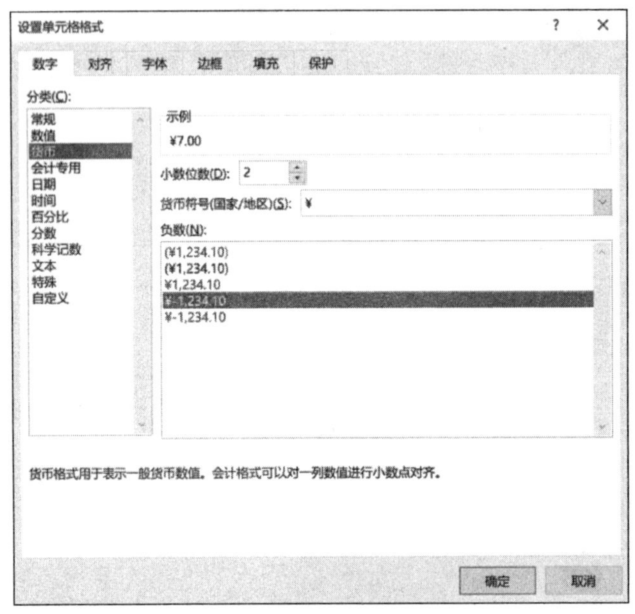

图 7-8 货币格式设置

③ 日期、时间和分数格式。在“设置单元格格式”对话框的“分类”窗格中选择“日期”选项，如图 7-9 所示，在右侧窗格中可以设置日期的显示类型。时间和分数格式的设置与日期类似。

2）设置文本对齐方式。在 Excel 中默认的对齐方式为在水平方向，文字左对齐，数值和日期右对齐；在垂直方向，文字和数值均靠下对齐。用户可根据需要重新设置水平或垂直对齐方式。

① 利用“对齐方式”选项组进行设置。选中单元格区域，单击“开始”选项卡“对齐方式”选项组中的“左对齐”“居中”“右对齐”“合并后居中”按钮，如图 7-10 所示，可设置对齐格式。

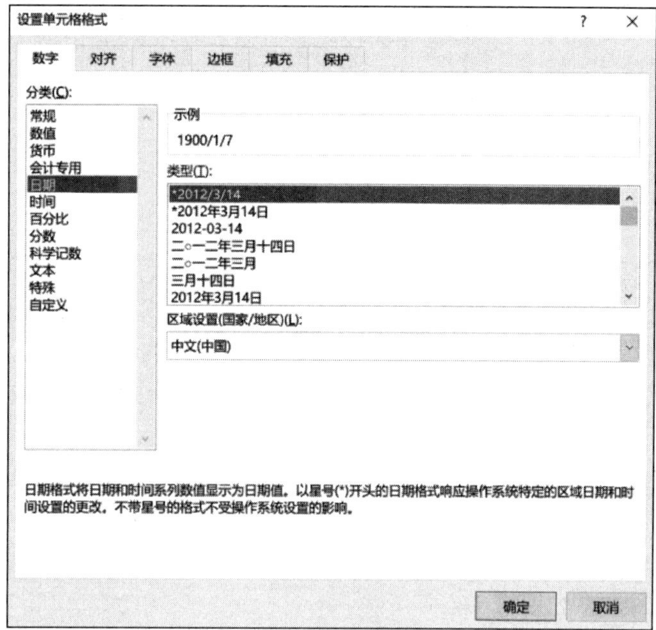

（a）日期格式设置

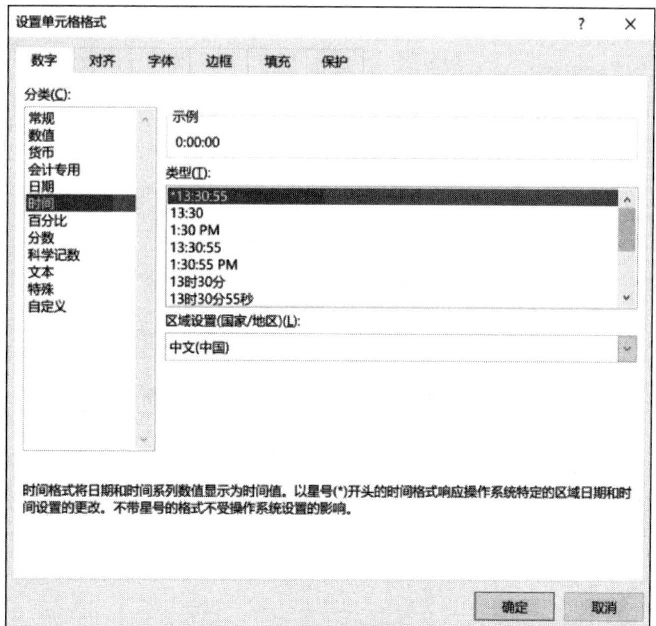

（b）时间格式设置

图 7-9　日期和时间格式设置

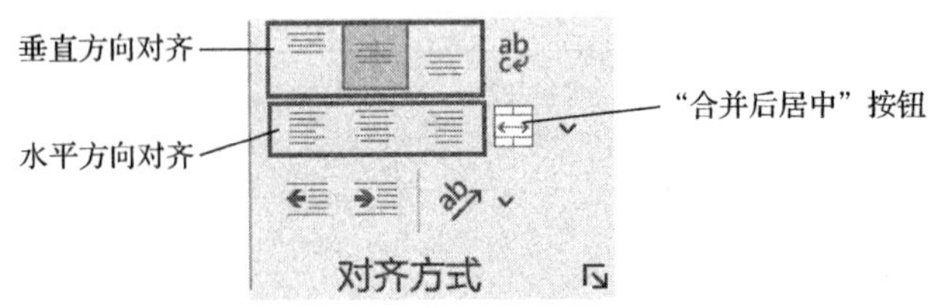

图 7-10 “对齐方式”选项组

② 使用菜单选项进行设置。选中单元格后，单击“开始”选项卡“单元格”选项组中的“格式”按钮，在下拉列表中选择“设置单元格格式”选项；或右击单元格，在打开的快捷菜单中选择“设置单元格格式”选项，在打开的“设置单元格格式”对话框中选择“对齐”选项卡，如图 7-11 所示。用户可根据需要进行对齐格式的设置。

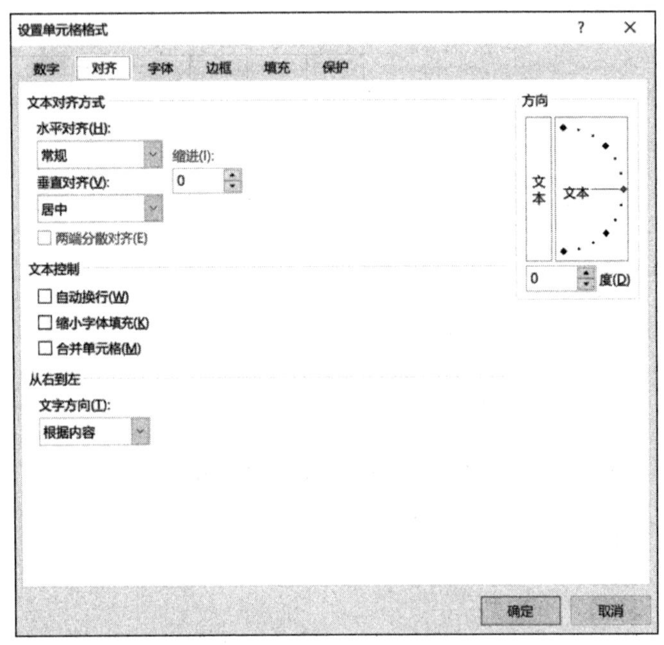

图 7-11 “设置单元格格式”对话框之“对齐”选项卡

3）设置字体、边框和底纹。在 Excel 2019 中，可在“设置单元格格式”对话框中选择“字体”“边框”“填充”选项卡进行字体、边框和底纹的设置，其操作过程与 Word 中的相应操作方法相似。

4. 保护工作表

Excel 的另一个主要功能是对数据的安全管理，即对单元格、工作表和工作簿的保护，主要包括锁定与隐藏选中区域、工作表的隐藏与撤消、工作表的保护与撤消及工作簿保护与撤消等。

（1）锁定和隐藏选中区域

锁定是对数据而言的，被锁定的数据成为只读型数据。隐藏是对公式而言的，被隐藏的公式无论是在单元格中还是在编辑栏内，都不会显示。选中要保护的单元格或单元格区域，打开“设置单元格格式”对话框，在该对话框中选择“保护”选项卡，选中“锁定”或“隐藏”复选框，即可对对象进行保护。

（2）工作表的隐藏与撤消

1）隐藏工作表。选中需要隐藏的工作表，单击“开始”选项卡“单元格”选项组中的“格式”下拉按钮，在下拉列表中选择“隐藏和取消隐藏”→“隐藏工作表”选项，被隐藏的工作表标签就会从标签栏上消失。

2）撤消隐藏工作表。单击“开始”选项卡“单元格”选项组中的“格式”下拉按钮，在下拉列表中选择“隐藏和取消隐藏”→“取消隐藏工作表”选项，在“取消隐藏”对话框中选中要重新显示的工作表即可。

（3）工作表的保护与撤消

保护工作表是指设置对单张工作表的访问权限。切换到要保护的工作表，单击“审阅”选项卡“保护”选项组中的“保护工作表”按钮，在打开的“保护工作表”对话框中选择要保护的项目。用户还可以在该对话框中设置密码，完成设置后单击“确定”按钮即可。

撤消工作表保护。切换到已经被保护的工作表，单击“审阅”选项卡“保护”选项组中的“撤消保护工作表”按钮即可。

（4）工作簿的保护与撤消

保护工作簿是指设置对工作簿的访问权限，其保护与撤消保护的方式与工作表类似。

5. 打印工作表

呈现 Excel 工作表中的数据结果，经常需要对其进行打印。在打印之前往往需要做一些准备工作，如设置页面、设置打印区域和顺序等。

（1）设置页面

页面设置功能用于设置工作表的打印输出版面，可以设置打印的页面、选择输出数据到打印机、打印机中的打印格式及文件格式等。页面设置相关按钮位于“页面布局”选项卡“页面设置”选项组中，如图 7-12 所示。单击“页面布局”选项卡中的“页面设置”对话框启动器，打开“页面设置”对话框，可分别对页面、页边距、页眉/页脚、工作表进行设置。具体设置操作如下。

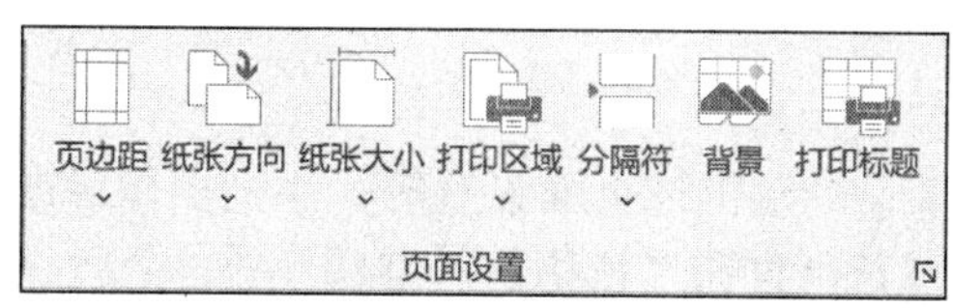

图 7-12　“页面布局”选项卡“页面设置”选项组

1）设置纸张方向。在实际工作中，对多数文档是按照默认的“纵向”方向打印的。单击“页面布局”选项卡“页面设置”选项组中的“纸张方向”下拉按钮，在打开的下拉列表中提供了“纵向”和“横向”两个选项。用户可以根据实际需要选择纸张方向。

2）设置纸张大小。打印纸的规格也有很多种，用户可以根据电子表格的实际大小选择适合的纸张。同样，设置纸张的大小也有两种方法，即使用功能区设置和使用对话框设置。功能区设置，即在页面“布局”选项卡“页面设置”选项组中单击“纸张大小”下拉按钮，在打开的下拉列表中选择需要的纸张大小规格；对话框设置，即在“页面布局”选项卡“页面设置”选项组中单击对话框启动器，在打开的“页面设置”对话框中选择“纸张”选项卡，在“纸张大小”下拉列表中选择需要的纸张大小规格，单击“确定”按钮。

3）设置页边距。页边距，就是页面边框距离打印内容的距离。用户可以根据文档的装订需求、视觉美观效果等设置适当的页边距。在 Excel 中，既可以单击“页面布局”选项卡“页面设置”选项组中的“页边距”下拉按钮，在下拉列表中选择适当的页边距，也可以自定义页边距。自定义页边距时，单击“页面设置”对话框启动器，在“页面设置”对话框“页边距”选项卡中选中“水平居中”或“垂直居中”复选框，设置打印内容在打印页上的对齐方式。

4）设置页眉/页脚。在“页面设置”对话框的“页眉/页脚”选项卡中，可以设置页眉和页脚。

（2）打印区域和顺序

1）设置打印区域。系统默认的打印范围是全部工作表的内容，如果用户要打印部分内容，就需要设置打印范围。在工作表中拖动鼠标选中要打印的单元格区域，然后单击“页面布局”选项卡“页面设置”选项组中的“打印区域”下拉按钮，在下拉列表中选择“设置打印区域”选项即可。

取消打印区域。单击“页面布局”选项卡“页面设置”选项组中的“打印区域”下拉按钮，在下拉列表中选择“取消打印区域”选项即可。

2）设置打印顺序。用户自行设置打印文档时，可以设置是先打印列，还是先打印行。打开“页面设置”对话框，选择“工作表”选项卡，在“打印顺序”区域内选择需要的打印顺序，单击“确定”按钮即可。

3）设置打印标题。当一个表格无法在一页完全打印出来时，转至后面打印的几页若没有表格标题和列名称，则可读性非常差。在“页面布局”选项卡“页面设置”选项组中单击“打印标题”按钮，在打开的“页面设置”对话框中，选择希望在每页重复出现的行，单击“确定”按钮即可。

（3）打印

对于要打印的工作表，经过上述页面设置等一系列操作后即可进行打印。选择“文件”→“打印”选项，打开“打印”窗格。与打印 Word 文档一样，用户可以在此窗格中设置打印机、打印范围和打印份数等，同时该窗格中会自动显示打印预览效果。设置完成后，单击“打印”按钮即可。

任务实施——设计员工信息表

设计和制作 Excel 工作表时，首先，要尽量避免出现数据错误，便于将数据用于统计分析；其次，要让别人能一目了然地看懂表格，能读懂数据所要表达的意思；最后，设计的表格要便于自己进行复盘。

1. 新建工作簿

启动 Excel 2019，选择“文件”→“新建”选项，在右侧窗格中单击“空白工作簿”按钮，即可创建一个新的工作簿，将文件保存为“员工信息表.xlsx”。

在工作簿中默认有一张 Sheet1 工作表，右击 Sheet1 工作表标签，在打开的快捷菜单中选择“重命名”选项，将 Sheet1 工作表重命名为“员工信息 2022”，如图 7-13 所示。

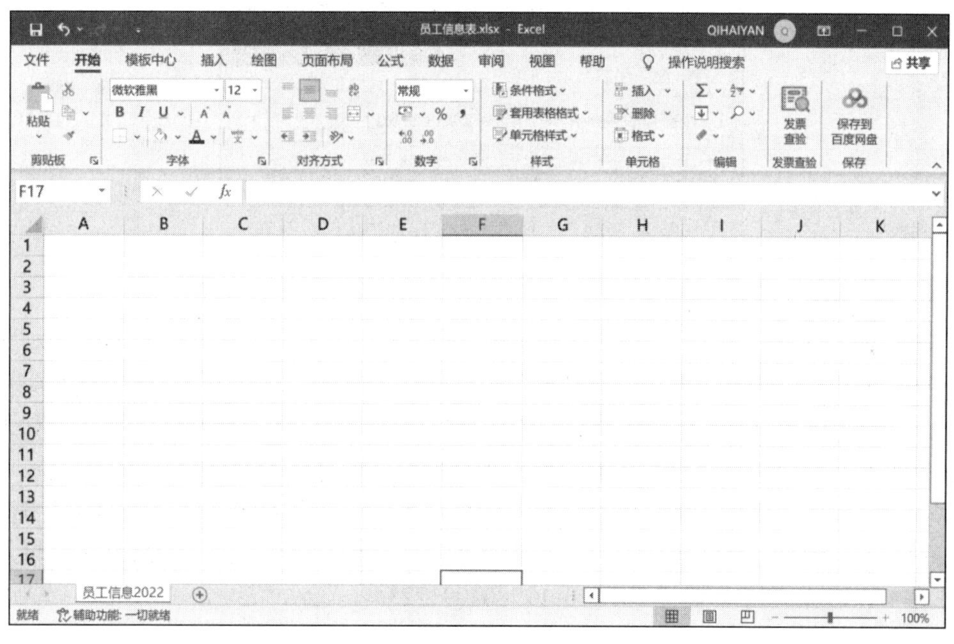

图 7-13　新建工作簿

2. 录入数据

在录入工作表时，首行和首列需要保持空白，避免出现边框忘记设置的问题。有时在进行数据清洗时，需要用到辅助列，此时空行或空列就很有用了。因此，表格输入从 B2 单元格开始，在 B2 单元格内输入“八匹马贸易有限公司员工信息表”，如图 7-1 所示。

（1）人工输入

双击 B3 单元格，输入“工号”后，按 Tab 键，使活动单元格向右移动，在 C3 单元格中输入“姓名”，按 Tab 键，依次输入“性别”“学历”“部门”“职位”“参加工作时间”“身份证号”后，按 Enter 键，使活动单元格移动到下一行（B4 单元格），按照图 7-1

所示输入其余内容。

（2）数据验证

选中 F4:F17 单元格，单击“数据”选项卡“数据工具”选项组中的“数据验证”下拉按钮，在下拉列表中选择“数据验证”选项，在打开的“数据验证”对话框中，进行数据序列设置，如图 7-14 所示。

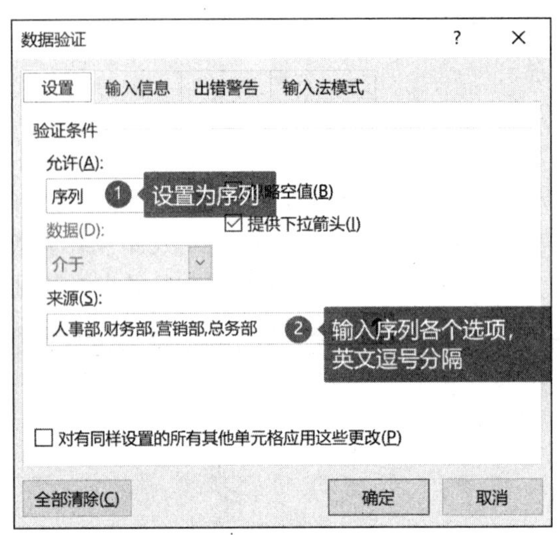

图 7-14　数据验证条件设置

（3）根据数据类型进行输入

单击“开始”选项卡“编辑”选项组中的“查找和选择”下拉按钮，在下拉列表中选择“查找”选项，在打开的“查找和替换”对话框中输入“方舟”，即找到对应记录所在行；单击“开始”选项卡“单元格”选项组中的“插入”下拉按钮，在下拉列表中选择“插入工作表行”选项，在 B6 单元格中输入文本数字“10003”，在 C6～E6 单元格中分别输入“方苗苗”“女”“本科”，在 F6 单元格下拉菜单中选择“人事部”选项，在 G6 单元格中输入“职员”，在 H6 单元格中输入当前日期，按 Ctrl+;组合键来输入当前日期，在 I6 单元格中输入“430101199804091223”。

3. 数据整理

选中 F 列，单击“开始”选项卡“单元格”选项组中的“插入”下拉按钮，在下拉列表中选择“插入工作表列”选项，在 F3 单元格中输入“学位”。利用填充柄将 E4:E18 单元格的内容复制到 F4:F18。

将 E 列所有“硕士”和“博士”替换为“研究生”。选中 E4:E18 单元格，按 Ctrl+H 组合键，快速打开“替换”对话框，查找内容包括“硕士”和“博士”，因此输入查找的内容需要用到通配符。“?”表示一个字符，“*”表示若干字符，替换设置如图 7-15 所示，单击“全部替换”按钮即可。用同样的方法，可以将 F 列所有的“本科”替换为“学士”。

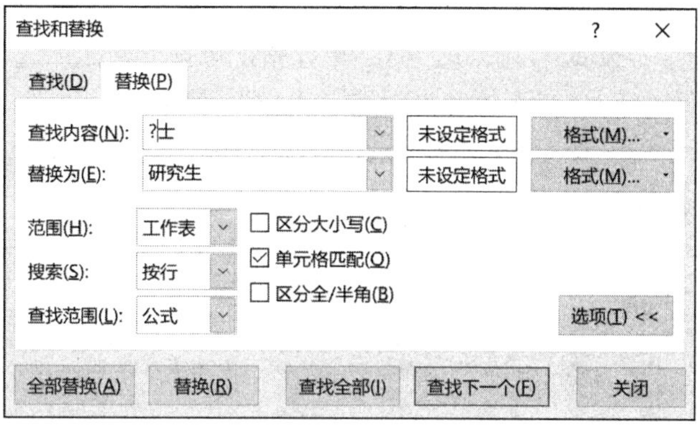

图 7-15　替换设置

选中 J 列中的 J4:J18 单元格，单击“数据”选项卡“数据工具”选项组中的“数据验证”按钮，在打开的“数据验证”对话框中，对数据长度进行验证，数据长度验证设置如图 7-16 所示，单击“确定”按钮即可。

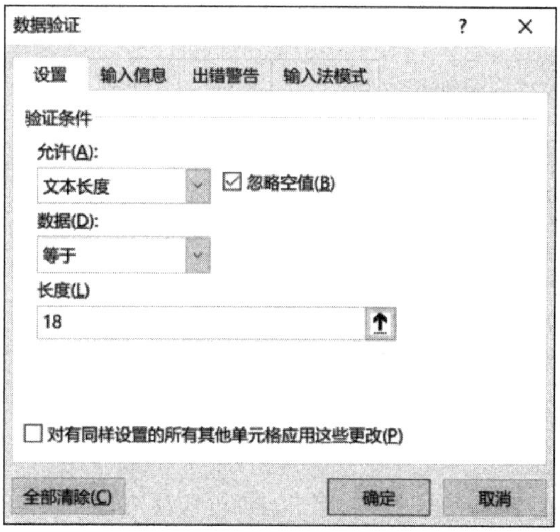

图 7-16　数据长度验证设置

单击“数据”选项卡“数据工具”选项组中的“数据验证”下拉按钮，在下拉列表中选择“圈释无效数据”选项，即可看到效果，如图 7-17 所示；选择“清除验证标识圈”选项即可取消圈释。找出无效数据后，需要和人事及本人再次核对数据信息，纠正信息，修改第 17 行身份证号为“450102199611181217”，并按 Ctrl+S 组合键，及时进行保存。

4. 格式设置

1）字体设置。员工信息表主要用于数据展示，因此该表采用系统自带的“微软雅黑”字体。如果常用的字体就是“微软雅黑”，且字号为 12，那么可以选择“文件”→“选项”选项，打开“Excel 选项”对话框，在左侧窗格选择“常规”选项，在右侧窗格中将“使用此字体作为默认字体”设置为“微软雅黑”，设置“字号”为 12，如图 7-18 所示。同时需要将表格标题字号设置为 16。选中 B2 单元格，单击“开始”选项卡“字体”选项组中的“字号”下拉按钮，在下拉列表中选择“16”选项即可。

	A	B	C	D	E	F	G	H	I	J
1										
2		八匹马贸易有限公司员工信息表								
3		工号	姓名	性别	学历	学位	部门	职位	参加工作时间	身份证号
4		10001	汪萍	女	本科	学士	人事部	部门经理	2009年2月5日	370202198702021823
5		10002	赵佳	男	研究生	硕士	人事部	职员	2004年7月3日	370205198008021713
6		10003	方苗苗	女	本科	学士	人事部	职员	2022年7月2日	430101199804091223
7		20001	方舟	男	本科	学士	财务部	职员	2016年7月6日	370303199212074219
8		20002	林丽	女	研究生	硕士	财务部	职员	2015年5月20日	440203198811121424
9		20003	王林涛	男	研究生	博士	财务部	部门经理	2013年8月1日	450103198304291517
10		20004	盛天明	男	研究生	硕士	财务部	职员	2013年12月7日	370103198605063516
11		30001	黄明	男	专科	专科	营销部	职员	2019年7月15日	440102199808032713
12		30002	张文亚	男	专科	专科	营销部	职员	2020年7月2日	370106199812234513
13		30003	鲁东东	男	研究生	硕士	营销部	职员	2018年4月17日	370301199212012617
14		30004	周韩宇	男	本科	学士	营销部	部门经理	2017年7月4日	450202199301181513
15		40001	沈静	女	研究生	硕士	总务部	部门经理	2015年7月30日	440202199006124226
16		40002	傅明森	女	本科	学士	总务部	职员	2018年7月14日	370301199409012524
17		40003	刘文瑞	男	本科	学士	总务部	职员	2020年7月5日	4501021996111812
18		40004	宋伊诺	女	研究生	硕士	总务部	职员	2021年4月30日	370103199612181122

图 7-17 圈释无效数据效果

图 7-18 默认字体字号设置

2）列设置。一般设置留白列的列宽宽度为 3，选中 A 列，单击“开始”选项卡“单元格”选项组中的“格式”下拉按钮，在下拉列表中选择“列宽”选项，在打开的“列宽”对话框的列宽文本框中输入“3”，单击“确定”按钮。

3）行设置。留白行的行高设置和其他行的行高保持一致。行高的设置与字号有关，一般行高在 18～20，最合适的行高为字号的 1.6 倍左右。这里的字号为 12，因此需要将行高设置为 19。选中第 1 行到第 18 行，单击“开始”选项卡“单元格”选项组中的“格式”下拉按钮，在下拉列表中选择“行高”选项，在打开的“行高”对话框的“行高”文本框中输入“19”，单击“确定”按钮。

4）对齐设置。在 Excel 中，所有的文字左对齐，所有的数值右对齐，因此为了让纵向排列的项一目了然，对应的列标题对齐方式和对应数据对齐方式应保持一致，同时这样容易发现数据输入的错误。可以明显看到 I3 单元格内容和 I 列数据没有对齐，日期格式是右对齐，选中 I3 单元格，单击“开始”选项卡“对齐方式”选项组的右对齐按钮。在 Excel 中，尽量不要采用合并单元格，因为合并单元格不利于后期进行数据计算和分析。为了让表格标题“八匹马贸易有限公司员工信息表”在整个数据表居中，可以选中 B2:J2 单元格区域，按 Ctrl+1 组合键，打开“设置单元格格式”对话框，选择“对齐”选项卡，将水平对齐方式设置为“跨列居中”，单击“确定”按钮即可，如图 7-19 所示。

图 7-19　设置单元格对齐方式

5）边框设置。在 Excel 表的初始设置中显示有“网格线”，如果添加了边框，特别是边框颜色比较浅时，则容易和网格线混淆。因此应尽量去掉多余的线，只添加边框。取消选中“视图”选项卡“显示”选项组中的“网格线”复选框，然后选择 B3:K18 单元格区域，为了美观，增加一列（K 列）作为装饰列，设置宽度为 3。单击“开始”选项卡“字体”选项组中“边框”下拉按钮，在下拉列表中选择“其他边框”选项，在“设置单元格格式”对话框中选择“边框”选项卡，将上下框线设置为粗线，将中间框线设置为虚线，单击“确定”按钮，如图 7-20 所示。

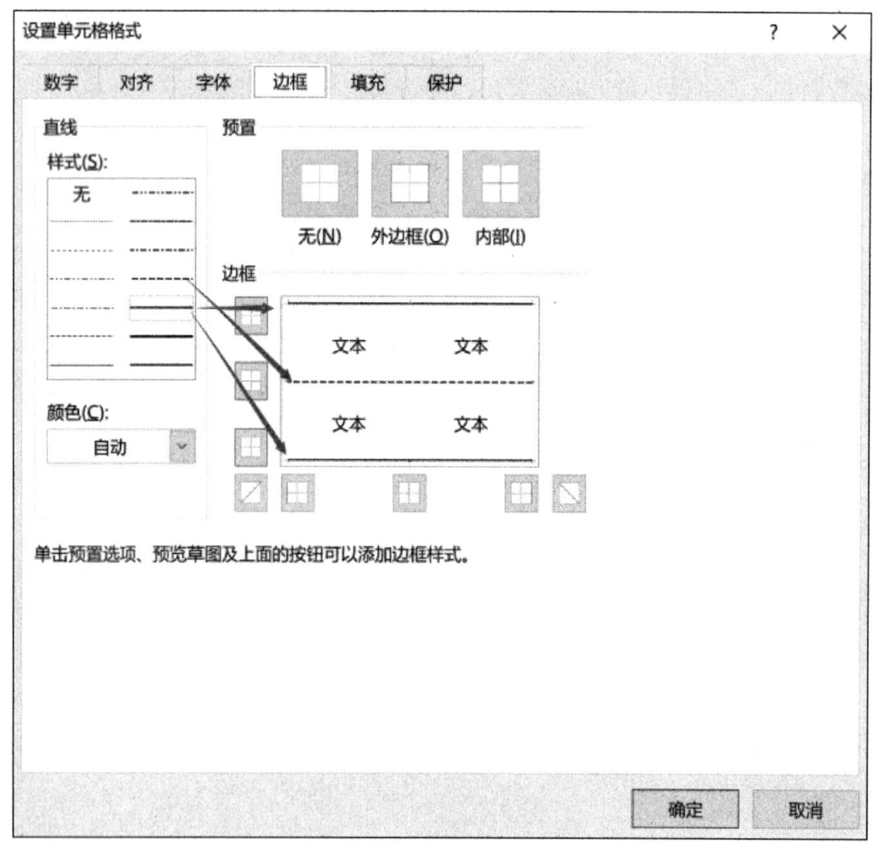

图 7-20　设置边框线

6）隔行显示。当工作表中出现的数据量比较大时，容易看错行，特别是在打印以后。如果可以隔行填充背景色，就更方便阅读了。实现方法有很多，可以通过超级表和条件格式来设置。最直观的办法是选中 B4:K4 单元格区域，单击“开始”选项卡“字体”选项组中的“填充颜色”下拉按钮，在下拉列表的“主题颜色”中选择“灰色，个性色 3，淡色 60%”选项。利用格式刷，对表格中偶数行填充同样的背景色。

5. 保护数据

一旦整理数据完成，就不能随意修改，因此需要对数据进行锁定，对工作表进行保护。

1）数据锁定。选中 B4:B18 单元格区域，单击“开始”选项卡“单元格”选项组中的“格式”下拉按钮，在下拉列表中选择“设置单元格格式”选项，打开“设置单元格格式”对话框，选择“保护”选项卡，选中“锁定”复选框，单击“确定”按钮。

2）工作表保护。锁定和隐藏功能只有在工作表被保护的前提下才起作用。单击“开始”选项卡“单元格”选项组中的“格式”下拉按钮，在下拉列表中选择“保护工作表”选项，在打开的“保护工作表”对话框中选中要保护项目对应的复选框，同时在该对话框中设置密码，最后单击“确定”按钮，如图 7-21 所示。此时 Excel 功能区中大部分用于编辑的功能按钮都为灰色，无法编辑。若要解除保护，则只需单击“开始”选项卡“单元格”选项组中的“格式”下拉按钮，在下拉列表中选择“撤消工作表保护”选项，在打开的“撤消工作表保护”对话框中输入之前设置的密码即可。

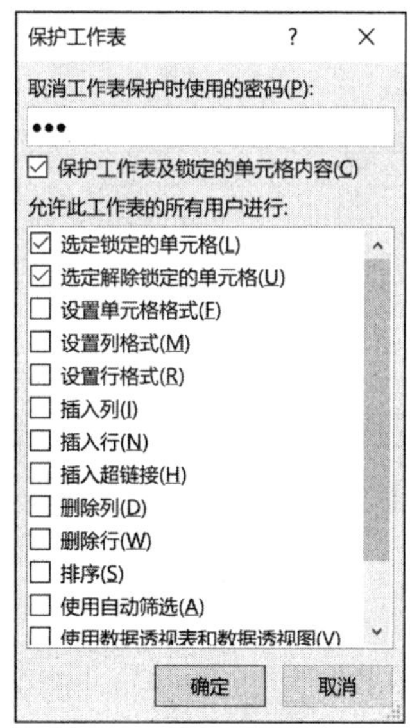

图 7-21　“保护工作表”对话框

6. 打印设置

1）设置打印区域。选中 B2:K18 单元格区域，单击“页面布局”选项卡“页面设置”选项组中“打印区域”下拉按钮，在下拉列表中选择“设置打印区域”选项。

2）设置纸张方向。由于人员信息量比较大，A4 纸纵向显示不全，需要将页面设置为横向。单击“页面布局”选项卡“页面设置”选项组中的“纸张方向”下拉按钮，在下拉列表中选择“横向”选项。

3）设置页边距。单击“页面布局”选项卡“页面设置”选项组中的“页边距”下拉按钮，在下拉列表中选择“自定义页边距”选项，在打开的“页面设置”对话框中，选择“页边距”选项卡，将“居中方式”设置为“水平”居中。

4）设置打印标题。如果数据记录比较多，一页打印不全，在打印后面页面时希望重复打印列标题，则需要设置重复标题行。单击“页面布局”选项卡“页面设置”选项组中的“打印标题”按钮，在打开的“页面设置”对话框中，选择“工作表”选项卡，在“顶端标题行”文本框中输入“$3:$3”，单击“确定”按钮。

5）设置页眉页脚。单击“页面布局”选项卡“页面设置”选项组的“页面设置”对话框启动器，在打开的“页面设置”对话框中，选择“页眉/页脚”选项卡，将页脚设置为“第 1 页，共？页”格式，单击“确定”按钮。

6）打印预览。选择“文件”→“打印”选项，在打开的“打印”窗格中可看到打印预览效果，如图 7-22 所示。

八匹马贸易有限公司员工信息表

工号	姓名	性别	学历	学位	部门	职位	参加工作时间	身份证号
10001	汪萍	女	本科	学士	人事部	部门经理	2009年2月5日	370202198702021823
10002	赵佳	男	研究生	硕士	人事部	职员	2004年7月3日	370205198008021713
10003	方苗苗	女	本科	学士	人事部	职员	2022年7月2日	430101199804091223
20001	方舟	男	本科	学士	财务部	职员	2016年7月6日	370303199212074219
20002	林丽	女	研究生	硕士	财务部	职员	2015年5月20日	440203198811121424
20003	王林涛	男	研究生	博士	财务部	部门经理	2013年8月1日	450103198304291517
20004	盛天明	男	研究生	硕士	财务部	职员	2013年12月7日	370103198605063516
30001	黄明	男	专科	专科	营销部	职员	2019年7月15日	440102199808032713
30002	张文亚	男	专科	专科	营销部	职员	2020年7月2日	370106199812234513
30003	鲁东东	男	研究生	硕士	营销部	职员	2018年4月17日	370301199212012617
30004	周韩宇	男	本科	学士	营销部	部门经理	2017年7月4日	450202199301181513
40001	沈静	女	研究生	硕士	总务部	部门经理	2015年7月30日	440202199006124226
40002	傅明森	女	本科	学士	总务部	职员	2018年7月14日	370301199409012524
40003	刘文瑞	男	本科	学士	总务部	职员	2020年7月5日	450102199611181217
40004	宋伊诺	女	研究生	硕士	总务部	职员	2021年4月30日	370103199612181122

第 1 页，共 1 页

图 7-22　打印预览效果

能力拓展——设计某食品批发站销售表

◆ 任务要求

做一个销售台账表，要求数据条目清晰、内容准确，效果如图 7-23 所示。

梅梅食品批发站6月销售台账

日期	类别	商品	顾客姓名	销售金额
6月1日	蔬菜	苗菜	王美华	¥990.00
6月1日	蔬菜	菌菇	李小树	¥6,900.00
6月2日	肉禽蛋	牛肉	李小树	¥1,137.00
6月2日	海鲜水产	鱼	李小树	¥5,400.00
6月3日	肉禽蛋	羊肉	赵晓晓	¥9,999.00
6月3日	蔬菜	根茎菜	航明明	¥256.00
6月4日	肉禽蛋	猪肉	刘莉莉	¥361.00
6月4日	海鲜水产	虾	航明明	¥5,400.00
6月5日	蔬菜	菌菇	王美华	¥341.00
6月5日	海鲜水产	贝	航明明	¥3,185.00
6月6日	海鲜水产	鱼	赵晓晓	¥335.00
6月6日	肉禽蛋	家禽	赵晓晓	¥3,600.00
6月7日	蔬菜	根茎菜	王美华	¥2,119.00
6月7日	蔬菜	叶菜	航明明	¥900.00
6月8日	海鲜水产	虾	刘莉莉	¥1,422.00
6月8日	海鲜水产	蟹	李小树	¥5,445.00
6月9日	海鲜水产	贝	李小树	¥-1,050.00
6月9日	肉禽蛋	蛋	航明明	¥-149.00
6月10日	肉禽蛋	家禽	孙强强	¥2,013.00
6月10日	蔬菜	根茎菜	李小树	¥780.00
6月11日	蔬菜	叶菜	航明明	¥1,612.00
6月11日	海鲜水产	蟹	刘莉莉	¥800.00
6月12日	海鲜水产	蟹	李小树	¥829.00
6月12日	肉禽蛋	蛋	航明明	¥693.00
6月13日	肉禽蛋	蛋	孙强强	¥1,454.00
6月13日	蔬菜	根茎菜	赵晓晓	¥896.00
6月14日	蔬菜	根茎菜	李小树	¥999.00
6月14日	肉禽蛋	羊肉	航明明	¥1,600.00
6月15日	海鲜水产	蟹	航明明	¥570.00
6月15日	肉禽蛋	猪肉	赵晓晓	¥513.00
6月16日	肉禽蛋	蛋	刘莉莉	¥364.00
6月16日	蔬菜	菌菇	孙强强	¥286.00
6月17日	蔬菜	根茎菜	李小树	¥4,500.00
6月17日	海鲜水产	鱼	刘莉莉	¥578.00

第 1 页，共 2 页

梅梅食品批发站6月销售台账

日期	类别	商品	顾客姓名	销售金额
6月18日	肉禽蛋	羊肉	孙强强	¥705.00
6月18日	蔬菜	根茎菜	王美华	¥184.00
6月19日	肉禽蛋	猪肉	孙强强	¥6,900.00
6月19日	海鲜水产	虾	刘莉莉	¥432.00
6月20日	蔬菜	菌菇	李小树	¥9,000.00
6月20日	海鲜水产	贝	孙强强	¥150.00
6月21日	海鲜水产	鱼	孙强强	¥2,980.00
6月21日	肉禽蛋	家禽	赵晓晓	¥999.00
6月22日	蔬菜	根茎菜	刘莉莉	¥1,950.00
6月22日	蔬菜	叶菜	王美华	¥289.00
6月23日	海鲜水产	虾	赵晓晓	¥6,750.00
6月24日	海鲜水产	贝	赵晓晓	¥2,980.00
6月25日	肉禽蛋	家禽	王美华	¥1,625.00
6月26日	蔬菜	叶菜	赵晓晓	¥420.00
6月27日	蔬菜	苗菜	刘莉莉	¥8,850.00
6月28日	肉禽蛋	牛肉	王美华	¥3,150.00
6月29日	肉禽蛋	羊肉	孙强强	¥1,350.00
6月30日	肉禽蛋	猪肉	孙强强	¥-246.00

第 2 页，共 2 页

图 7-23　销售台账表

◆ 任务实施

1. 打开工作表

打开素材“7-2.xlsx”工作表，观察数据，准备整理数据。

2. 规范数据

将“日期”列整理为规范日期格式，只显示月日，不显示年份。在 F56 单元格中输入“制表时间：”和当前时间（不包括日期）。

3. 分列数据

将“类别/商品”列拆分成两列。

4. 设置单元格格式

将 A 列列宽设置为 3，将其余列宽设置为 10；设置行高为 19。将“销售金额”列设置为货币格式。使列标题的对齐方式和数据列保持一致。设置边框和背景色，便于阅读数据。

5. 冻结窗格

为前两行设置冻结窗格。

6. 验证数据

利用数据验证，找到所有金额为负数的单元格，并添加批注“未付款”。

7. 添加页眉和页脚

设置页眉为“梅梅食品批发站 6 月销售台账”；设置页脚为“第？页，共？页”。

8. 设置打印区域

设置第 2 行为顶端标题行。

评价反馈

自评表

序号	评价内容	评价标准	自评分数	教师评分
1	工作簿基本操作	掌握工作簿的新建、打开和关闭操作		
2	工作表基本操作	能够进行工作表的新建、复制、移动和重命名，以及设置标签颜色		
3	保护工作簿、工作表	会设置工作表密码，对工作簿、工作表和单元格进行保护		
4	输入数据	能够在单元格内快速输入各种数据		
5	数据验证	能够设置数据序列、数据范围等		
6	数据整理	会规范异常数据		
7	工作表格式	会灵活运用行、列和单元格的插入、删除		
8	单元格格式	会设置数据类型格式、通用数据格式、边框和底纹等		
9	页面设置	会灵活设置打印区域、页边距、纸张方向、打印标题和页眉/页脚		
10	打印工作表	会运用打印预览和分页打印工作表		
考核评价	总分（每项评价内容为 10 分，满分 100 分）			
	指导教师评语			

任务二　制作员工工资表

任务目标

- 能说明单元格的引用、运算符的作用。
- 会运用公式。
- 会运用选择性粘贴。
- 会灵活运用各类常用函数。
- 提升解决问题的逻辑思维能力。

任务描述

由于某公司进行改革，薪资体系发生重大变化。该公司人事部依据最新的薪资制度，重新设计了员工工资等一系列表格，包括基本工资表、加班统计表、个税计算表和工资统计表。

要求如下。

1）在基本工资表中，计算工作年限，并根据公司的薪资制度，确定每位员工的基本工资。由于公司进行薪资调整，所有员工的基本工资上涨10%。

2）在加班统计表中，根据员工4周加班时长计算员工5月的加班时长。

3）在加班统计表中计算加班费后，将输入数据引入工资统计表。

4）在个税计算表中，计算个税基准工资，根据国家个人所得税政策，计算累计个税。

5）计算6月须缴纳的个税金额，填入工资统计表对应单元格中。

6）在6月工资统计表中，利用公式或函数计算并核算员工的应发工资、扣税和实发工资。

7）美化工资统计表。

任务分析与相关知识

设计工资表是人力资源部门必不可少的工作之一。工资表是详细记录工资、基本福利发放情况的表格，原则上要求清晰明了、逻辑关系明确、数据准确。一般的工资表包括以下内容。

1）基本信息。基本信息包括部门、姓名、工号、职位、参加工作时间、工作年限、基本工资。基本工资，也称标准工资，是根据劳动合同约定或企业的薪资制度规定的工资标准计算的工资，是根据员工所在职位、能力、价值核定的薪资，是员工工作稳定性的基础，是员工安全感的保证。

2）应发工资。应发工资，也称税前工资，包括基本工资、绩效工资、加班费等。

3）个人所得税。依法纳税是公民的基本义务。在日常生活中，只要劳动者参加工作获得工资收入，就必须向国家缴纳相应的个人所得税。个人所得税的综合所得税率为3%～45%，超额累进税率不等。个人所得税税率表（综合所得适用）如表 7-3 所示。

表 7-3　个人所得税税率表（综合所得适用）

级数	全年应纳税所得额	税率/%
1	不超过 36000 元的	3
2	超过 36000 元至 144000 元的部分	10
3	超过 144000 元至 300000 元的部分	20
4	超过 300000 元至 420000 元的部分	25
5	超过 420000 元至 660000 元的部分	30
6	超过 660000 元至 960000 元的部分	35
7	超过 960000 元的部分	45

4）实发工资。实发工资是用人公司实际支付给员工的薪资酬劳部分，是扣减了五险一金和个人所得税后的薪资。

设计好工资表后，一定要规范格式。打印工资表时，每页均须有表头和表尾，打印后由制表人、审核人、审批人签批签字，并填写日期；工资表内数额均以“元”为单位，取小数点后两位，即计至“分”；对于工资表原件（包括准备工作的相关表格）原则上保存 5 年以上。

用户可通过在单元格中输入公式或使用 Excel 本身提供的大量内部函数来对工作表数据进行计算与分析。

一、公式的组成

公式是对工作表中数据进行计算和操作的等式，一般以等号“=”开始，其一般的语法格式为“=表达式”。通常一个公式由运算符、单元格引用、值或文本字符串、工作表函数及其参数、括号组成。

1. 设置运算符

公式中的运算符号主要有算术运算符、文本运算符、比较运算符和引用运算符。

（1）算术运算符

算术运算符包括负号（-）、百分数（%）、乘幂（^）、乘（*）、除（/）、加（+）、减（-）7 个运算符。算术运算符运算优先级从左至右逐渐降低。

（2）文本运算符

文本运算符只有一个，就是“&”，其作用是将两个文本值连接起来产生一个连续的文本值。例如，="Ex"&"cel"，值为“Excel”。

（3）比较运算符

比较运算符包括等于（=）、小于（<）、大于（>）、小于等于（<=）、大于等于（>=）、不等于（<>）6 个运算符。比较运算符用来比较两个值，其结果只有 TRUE 或 FALSE。

（4）引用运算符

引用运算符的功能是产生一个引用区域。引用运算符包括冒号（:）、逗号（,）、空格和感叹号（!）4 个运算符。在公式中引用单元格的输入方法是：当公式中需要引用某单元格地址时，可直接使用键盘输入单元格区域或用鼠标选中单元格区域。各引用运算符功能如下。

1）冒号（:）是区域运算符，对以两个引用单元格为对角的矩形区域内的所有单元格进行引用。例如，A1:B2 表示对 A1、A2、B1、B2 这 4 个单元格的引用。

2）逗号（,）是合并运算符，可将多个引用合并为一个引用。例如，A1:A3,C1:C2 表示对 A1、A2、A3、C1、C2 这 5 个单元格的引用。

3）空格是交叉运算符，它对引用区域的交叉部分进行引用。例如，A1:D5 C3:F7 是对 C3:D5 区域的引用。

4）感叹号（!）是三维引用运算符，可用来引用另一张工作表中的数据。引用格式为"〈工作表名〉!〈单元格地址〉"。例如，将当前工作表中 A1 单元格中的数据加上 Sheet2 工作表 B2 单元格中的数据，其公式为"=A1+Sheet2!B2"。

如果公式中只用了一种运算符，则 Excel 会根据运算符的特定顺序从左到右计算公式；如果公式中同时用到了多个运算符，则 Excel 将按一定优先级由高到低进行运算，如表 7-4 所示。对于相同优先级的运算符，Excel 将从左到右进行计算。为避免出现计算错误，尽量在英文状态下输入运算符。

表 7-4　Excel 公式中的运算符优先级

运算符	含义	优先级
冒号（:）、逗号（,）、空格（ ）	引用运算符	12
−	负号	2
%	百分号	3
^	求幂	4
*、/	乘号和除号	5
+、−	加号和减号	6
&	文本连接符	7
=、<、>、<=、>=、<>	比较运算符	8

2. 引用单元格

Excel 中最能体现高效的地方之一就是公式的复制。在公式中，我们通常不直接输入单元格中的数据，而是输入单元格的引用，这样做的优点是当被引用的单元格中的数据发生变化时，公式可自动重新计算。若复制的公式中包含引用，则复制后的结果会因公式中的引用而自动进行调整。Excel 中的引用可分为 3 种：相对引用、绝对引用和混合引用。

下面对如图 7-24 所示的工作表中的总评成绩进行计算。

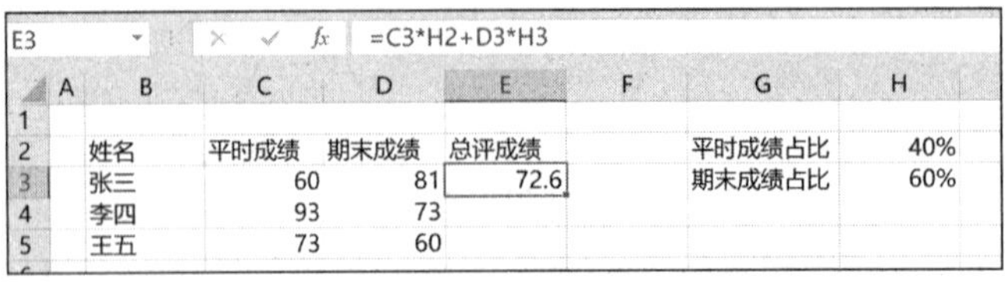

E3 =C3*H2+D3*H3

	A	B	C	D	E	F	G	H
1								
2		姓名	平时成绩	期末成绩	总评成绩		平时成绩占比	40%
3		张三	60	81	72.6		期末成绩占比	60%
4		李四	93	73				
5		王五	73	60				

图 7-24 “总评成绩统计”工作表

1）相对引用。直接用行号或列标表示的引用称为相对引用。当引用公式时，单元格地址会发生相应的变化。例如，对图 7-24 中总评成绩的统计，在 E2 单元格中利用公式“=C3*H2+ D3*H3”可直接计算出张三的总评成绩。

2）绝对引用。在行号和列标前加一个“$”符号的引用称为绝对引用，如单元格 C3 的绝对引用地址为$C$3。在复制包含绝对引用的公式时，单元格地址不会发生变化。利用填充柄拖动复制公式来计算李四的成绩时，公式自动变为“=C4*H3+D4*H4”，使结果出错。此时需要利用绝对引用先将 E3 单元格中的公式改为“=C3*$H$2+D3*$H$3”，再利用填充柄拖动复制公式。

3）混合引用。只在行号或列标前加“$”符号，这样就构成只对行或列的绝对引用，这种引用称为混合引用。在图 7-24 中，我们可先将 D3 单元格中的公式改为“=C3*H$2+ D3* H$3”，再利用填充柄拖动复制公式计算出其余学生的总评成绩。

3. 出错信息

当公式无法正确计算出结果时，单元格内将显示错误信息以提示用户。公式显示错误信息的含义如表 7-5 所示。

表 7-5 公式显示错误信息的含义

错误值	原因
######	结果太长，单元格无法容下
#DIV/0!	除数为零
#VALUE!	参数或运算对象类型不正确
#NAME?	在公式中使用不能识别的文本
#N/A	函数或公式中没有可用的数值
#REF!	在公式中引用了无效的单元格
#NUM!	在数学函数中使用了不适当的参数
#NULL!	指定的两个区域不相交

二、公式的输入与编辑

在一个空单元格中输入一个等号时，Excel 就认为此时在输入公式，所有的公式都是以等号开头的。如果公式中使用了单元格引用，则可以使用以下两种方式输入公式。

1）手动方式。先选中一个单元格，再在单元格内输入等号，输入公式后，按 Enter 键结束，单元格会显示公式计算的结果。选中单元格时，编辑栏中会显示公式。

2）使用单元格引用。在使用某些单元格时，可以指定单元格引用，无须手动输入单元格。例如，对图 7-24 中总评成绩的统计，在 E3 单元格中输入公式“=C3*H2+D3*H3”。单击 E3 单元格后，输入等号（=），开始输入公式；单击 C3 单元格后，输入乘号（*）；单击 H2 单元格后，输入加号（+）；单击 D3 单元格后，输入乘号（*）；单击 H3 单元格，按 Enter 键结束公式的输入。从步骤上来看，这种方法可能有些烦琐，但理解之后就能大大提高使用效率，指向单元格地址会更简单、更准确。输入公式时，Excel 会以彩色显示公式中的范围地址和范围本身，方便用户快速找到公式中使用的单元格。

如果需要修改工作表，则可能需要编辑公式。当公式返回一个错误的值时，需要对公式进行纠正。编辑公式的方法与编辑单元格的方法一样，可以通过双击单元格来编辑，也可以选中要编辑的公式单元格后，按 F2 键或单击编辑栏来编辑。

三、数组公式的应用

数组公式

数组公式是可以同时进行多重计算并返回一种或多种运算结果的公式。在数组公式中使用的两组或多组数据称为数组参数，数组参数可以是一个数据区域，也可以是数组常量。数组公式中的每个数组参数都必须有相同数量的行和列。

1. 输入数组公式

选中单元格或单元格区域。如果数组公式返回一个结果，则单击需要输入数组公式的单元格；如果数组公式返回多个结果，则选中需要输入数组公式的单元格区域，输入数组公式；同时按 Ctrl+Shift+Enter 组合键，这时 Excel 自动在公式的两边加上大括号{}。

2. 编辑数组公式

数组公式的特征之一是不能单独编辑、清除或移动数组中的某个单元格。若在数组公式输入完毕后发现错误需要修改，则需要在数组公式区域中选中任一单元格，单击公式编辑栏，当编辑栏被激活时，大括号“{}”在数组公式中消失；编辑数组公式内容，修改完毕后，按 Ctrl+Shift+Enter 组合键，重新在公式的两边加上大括号{}。

3. 删除数组公式

删除数组公式的方法很简单，选中数组公式的所有单元格后，按 Delete 键即可。

四、快速计算

Excel 为用户提供了两种使用公式的快速计算方法。一种是显示在状态栏上的自动计算；另一种是显示在工作表中的自动求和。

1. 自动计算

Excel 窗口的状态栏中右侧是自动计算显示框。当用户选中两个或两个以上的数据单元格区域时，状态栏显示框中将自动显示计算结果。系统默认有求平均值、计数和求和运算等，如图 7-25 所示。可通过右击该显示框，在打开的快捷菜单中选择其他运算选项来实现其他运算。

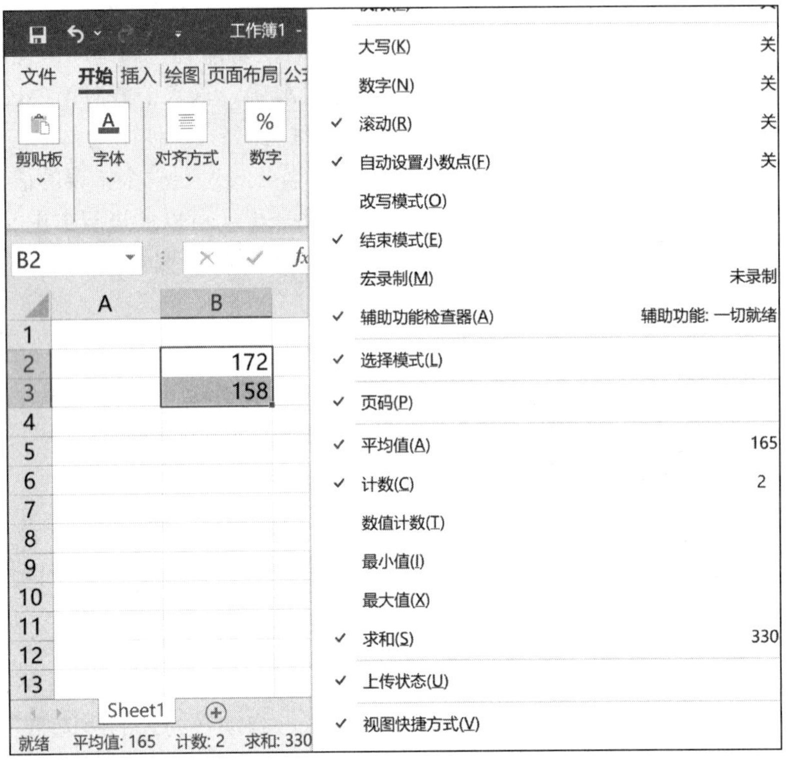

图 7-25 “快速计算”快捷菜单

2. 自动求和

用户可单击“开始”选项卡“编辑”选项组中的自动求和按钮 **Σ** 来为单行（列）或某个单元格区域进行求和。

（1）单行或单列数据求和

选中存放该行（或列）数据计算结果的活动单元格，双击自动求和按钮 **Σ**，或选择该行（或列）的数据区域，单击自动求和按钮 **Σ**，均可得到求和结果。

（2）矩形单元格区域求和

选中该矩形数据单元格区域，若在该数据单元格区域下方或右方均有空行（或列），则用户单击自动求和按钮 **Σ** 后，求和结果将自动填入该空行和空列中。

五、选择性粘贴数据

在 Excel 中选中单元格区域进行复制操作后，除经常进行的粘贴操作外，还可以单击“开始”选项卡“剪贴板”选项组中的“粘贴”下拉按钮，在下拉列表中选择“选择性粘贴”选项，打开“选择性粘贴”对话框，如图 7-26 所示。在该对话框中可以选择粘贴数据源的全部或仅粘贴数据源的部分内容（如公式、格式、数值等），单击“确定”按钮完成操作。

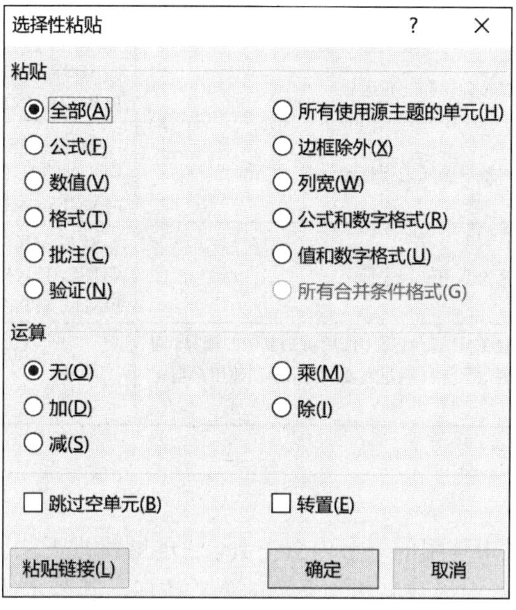

图 7-26　“选择性粘贴”对话框

六、函数

函数是 Excel 中一些预定义的公式，主要包括数据库函数、日期与时间函数、工程函数、财务函数、信息函数、逻辑函数、查找与引用函数、数学与三角函数、统计函数、文本函数、用户自定义函数共有 11 大类，每类又包括若干函数，Excel 中的函数功能及常用函数如表 7-6 所示。

表 7-6　Excel 中的函数功能及常用函数

类别名称	功能	常见函数
数据库函数	当需要分析数据清单中的数值是否符合特定的条件时，可以使用数据库函数	DCOUNT、DCOUNTA、DAVERAGE、DMAX、DGET、DSUM
日期与时间函数	通过日期与时间函数，可以在公式中分析和处理日期与时间值	DATE、DAY、MONTH、NOW、YEAR、HOUR、MINUTE
工程函数	主要用于工程分析，如对复数进行处理、在不同的数值系统间进行转换等	BESSELI、DELTA
财务函数	用于进行一般的财务计算，如确定贷款的支付额、投资未来值等	FV、PV、PMT、IPMT、SLN
信息函数	使用该类函数确定存储在单元格中数据的类型	ISTEXT
逻辑函数	用于进行真假判断，或者进行复合检验	IF、IFS、IFERROR、AND、NOT、OR、TRUE、FALSE

续表

类别名称	功能	常见函数
查找与引用函数	用于在数据清单或表格中查找特定的数值，或者查找某一单元格的引用	VLOOKUP、HLOOKUP、INDEX、MATCH
数学与三角函数	用于进行数学和三角运算	ABS、SUM、SUMIF、SUMIFS、MOD、ROUND、INT、VALUE
统计函数	用于对数据区域进行统计分析	AVERAGE、COUNT、COUNTA、COUNTIF、COUNTIFS 、 COUNTBLANK 、 MAX 、MAXIFS、MIN、MINIFS、RANK.EQ
文本函数	用于在公式中处理字符串	REPLACE 、 MID 、 LEFT 、 RIGHT 、CONCATENATE 、 CONCAT 、 EXACT 、FIND、UPPER
用户自定义函数	如果要在公式或计算中使用特别复杂的计算，而工作表函数又无法满足需要，则需要创建用户自定义函数	

1. 运用函数

工作表函数是公式中使用的一种内置工具，它能够执行无法用其他方式完成的计算和操作。Excel 中的函数由函数名和一系列的参数构成，其基本的语法为：

函数名(参数,参数,...)

这些参数可以是数字、文本、逻辑值、单元格引用、公式、名称或其他函数等，给定的参数必须能产生有效的值。

所有的函数都需要使用括号。函数可以不带参数，也可以带有固定数量的参数，还可以带有数量不确定的参数或可选参数。

（1）名称

名称是工作簿中某些项目的标识符。用户在工作过程中可以为单元格、常量、图表、公式或工作表建立一个名称。如果某个项目被定义了一个名称，用户就可以在公式或函数中通过该名称来引用它。使用名称来替代单元格的引用，可以让公式便于理解、更易懂。

与定义使用名称相关的选项集合“公式”选项卡“定义的名称”选项组中，如图 7-27 所示。

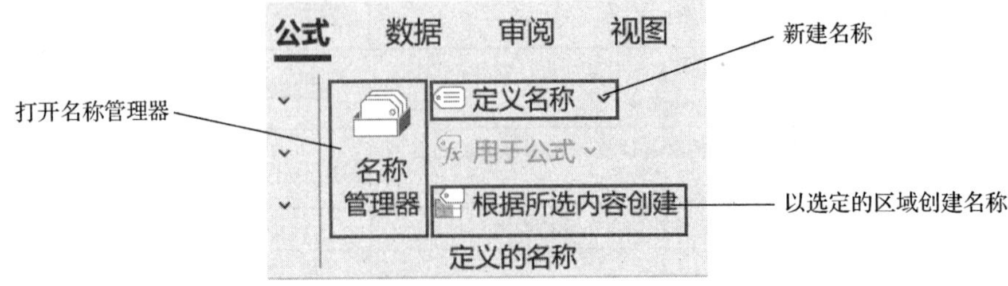

图 7-27 “公式”选项卡“定义的名称”选项组

利用名称管理器可以对名称进行创建、编辑和删除。一个名称可以引用非连续的单元格范围。名称的命名规则如下。

1）名称中不能含有空格。

2）名称必须以字母开头，之后可以接任意字母和数字。

3）名称不能与单元格引用相同。

4）不能使用除下划线和点号之外的符号。

5）名称最长为 255 个字符。

6）可以使用单个字符作为名称（除了 R 或 C）（不建议这么做）。

7）名称不区分大小写。

（2）函数的输入方法

在 Excel 2019 中，用户可以通过手动输入函数、使用“插入函数”对话框与使用“函数库”选项组 3 种方法输入函数。

1）手动输入函数。在单元格或者编辑栏中先直接输入等号（=），再输入函数名与参数，按 Enter 键即可。

2）使用“插入函数”对话框。对于复杂的函数，用户可以单击“公式”选项卡中的“插入函数”按钮，在打开的“插入函数”对话框中选择函数，如图 7-28 所示；也可以直接单击编辑栏左侧的“插入函数”按钮 × ✓ fx，在“插入函数”对话框中的“或选择类别”下拉列表中，选择相应的函数选项，单击“确定”按钮，在打开的“函数参数”对话框中输入参数或单击“选择数据”按钮选择参数，设置完成后单击“确定”按钮。

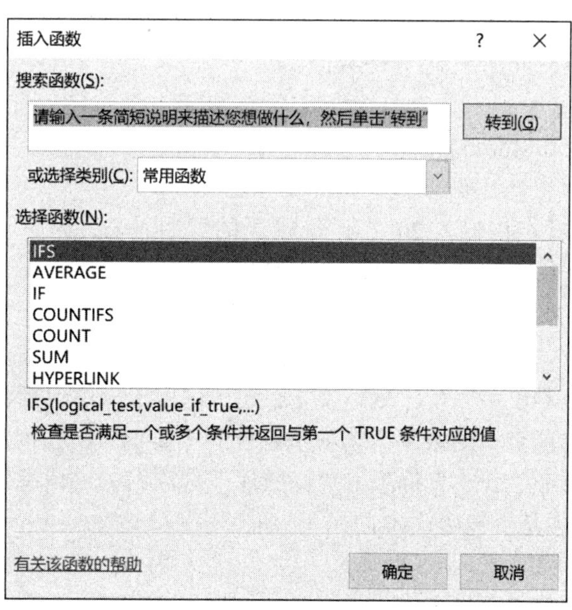

图 7-28　“插入函数”对话框

3）使用“函数库”选项组。用户可以直接单击“公式”选项卡“函数库”选项组中的各类按钮，选择相应的函数，在打开的“函数参数”对话框中输入参数。操作过程与上一种方法相同。

2. 介绍常用函数

用户在日常工作中经常会使用一些固定函数来计算数据，从而简化数据的计算，如求和函数 SUM()、平均函数 AVERAGE()、求最大值函数 MAX()等。在使用常用函数时，用户只需在“插入函数”对话框中单击“或选择类别”下拉按钮，在下拉列表中选择“常用函数”选项即可。

（1）日期与时间函数

1）年份/月份/天数函数。

格式：YEAR/MONTH/DAY(Serial_number)

功能：分别返回一个日期数据对应的年份、月份和一个月中第几天的数值。

2）当前日期函数。

格式：TODAY()

功能：返回系统当天日期。在单元格中输入当前日期，可以按 Ctrl+;组合键，而不使用公式。

3）当前时间函数。

格式：NOW()

功能：返回系统当前的日期和时间。

4）小时和分钟函数。

格式：HOUR/MINUTE(Time)

功能：返回对应时间的小时/分钟数值。

5）日期函数。

格式：DATE(Year,Month,Day)

功能：返回任意一个日期的序列号。

举例：在 A1 单元格内输入 2022 年第 53 天的日期，公式为

=DATE(2022,1,53)

此公式返回 2022/2/22，即 2022 年第 53 天是 2 月 22 日。

（2）文本函数

大多数文本函数不仅可以用于处理文本，还可以用于操作包括数值的单元格。文本函数放在“公式”选项卡“函数库”选项组包含的“文本”下拉列表中，但也有例外。如 ISTEXT 函数就放在“公式”选项卡“函数库”选项组的“信息”列表中。

1）确定单元格中是否包含文本。

格式：ISTEXT(Value)

功能：用于判断值是否为文本，如果是，则返回 TRUE；否则返回 FALSE。

2）确定两个字符串是否相同。

格式：EXACT(Text1,Text2)

功能：可以用来对比两个单元格中的文本内容是否一致，如果一致，则返回 TRUE；否则返回 FALSE。Text1 和 Text2 表示要对比的两个字符串。

举例：判断两个字符串“ABS”和“abs”是否一致，公式为

= EXACT("ABS","abs")

返回结果为 FALSE，即两个字符串不一致。

3）从字符串中提取字符。

格式：LEFT(Text,Num_chars)

功能：从单元格中字符串左边第一个字符开始截取指定长度的内容。Text 表示用来截取的单元格内容。Num_chars 表示从左边开始截取的字符数。

举例：在 A1 中从左开始提取 3 个字符，公式为

=LEFT(A1,3)

即返回 A1 单元格中左边开始的 3 个字符。

格式：RIGHT(Text,Num_chars)

功能：从单元格中字符串右边第一个字符开始截取指定长度的内容。Text 表示用来截取的单元格内容；Num_chars 表示从右开始截取的字符数。

格式：MID(Text,Start_num,Num_chars)

功能：MID 函数从一个文本字符串的指定位置开始截取指定数目的字符。Text 表示一个文本字符串；Start_num 表示指定的起始位置；Num_chars 表示要截取的数目。

举例：从“浙江经济职业技术学院”字符串中截取“经济”两字，公式为

=MID("浙江经济职业技术学院",3,2)

即返回“经济”二字。

4）替换函数。

格式：REPLACE(Old_text,Start_num,Num_chars,New_text)

功能：使用其他文本串并根据所指定的字符数替换另一文本串中的部分文本。Old_text 表示要替换其部分字符的文本；Start_num 表示要用 New_text 替换的 Old_text 中字符的位置；Num_chars 表示 REPLACE 函数使用 New_text 替换 Old_text 中字符的个数；New_text 表示用于替换 Old_text 中字符的文本。

举例：请将电话号码进行升位处理，电话号码在第二位的位置上增加“0”，即将“8692334”升级为“80692334”，公式为

=REPLACE("8692334",2,0,"0")

5）字符串长度函数。

格式：LEN(Text)

功能：统计文本字符串中字符的数目。

6）在字符串中查找函数。

格式：FIND(Find_text,Within_text,Start_num)

功能：查找一个文本字符串中的子串，并返回该子串的起始位置。可以指定开始查找的字符位置。Find_text 表示要查找的字符串；Within_text 表示要在其中进行搜索的字符串，也就是需要在哪个单元格内查找 Find_text；Start_num 表示起始搜索位置。例如，Start_num 为 1，则从单元格内第一个字符开始查找关键字；如果忽略 Start_num，则默

认其为 1。这个函数在比较文本时，可以区分大小写，但是不支持通配符比较。

举例：查找字符串“We are family.”中第一个字母“e”出现的位置，公式为

=FIND("e"," We are family.",1)

返回的值为 2。说明第一个字母“e”，出现在字符串中第二个位置。

7）合并多个文本字符串。

格式：CONCAT (Text1, [Text2], ...)

功能：它是 Excel 2019 新增的函数，可以将多个区域和/或字符串中的文本组合起来，实现合并的功能，替换 CONCATENATE 函数，但不提供分隔符或 IgnoreEmpty 参数。Text1、Text2 可以是文本或者数值，结果字符串不能超过 32767 个字符。

举例：将字符串“王宝宝”“语文”“94”连接起来，中间用“-”符号连接，如图 7-29 所示。

C15 =CONCAT(C14:D14,"-",E14)

	A	B	C	D	E	F
13						
14			王宝宝	语文	94	
15			王宝宝 语文-94			

图 7-29 CONCAT 函数编辑和运行图

8）大小写转换函数。

格式：UPPER(text)/LOWER(text)

功能：UPPER 函数将文本字符串中的所有小写字母转换成大写字母，该函数不改变 text 中非字母的字符。LOWER 函数将文本字符串中的所有大写字母转换成小写字母。

举例：

=UPPER("Hello world!")

其结果为“HELLO WORLD!”。

（3）计数函数

很多常用的电子表格都涉及数值和其他工作表元素的计数和求和问题。在一般情况下，计数函数会返回指定范围内满足某个条件的单元格数量，求和函数会返回指定范围内满足某个条件的单元格值的总和。

1）计数函数。

格式：COUNT(Value1,Value2,...)

功能：返回参数所对应区域数值的数量。

举例：统计数字 85，字符串“杭州”和“NO”中有多少个数值，公式为

=COUNT(85,"杭州","No")

返回的值为 1，即只有 85 是数字。

格式：COUNTA(Value1,Value2,...)

功能：统计区域内非空单元格的个数。参数 Value1, Value2, ...可以是任何类型。注意其与 COUNT 函数的区别。

格式：COUNTBLANK(Range)

功能：统计指定区域内空白单元格的数量。Range 表示指定的区域。

2）高级计数函数。

格式：COUNTIF(Range,Criteria)

功能：统计给定区域内满足特定条件的单元格的数量。

举例：统计 E3 至 E9 区域数值在 85 分以上的单元格的数量，公式为

=COUNTIF(E3:E9, ">85")

格式：COUNTIFS(Criteria_range1,Criteria1,Criteria_range2,Criteria2,...)

功能：统计满足多个条件的单元格数量（多条件计数）。参数分别为：第一个条件区、第一个对应的条件、第二个条件区、第二个对应的条件……

（4）计算函数

1）求和函数。

格式：SUM(Number1,Number2,...)

功能：返回参数所对应的数值之和。

2）条件求和函数。

格式：SUMIF(Range,Criteria,Sum_range)

功能：计算符合指定条件的单元格区域内的数值之和。Range 表示条件判断的单元格区域; Criteria 表示指定条件表达式; Sum_range 表示需要计算的数值所在的单元格区域。

举例：求在 A2～A14 单元格中满足 A14 条件的对应 B 列的值之和，公式为

=SUMIF($A$2:$A$10,A14,$B$2:$B$10)

格式：SUMIFS(Sum_range,Criteria_range1,Criteria1,[Criteria_range2, Criteria2], ...)

功能：多条件求和，用于对某一区域内满足多重条件（两个条件以上）的单元格进行求和。参数分别为：实际求和区域、第一个条件区域、第一个对应的求和条件、第二个条件区域、第二个对应的求和条件……

3）平均值函数。

格式：AVERAGE(Number1,Number2,...)

功能：返回参数所对应数值的算术平均数。

4）最大值和最小值函数。

格式：MAX(Number1,Number2,...)

功能：返回参数表中对应数值的最大值。

举例：求 F3～F15 单元格区域中的最大值，公式为

= MAX(F3:F15)

格式：MAXIFS(Max_range,Criteria_range1,Criteria1,[Criteria_range2, Criteria2], ...)

功能：可以返回一组给定条件或标准指定的单元格中的最大值。

格式：MIN(Number1,Number2,...)

功能：返回参数表中对应数值的最小值。

格式：MINIFS(Min_range, Criteria_range1, Criteria1, [Criteria_range2, Criteria2], ...)

功能：可以返回一组给定条件或标准指定的单元格中的最小值。

5）绝对值函数。

格式：ABS(Number)

功能：计算某一数值的绝对值，Number 表示要计算绝对值的数值。

6）求余函数。

格式：MOD(Number,Divisor)

功能：返回 Number 除以 Divisor 的余数。

举例：求 18 除以 4 的余数，公式为

=MOD(18,4)

显示的值为 2，即 18 除以 4 的余数是 2。

7）取整函数。

格式：INT(Number)

功能：返回一个小于 Number 的最大整数。

举例：分别将数字 15.95 和−18.66 取整，公式为

=INT(15.95)

显示的值为 15；

=INT(−18.66)

显示的值为−19。因为向下舍入到更小的整数。

8）四舍五入函数。

格式：ROUND(Number,Num_digits)

功能：返回数字 Number 按指定位数 Num_digits 四舍五入后的数字。

举例：

=ROUND(123.456,2)

显示的值为 123.45。

9）数字转换函数。

格式：VALUE(text)

功能：该函数可以将代表数字的文本字符串转换成数字。

举例：将 1000 美元翻倍，公式为

=VALUE("$1,000")*2

（5）逻辑函数

逻辑函数用于逻辑值的表达，TURE 表示真，FALSE 表示假。在计算时，可以分别用 1 和 0 表示。逻辑函数 TRUE()和 FALSE()也可以用来表示真和假。

1）非、与、或函数。

格式：NOT(Logical)

功能：NOT 表示对参数值求反。

格式：AND(Logical1,Logical2,...)

功能：当所有参数值均为真时返回 TRUE，否则返回 FALSE。

格式：OR(Logical1,Logical2,...)

功能：所有参数中只要有一个值为真就返回 TRUE，否则返回 FALSE。

2）条件函数。

格式：IF(Logical_test,Value_if_true,Value_if_false)

功能：根据条件 Logical_test 的真假值，返回不同的结果。若 Logical_test 的值为真，则返回 Value_if_true，否则返回 Value_if_false。

举例：判断当前年份是否为闰年。

判断闰年的条件有 2 个：能被 4 整除而不能被 100 整除；或能被 400 整除。二者只要有 1 个条件符合即为闰年。公式为

=IF(OR(MOD(YEAR(NOW()),400)=0,AND(MOD(YEAR(NOW()),4)
=0,MOD(YEAR(NOW()),100)<>0)),"闰年","非闰年")

当前年份为 2023 年，结果显示为“非闰年”。

格式：IFS(Logical_test1,Value_if_true1,[Logical_test2,Value_if_true2],…)

功能：它是 Excel 2019 的新增函数，用于检查是否满足一个或多个条件并返回与第一个 TRUE 条件对应的值。该函数的优点是当指定多个条件时，无须使用 IF 函数的嵌套。

举例：对期末总评成绩根据不同分数给出不同等级，90 分以上为“优秀”，60～90 分为“及格”，小于 60 分为“不及格”，如图 7-30 所示。公式为

=IFS(E3>90,"优秀",E3>=60,"及格",E3<60,"不及格")

图 7-30　IFS 函数的运用

（6）查找与引用函数

1）纵向查找函数。

格式：VLOOKUP(Lookup_value,Table_array,Col_index_num,Range_lookup)

功能：在表格或数值数组的首列查找指定的数值，并由此返回表格或数组当前行中指定列处的位置。Lookup_value 表示需要在数组第一列中查找的数值；Table_array 表示需要在其中查找数据的数据表；Col_index_num 表示 Table_array 中待返回匹配值的序列号；Range_lookup 用于指明函数查找时是精确匹配还是近似匹配。

VLOOKUP 函数

举例：在 B9 单元格内自动返回“吴红”的毕业学校。

在 B8 单元格中输入要查找的员工姓名“吴红”；在 B10 单元格中输入查找公式：“=VLOOKUP(B8,B2:E6,4)”；按 Enter 键后，单元格中显示的毕业学校为“中国人民大学”，如图 7-31 所示。

B9 =VLOOKUP(B8,B2:E6,4)

	A	B	C	D	E
1	编号	姓名	电话	年龄	毕业学校
2	Js-0001	张三	13598200010	24	华中师范大学
3	Js-0002	李兵	13598200011	25	安徽大学
4	JS-0003	刘艳	13598200012	26	四川大学
5	Js-0004	吴红	13598200013	32	中国人民大学
6	Js-0005	梦丽	13598200014	23	浙江大学
7					
8	输入姓名:	吴红			
9	返回毕业学校	中国人民大学			

图 7-31 使用 VLOOKUP 函数查找值

2）横向查找函数。

格式：HLOOKUP(Lookup_value,Table_array,Row_index_num,Range_lookup)

功能：其工作原理和 VLOOKUP 函数相似，但 HLOOKUP 函数是按行查找，VLOOKUP 函数是按列查找。

3）排位函数。

格式：RANK.EQ(Number,Ref,Order)

功能：返回指定数字在一列数字中的排位。Number 表示须排位数据，通常使用单元格的相对引用；Ref 表示 Number 所在的一组数据，通常使用单元格区域的绝对引用；Order 表示指定排位的方式，0 或省略为降序，大于 0 为升序。函数 RANK 和 RANK.AVE、RANK.EQ 都是用来统计排名的。RANK 函数是 Excel 早期版本中的函数，在 Excel 2010 之后已经被 RANK.AVE 和 RANK.EQ 取代。RANK 函数和 RANK.EQ 函数相同，都是返回最优排位。RANK.AVE 函数返回相同值的平均排位。

举例：求 F5 在$F$5:$F$25 单元格区域按降序排列的名次公式为

= RANK.EQ(F5,$F$5:$F$25,0)

4）索引函数。

格式：INDEX(Array,Row_num[,Column_num])

功能：返回列表或数组中的元素值，此元素值由行序号和列序号的索引值来确定。Array 表示单元格区域或数组常量；Row_num 表示指定的行序号；Column_num 表示指定的列序号。

举例：在如图 7-31 所示的表格中，显示第 4 行第 2 个单元格的内容，公式为

= INDEX(A1:E6,4,2)

显示为“刘艳”。

5）匹配函数。

格式：MATCH(Lookup_value,Lookup_array,Match_type)

功能：返回在指定方式下与指定数值匹配的数组中元素的相应位置。Lookup_value 表示需要在数据表中查找的数值；Lookup_array 表示可能包含所要查找的数值的连续单

元格区域；Match_type 表示查找方式的值（-1、0 或 1），0 为精确查找，一般只使用精确查找；1 为查找小于或等于 Lookup_value 的最大数值在 Lookup_array 中的位置，Lookup_array 必须按升序排列；-1 为查找大于或等于 Lookup_value 的最小数值在 Lookup_array 中的位置，Lookup_array 必须按降序排列。

举例：在如图 7-31 所示的表格中，查找“李兵”在 B2:B6 单元格区域的位置，公式为

=MATCH("李兵",B2:B6,0)

返回的值为 2。

（7）数据库函数

1）数据库计数。

格式：DCOUNT(Database,Field,Criteria)

功能：统计满足指定条件并且包含数字的单元格的数量。Database 表示数据区域；Field 表示字段名（函数所使用的列），Field 可以是数字，数字 1 代表第一列条件区域，数字 2 代表第二列条件区域；Criteria 表示条件区域，可以是一个或者多个条件。下面几个数据库函数参数的含义相同。

格式：DCOUNTA(Database,Field,Criteria)

功能：统计满足指定条件的数据库中记录字段（列）非空单元格的数量。

2）数据库求和。

格式：DSUM(Database,Field,Criteria)

功能：返回列表或数据库中满足指定条件的字段（列）中的数字之和。

3）数据库求平均。

格式：DAVERAGE(Database,Field,Criteria)

功能：统计列表或数据库中满足指定条件的字段（列）中的数字的平均值。

4）数据库求最大值。

格式：Dmax(Database,Field,Criteria)

功能：返回数据清单或数据库的指定列中满足给定条件的单元格中的最大数值。

5）数据库提取值函数。

格式：DGET(Database,Field,Criteria)

功能：从数据清单或数据库中提取符合指定条件的单个值。

（8）财务函数

Excel 最常见的用途是执行与货币有关的计算。货币的价值并不总与其面值相符，要考虑的一个重要因素是货币时值，涉及货币在过去、现在或未来的价值。假设货币会获得利息，其价值会随着时间而增加，也就是说，今天投资 1 元到了明天就会值更多的钱。货币值有以下概念。

现值（present value，PV）：本金金额。

未来值（future value，FV）：本金加上利息。

每期支付额（payment，PMT）：可能是本金或本金加上利率。

利率：表示本金的一个百分比，通常以年为基数来表示。

周期：表示支付或获取利息的时间点。

期限：表示计算利息的时间范围。

1）计算贷款的函数。

格式：PMT(Rate, Nper, Pv, [Fv], [Type])

功能：基于固定利率及等额分期付款方式，返回贷款的每期付款额。Rate 表示贷款利率；Nper 表示该项贷款的付款总期数；Pv 表示现值（本金）；Fv 表示未来值或在最后一次付款后希望得到的现金余额，它是可选参数，如果省略 Fv，则假设其值为 0，也就是一笔贷款的未来值为 0；Type 用数字 0 或 1 表示各期的付款时间是在期初还是期末，它也是可选参数。

举例：返回一笔金额为 5000 元、年利率为 6%的贷款的月还款额，此贷款的期限为 4 年（48 个月），公式为

=PMT(6%/12,48,5000)

返回的值为 117.43 元，即该贷款的月还款额。

格式：IPMT(Rate, Per,Nper, Pv, [Fv], [Type])

功能：基于固定利率及等额分期付款方式，返回给定期数内投资的利息偿还额。Rate 表示贷款利率；Per 表示计算其利息数额的期数，必须在 1 到 Nper 之间；Nper 表示该项贷款的付款总期数；Pv 表示现值（本金）；Fv 表示未来值或在最后一次付款后希望得到的现金余额，它是可选参数，如果省略 Fv，则假设其值为 0，也就是一笔贷款的未来值为 0；Type 用数字 0 或 1 表示各期的付款时间是在期初还是期末，它也是可选参数。

举例：返回一笔金额为 5000 元、年利率为 6%的贷款的第一个月还款金额中的利息数额，此贷款的期限为 4 年（48 个月），公式为

=IPMT(6%/12,1,48,5000)

返回的值为 25 元，即该贷款第一个月的利息数。

格式：PV(Rate,Nper,Pmt,Fv,Type)

功能：给定利率、周期数和每周期还款金额，返回贷款的现值（即原始的贷款额度）。Pmt 表示每个周期的支付额，其他参数的说明详见函数 IPMT。

举例：对于一笔期限为 48 个月、每月还款金额为 117.43 元的贷款，通过以下公式计算原始贷款金额，贷款年利率为 6%。

=PV(6%/12, 48,−117.43)

返回的值为 5000.21 元，每个月还款额四舍五入到分，因此产生了 0.21 元的误差。

2）计算收益函数。

格式：FV(Rate,Nper,Pmt,[Pv],[Type])

功能：基于固定利率及等额分期付款方式，返回某项投资的未来值。各参数的说明详见函数 PV。

举例：若每月月初向银行存入现金 500 元，年利率为 2.15%（按月计息，即月息为 2.15%/12），计算 5 年后的存款总额，公式为

=FV(2.15%/12,60,−500,0,1)

返回的值为 31698.67 元，即 5 年后的总收益是 31698.67 元。

3）计算折旧函数。

格式：SLN(Cost,Salvage,Life)

功能：返回某项资产在一个期间中的线性折旧值。Cost 表示资产原值；Salvage 表示资产在折旧期末的价值（也称为资产残值）；Life 表示折旧期限（有时也称为资产的使用寿命）。

举例：假设资本的原始成本为 10000 元，可以使用 10 年，残值为 1000 元，计算每年的折旧金额，公式为

=SLN(10000,1000,10)

返回的值为 900 元，即每年的折旧为 900 元。

任务实施——制作员工工资表

1. 完善基本工资表

（1）利用日期函数计算工作年限

打开“六月份工资统计表”工作簿，其中一共有 4 张工作表，分别是基本工资表、5 月加班统计表、6 月个税计算表和 6 月工资统计表。

计算工作年限，需要用当前日期的年份减去入职的年份。提取年份，要用到 Year() 函数。选中 G3 单元格，单击“插入函数”按钮 f_x，在打开的“插入函数”对话框中，在“或选择类别”下拉列表中选择“日期与时间”选项，在“选择函数”区域选择“YEAR”函数，单击“确定”按钮，在打开的“函数参数”对话框中，单击名称框下拉按钮，在下拉列表中选择“其他函数”选项，在打开的“插入函数”对话框中，选择“NOW”函数，单击“确定”按钮。此时单元格会显示当前的年份，计算还未完成，需要减去入职年份。在编辑栏函数后输入“-”，重复之前插入函数的操作，单击“插入函数”按钮 f_x，在打开的“插入函数”对话框中，在“或选择类别”下拉列表中选择“日期与时间”选项，在“选择函数”区域选择“YEAR”函数，单击“确定”按钮；在打开的“函数参数”对话框中单击 F3 单元格，单击“确定”按钮。此时单元格的格式还是日期格式，需要将单元格格式设置为“常规”。单击“开始”选项卡“数字”选项组中的“数字格式”下拉按钮，在下拉列表中选择“常规”选项即可。计算工作年限操作步骤如图 7-32 所示。

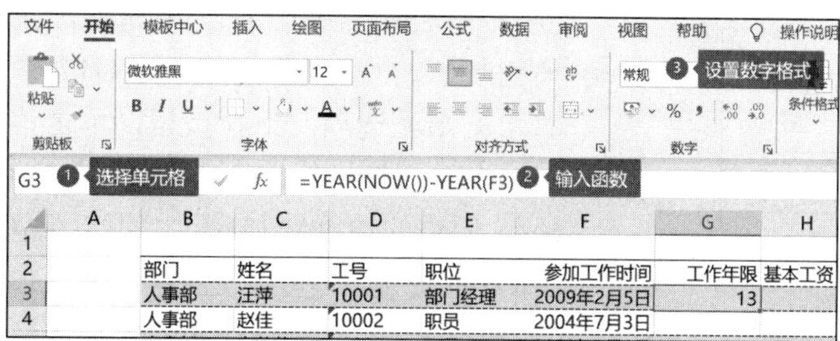

图 7-32　计算工作年限操作步骤

（2）输入基本工资，并计算上涨 10%的值

根据每位职工的工作年限和职位，在“基本工资”列，输入每个人的基本工资分别为 8000、7000、4500、5600、6500、7600、7400、5000、4800、5200、6600、7000、5200、4800、4700。

由于公司进行了薪资改革，需要在原有基本工资的基础上上涨 10%。在 I3 单元格中输入公式“=H3*1.1”，按 Enter 键，双击填充柄完成公式的复制与填充；选择所有计算好的 I 列数值，右击选中区域，在打开的快捷菜单中选择“复制”选项；右击 H3 单元格，在打开的快捷菜单中选择“粘贴选项”→“值”选项。也可以在 I3 单元格中输入“1.1”，按 Ctrl+C 组合键复制数值，选中 H3:H17 单元格区域并右击，在打开的快捷菜单中选择“选择性粘贴”选项，在打开的“选择性粘贴”对话框中选择“粘贴”选项组中的“数值”选项，选择“运算”选项组中的“乘”选项，单击“确定”按钮。选择性粘贴操作步骤如图 7-33 所示。最后删除 I3 单元格，注意此处是删除，不是清除。

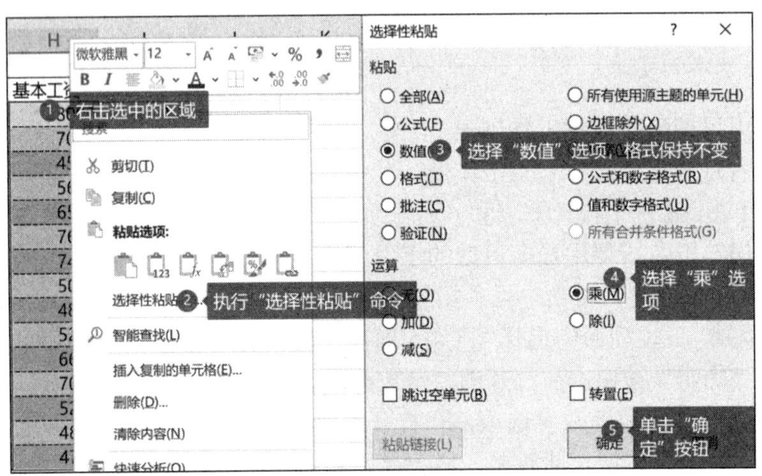

图 7-33 选择性粘贴操作步骤

2. 计算完成 5 月加班统计表

（1）求和计算

单击“5 月加班统计表”工作表，选中 H3 单元格，单击“开始”选项卡“编辑”选项组中的求和按钮 Σ ˅，按 Enter 键确认。选中 H3 单元格，利用填充柄进行公式复制，将公式复制至 H17 单元格，此时会发现单元格背景及边框都发生了变化。H17 单元格右下方出现“自动填充选项”下拉按钮，单击该下拉按钮，在下拉列表中选择“不带格式填充”选项，如图 7-34 所示。原来的边框线和底纹都得以保留，不会因为复制而发生变化。

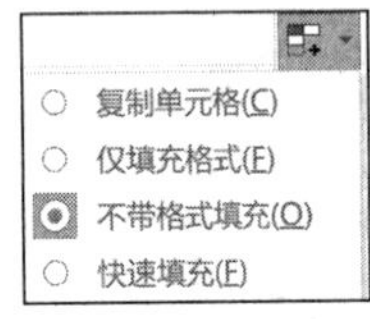

图 7-34 “自动填充选项”下拉列表

（2）计算加班金额

加班费是指每个人一天加班的基数，因此加班金额由天数乘以加班费而得。选中 J2

单元格，输入文本“加班金额”。选中J3单元格，输入公式“=H3*I3”，按Enter键确认，利用公式复制完成所有员工加班金额的计算。

对于加班金额，也可以用数组公式来进行整体运算。选中要计算的单元格区域J3:J17，在编辑栏中输入公式“=H3:H17*I3:I17”，按Ctrl+Shift+Enter组合键，此时编辑栏公式会变成“{=H3:H17*I3:I17}”，表示为数组公式，如果需要改动单元格，则选中J3:J17单元格区域进行整体编辑，无法改动其中某个单元格。所有编辑栏中的单元格和区域，都可以通过单击单元格和拖动鼠标来选择，无须手动输入。

在财务上所有表格中的金额都要用会计数据格式。选中I3:J17单元格区域，单击“开始”选项卡“数字”选项组中的“数字格式”下拉按钮，在下拉列表中选择“会计专用”选项即可。

（3）统一表格格式

当完成所有计算后，会发现“加班金额”列与左侧表格格式不统一。选中I2:I17单元格区域，单击“开始”选项卡“剪贴板”选项组中的“格式刷”按钮，此时鼠标右侧会多出一把刷子图标，拖动J2:J17单元格区域，这样J列和I列的背景色及边框线会保持一致，整体美观度得到提升。

3. 将加班金额数据导入工作表“6月工资统计表”

（1）利用复制粘贴来实现

可以直接利用数据的复制粘贴功能，将“5月加班统计表”中的“加班金额”复制到“6月工资统计表”中的“加班金额”列H4:H18单元格区域中。

（2）利用查找函数来实现

复制粘贴的前提是“5月加班统计表”和“6月工资统计表”中的工号次序完全一致，否则加班费会出错，查找也是一个大工程，因此要尽量减少手动输入常量，保证数据有迹可循。复制数据，会使数据无法追溯，因此在统计表中，需要尽量减少从别的工作表中复制数据，可以利用查找函数VLOOKUP实现数据导入。

选中“6月工资统计表”中的H4单元格，单击“公式”选项卡“函数库”选项组中的“查找与引用”下拉按钮，在打开的下拉列表中选择“Vlookup”选项，在打开的“函数参数”对话框中进行参数设置，如图7-35所示。其中，搜索表区域是固定的，不会随着公式复制进行变化，因此在这里要用绝对引用。

4. 计算完成“6月个税计算表”

居民个人从中国境内和境外取得的报酬所得的，应依照《中华人民共和国个人所得税法》规定缴纳个人所得税。工资、薪金所得，劳务报酬所得、稿酬所得，特许权使用费所得，经营所得，利息、股息、红利所得，财产租赁所得，财产转让所得，偶然所得都属于个人所得。为了计算便利，本案例只采用工资、薪金所得，其他所得不在考虑范围之内。个人所得税按年起征，采用累计计算方式，先计算应纳税所得额，即“6月个税计算表”中的“计税工资”列，当月应缴个税为累计应缴个税减去上月累计应缴个税。

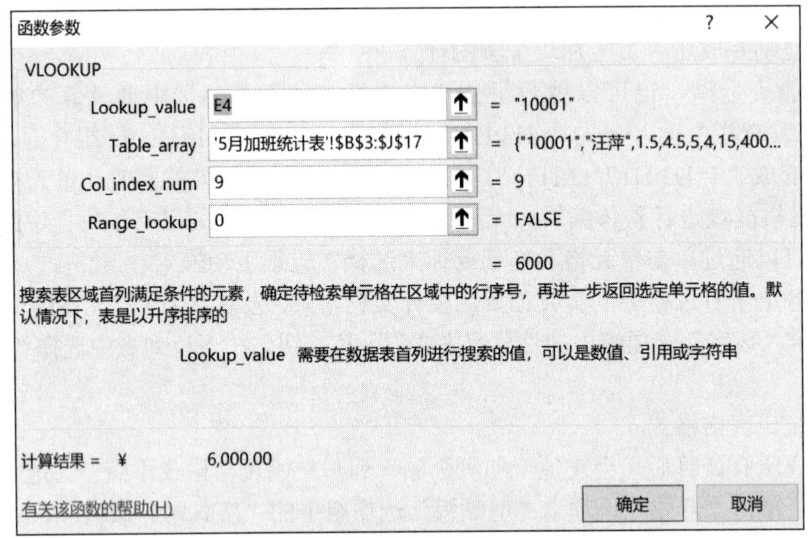

图 7-35 利用查找函数进行数据导入

（1）利用公式完成计税工资的计算

计算个人所得税采用超额累计税率，因此个税计算表中出现的都是累计金额。每个月在计算时都需要累计前几个月的金额。因此，计税工资=累计工资-累计免征额-累计三险一金-累计各类专项扣除。选中 Q4 单元格，在编辑栏中输入公式“=F4-SUM(G4:P4)”。利用公式复制计算所有员工的计税工资。

（2）利用函数计算累计个税缴纳额

扣除了各项费用后的计税工资，即为计税基数。根据这个基数，采用 3%～45% 7 级超额累计税率，如表 7-3 所示。

根据个人所得税税率表，在“累计个税”列中填入数据。在这里可以用 IF 函数，因涉及判断条件过多，故采用 Excel 2019 新增的函数 IFS。单击“公式”选项卡“函数库”选项组中的“逻辑”下拉按钮，在下拉列表中选择“IFS”选项，在打开的“函数参数”对话框中输入参数，如表 7-7 所示。然后利用公式复制完成数据的填充。对于参数值中出现的常量，可以进行简化，如表 7-7 所示。

表 7-7 “累计个税”计算用 IFS 函数参数的设置

参数名称	参数值	参数简化
Logical_test1	Q4<=36000	
Value_if_true1	Q4*0.03	
Logical_test2	Q4<=144000	

续表

参数名称	参数值	参数简化
Value_ if_true2	(Q4-36000)*0.1+36000*0.03	(Q4−36000)*0.1+ 1080
Logical_ test3	Q4<=300000	
Value_ if_true3	(Q4-144000)*0.2+(144000-36000)*0.1+36000*0.03	(Q4−144000)*0.2+ 11880
Logical_ test4	Q4<=420000	
Value_ if_true4	(Q4−300000)*0.25+(300000−144000)*0.2+(144000-36000)*0.1+36000*0.03	(Q4−300000)*0.25+ 43080
Logical_ test5	Q4<=660000	
Value_ if_true5	(Q4−420000)*0.3+(420000−300000)*0.25+(300000−144000)*0.2+(144000−36000)*0.1+36000*0.03	(Q4−420000)*0.3+ 73080
Logical_ test6	Q4<=960000	
Value_ if_true6	(Q4−660000)*0.35+(660000−420000)*0.3+(420000−300000)*0.25+(300000−144000)*0.2+(144000-36000)*0.1+36000*0.03	(Q4−660000)*0.35+ 145080
Logical_ test7	Q4>=960000	
Value_ if_true7	(Q4−960000)*0.45+(960000−660000)*0.35+(660000−420000)*0.3+(420000−300000)*0.25+(300000−144000)*0.2+(144000−36000)*0.1+36000*0.03)	(Q4−960000)*0.45+ 250080

（3）利用公式计算本次应交个税

选中 T4 单元格，在编辑栏输入公式“=R4−S4”，按 Enter 键确认。利用填充柄进行公式复制，全部填入“本次应交个税”列数据。

5. 计算并完善“6 月工资统计表”

（1）利用 SUM 函数完成“应发工资”列数据的填充

选中 I4 单元格，然后单击编辑栏左侧的“插入函数”按钮，在“常用函数”列表中选择“SUM 函数”选项，在打开的“函数参数”对话框中，输入“F4:H4”或者直接拖动鼠标选择 F4:H4 单元格区域，单击“确定”按钮。利用公式复制完成“应发工资”列数据的计算。

（2）将个人所得税数据填充到“6 月工资统计表”的“个人所得税”列

初学者可以利用复制粘贴操作，将“6 月个税计算表”中的“本次应交个税”列复制到“6 月工资统计表”的“个人所得税”列中。但这样操作不严谨，如果人员前后次序发生变化，那么现有人员与原有个税无法对应一致。利用 VLOOKUP 函数，可以很好地解决这一问题。打开 VLOOKUP“函数参数”对话框后，进行参数设置，如图 7-36 所示。设置完成后，单击“确定”按钮即可。

（3）计算实发合计

选中 P4 单元格，在编辑栏输入公式“=I4-SUM(J4:O4)”，按 Enter 键确认。利用公式复制完成其余数据的填充，注意选择“不带格式填充”选项。

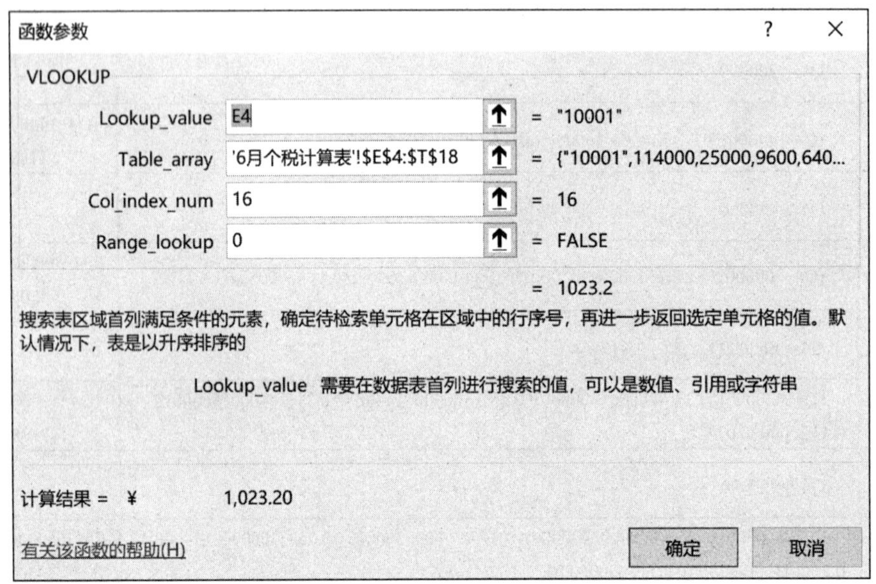

图 7-36 公式 VLOOKUP 函数参数设置

（4）利用函数计算公司福利支出合计

选中 W4 单元格，然后单击编辑栏左侧的“插入函数”按钮，在“常用函数”列表中选择“SUM 函数”选项，在打开的“函数参数”对话框中，输入“Q4:V4”或者直接拖动鼠标选择 Q4:V4 单元格区域，单击“确定”按钮。利用公式复制完成“公司福利支出合计”列数据的填充。

（5）利用公式计算公司支出合计

选中 X4 单元格，在编辑栏中输入公式“=I4+W4”，按 Enter 键确认。利用公式复制完成其余数据的填充，注意要选择“不带格式填充”选项。

6. 美化“6 月工资统计表”

（1）调整列标题

使所有列标题和数据保持对齐一致，如果数据是文本类型，那么系统自动左对齐，对应的列标题也应保持左对齐；如果数据是数值，那么系统默认右对齐，对应的列标题也应保持右对齐。

（2）调整行、列

将第 4～18 行的行高设置为 19。将列宽设置为“自动调整列宽”，保证所有的数据可见。

（3）增加背景色

为了增加数据的可读性，在列标题所在单元格设置字体颜色为白色，设置背景色为“蓝-灰，文字 2，淡色 40%”，并且需要隔行设置背景色。选中 B5:X5 单元格区域，单击“开始”选项卡“字体”选项组中的“填充颜色”下拉按钮，在下拉列表中选择“主题颜色”→“浅灰色，背景 2”选项。选中 B4:X5 单元格区域，单击“开始”选项卡“剪贴板”选项组中的“格式刷”按钮，拖动鼠标至 C4:X18 单元格区域，即将格式复制到 C4:X18 单元格区域中，效果如图 7-37 所示。

计薪周期：2022年5月1日-2022年5月31日　　打印日期：2022年6月6日

序号	部门	姓名	工号	基本工资	绩效工资	加班金额	应发工资	公积金（个人）	养老保险（个人）	医疗保险（个人）	失业保险（个人）	考勤扣款	个人所得税	实发合计	公积金（公司）	养老保险（公司）	医疗保险（公司）	失业保险（公司）	工伤（公司）	生育（公司）	公司缴纳支出合计	公司支出合计
1	人事部	汪萍	10001	¥8,800.00	¥8,000.00	¥6,000.00	¥22,800.00	¥1,920.00	¥1,280.00	¥320.00	¥ 48.00	¥ -	¥1,023.20	¥18,208.80	¥1,920.00	¥3,200.00	¥1,280.00	¥112.00	¥192.00	¥160.00	¥6,864.00	¥29,664.00
2	人事部	赵佳	10002	¥7,700.00	¥7,000.00	¥1,400.00	¥16,100.00	¥1,680.00	¥1,120.00	¥280.00	¥ 42.00	¥ -	¥ 179.34	¥12,798.66	¥1,680.00	¥2,800.00	¥1,120.00	¥ 98.00	¥168.00	¥140.00	¥6,006.00	¥22,106.00
3	人事部	方苗苗	10003	¥4,950.00	¥4,500.00	¥2,812.50	¥12,262.50	¥1,080.00	¥ 720.00	¥180.00	¥ 27.00	¥ -	¥ 136.67	¥10,118.84	¥1,080.00	¥1,800.00	¥ 720.00	¥ 63.00	¥108.00	¥ 90.00	¥3,861.00	¥16,123.50
4	财务部	方舟	20001	¥6,160.00	¥5,600.00	¥2,380.00	¥14,140.00	¥1,344.00	¥ 896.00	¥224.00	¥ 33.60	¥ -	¥ 169.27	¥11,473.13	¥1,344.00	¥2,240.00	¥ 896.00	¥ 78.40	¥134.40	¥112.00	¥4,804.80	¥18,944.80
5	财务部	林丽	20002	¥7,150.00	¥6,500.00	¥3,900.00	¥17,550.00	¥1,560.00	¥1,040.00	¥260.00	¥ 39.00	¥ -	¥ 767.38	¥13,883.62	¥1,560.00	¥2,600.00	¥1,040.00	¥ 91.00	¥156.00	¥130.00	¥5,577.00	¥23,127.00
6	财务部	王林涛	20003	¥8,360.00	¥7,600.00	¥6,650.00	¥22,610.00	¥1,824.00	¥1,216.00	¥304.00	¥ 45.60	¥ -	¥1,121.80	¥18,098.60	¥1,824.00	¥3,040.00	¥1,216.00	¥106.40	¥182.40	¥152.00	¥6,520.80	¥29,130.80
7	财务部	盛天明	20004	¥8,140.00	¥7,400.00	¥2,590.00	¥18,130.00	¥1,776.00	¥1,184.00	¥296.00	¥ 44.40	¥ -	¥ 204.89	¥14,624.71	¥1,776.00	¥2,960.00	¥1,184.00	¥103.60	¥177.60	¥148.00	¥6,349.20	¥24,479.20
8	营销部	黄明	30001	¥5,500.00	¥5,000.00	¥1,500.00	¥12,000.00	¥1,200.00	¥ 800.00	¥200.00	¥ 30.00	¥ -	¥ 134.10	¥ 9,635.90	¥1,200.00	¥2,000.00	¥ 800.00	¥ 70.00	¥120.00	¥100.00	¥4,290.00	¥16,290.00
9	营销部	张文亚	30002	¥5,280.00	¥4,800.00	¥2,160.00	¥12,240.00	¥1,152.00	¥ 768.00	¥192.00	¥ 28.80	¥ -	¥ 143.98	¥ 9,955.22	¥1,152.00	¥1,920.00	¥ 768.00	¥ 67.20	¥115.20	¥ 96.00	¥4,118.40	¥16,358.40
10	营销部	鲁东东	30003	¥5,720.00	¥5,200.00	¥2,340.00	¥13,260.00	¥1,248.00	¥ 832.00	¥208.00	¥ 31.20	¥ -	¥ 169.22	¥10,771.58	¥1,248.00	¥2,080.00	¥ 832.00	¥ 72.80	¥124.80	¥104.00	¥4,461.60	¥17,721.60
11	营销部	周韩宇	30004	¥7,260.00	¥6,600.00	¥4,620.00	¥18,480.00	¥1,584.00	¥1,056.00	¥264.00	¥ 39.60	¥ -	¥ 343.83	¥15,192.57	¥1,584.00	¥2,640.00	¥1,056.00	¥ 92.40	¥158.40	¥132.00	¥5,662.80	¥24,142.80
12	总务部	沈静	40001	¥7,700.00	¥7,000.00	¥4,900.00	¥19,600.00	¥1,680.00	¥1,120.00	¥280.00	¥ 42.00	¥ -	¥ 321.64	¥16,156.36	¥1,680.00	¥2,800.00	¥1,120.00	¥ 98.00	¥168.00	¥140.00	¥6,006.00	¥25,606.00
13	总务部	傅明森	40002	¥5,720.00	¥5,200.00	¥1,560.00	¥12,480.00	¥1,248.00	¥ 832.00	¥208.00	¥ 31.20	¥ -	¥ 85.82	¥10,074.98	¥1,248.00	¥2,080.00	¥ 832.00	¥ 72.80	¥124.80	¥104.00	¥4,461.60	¥16,941.60
14	总务部	刘文瑞	40003	¥5,280.00	¥4,800.00	¥1,560.00	¥11,640.00	¥1,152.00	¥ 768.00	¥192.00	¥ 28.80	¥ -	¥ 95.98	¥ 9,403.22	¥1,152.00	¥1,920.00	¥ 768.00	¥ 67.20	¥115.20	¥ 96.00	¥4,118.40	¥15,758.40
15	总务部	宋伊诺	40004	¥5,170.00	¥4,700.00	¥1,645.00	¥11,515.00	¥1,128.00	¥ 752.00	¥188.00	¥ 28.20	¥ -	¥ 123.56	¥ 9,295.24	¥1,128.00	¥1,880.00	¥ 752.00	¥ 65.80	¥112.80	¥ 94.00	¥4,032.60	¥15,547.60

备注：

制表人：　　审核人：　　审批人：

日期：　　日期：　　日期：

图 7-37　“6 月工资统计表”效果图

（4）添加边框线

选中数据区域 B4:X18，单击“开始”选项卡“字体”选项组中的“其他边框”下拉按钮，在下拉列表中选择“其他边框”选项，在打开的“设置单元格格式”对话框中，选择“边框”选项卡，将上下边线设置为粗线，中间线设置为细线，效果如图 7-37 所示。

（5）设置打印区域

选中 B2:X22 单元格区域，单击“页面布局”选项卡“页面设置”选项组中的“打印区域”下拉按钮，在下拉列表中选择“设置打印区域”选项，同时将纸张方向设置为“横向”，将页边距设置为“窄”。

单击“页面布局”选项卡“页面设置”选项组中的对话框启动器，打开“页面设置”对话框，选择“页面”选项卡，在“缩放”选项组中选择“调整为”选项，并在对应的数字框中输入“1”，即可让报表在一页纸上打印出来。

能力拓展——统计学生期末成绩

◆ 任务要求

数字信息技术学院要对学生的期末考试成绩进行统计，从而更好地掌握学生的学习情况，以便有针对地开展下学期的工作。学生考试成绩表如图 7-38 所示，请利用公式或函数在表中空白处填入正确数据。

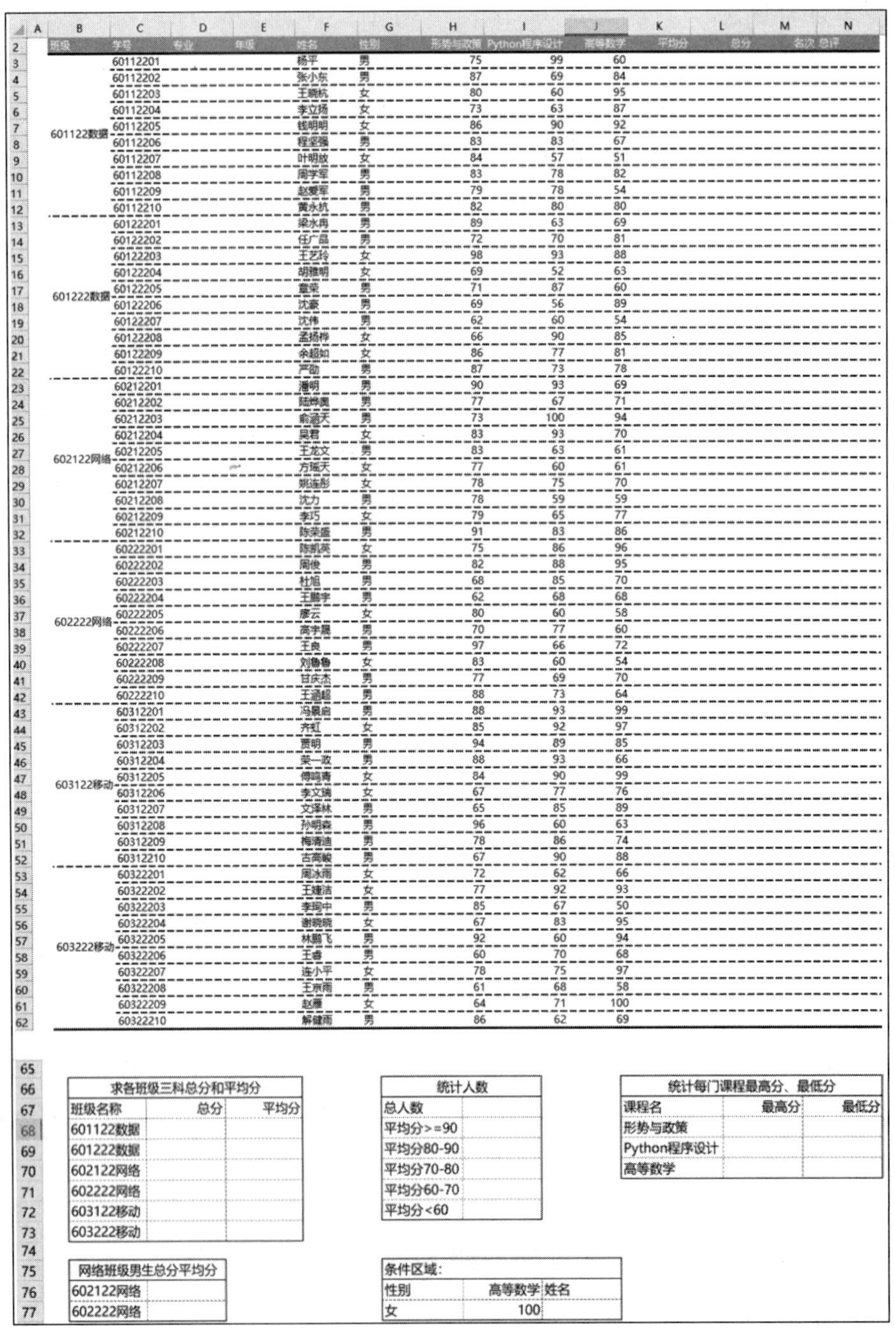

班级	学号	专业	年级	姓名	性别	形势与政策	Python程序设计	高等数学	平均分	总分	名次	总评
601122数据	60112201			杨平	男	75	99	60				
	60112202			张小东	男	87	69	84				
	60112203			王晓杭	女	80	60	95				
	60112204			李立扬	女	73	63	87				
	60112205			钱明明	女	86	90	92				
	60112206			程坚强	男	83	83	67				
	60112207			叶明放	女	84	57	51				
	60112208			周学军	男	83	78	82				
	60112209			赵爱军	男	79	78	54				
	60112210			黄永抗	男	82	80	80				
601222数据	60122201			梁水冉	男	89	63	69				
	60122202			任广品	男	72	70	81				
	60122203			王艺玲	女	98	93	88				
	60122204			胡雅明	女	69	52	63				
	60122205			董荣	男	71	87	60				
	60122206			沈豪	男	69	56	89				
	60122207			沈伟	男	62	60	54				
	60122208			孟扬梓	女	66	90	85				
	60122209			余超如	女	86	77	81				
	60122210			严勋	男	87	73	78				
602122网络	60212201			潘明	男	90	93	69				
	60212202			陆烨奥	男	77	67	71				
	60212203			俞涵天	男	73	100	94				
	60212204			吴君	女	83	93	70				
	60212205			王龙文	男	83	63	61				
	60212206			方瑶天	女	77	60	61				
	60212207			姚连彤	女	78	75	70				
	60212208			沈力	男	78	59	59				
	60212209			李巧	女	79	65	77				
	60212210			陈荣盛	男	91	83	86				
602222网络	60222201			陈凯英	女	75	86	96				
	60222202			周俊	男	82	88	95				
	60222203			杜旭	男	68	85	70				
	60222204			王鹏宇	男	62	68	68				
	60222205			廖云	女	80	60	58				
	60222206			高宇晨	男	70	77	60				
	60222207			王良	男	97	66	72				
	60222208			刘鲁鲁	女	83	60	54				
	60222209			甘庆杰	男	77	69	70				
	60222210			王涵超	男	88	73	64				
603122移动	60312201			冯飘扇	男	88	93	99				
	60312202			齐虹	女	85	92	97				
	60312203			贾明	男	94	89	85				
	60312204			荣一政	男	88	93	66				
	60312205			傅鸣青	女	84	90	99				
	60312206			李文瑞	女	67	77	76				
	60312207			文泽林	男	65	85	89				
	60312208			孙明森	男	96	60	63				
	60312209			梅清迪	男	78	86	74				
	60312210			古高峻	男	67	90	88				
603222移动	60322201			周冰雨	女	72	62	66				
	60322202			王婕洁	女	77	92	93				
	60322203			李珂中	男	85	67	50				
	60322204			谢晓晓	女	67	83	95				
	60322205			林鹏飞	男	92	60	94				
	60322206			王睿	男	60	70	68				
	60322207			连小平	女	78	75	97				
	60322208			王京雨	男	61	68	58				
	60322209			赵雁	女	64	71	100				
	60322210			解健雨	男	86	62	69				

求各班级三科总分和平均分		
班级名称	总分	平均分
601122数据		
601222数据		
602122网络		
602222网络		
603122移动		
603222移动		

统计人数	
总人数	
平均分>=90	
平均分80-90	
平均分70-80	
平均分60-70	
平均分<60	

统计每门课程最高分、最低分		
课程名	最高分	最低分
形势与政策		
Python程序设计		
高等数学		

网络班级男生总分平均分	
602122网络	
602222网络	

条件区域:		
性别	高等数学	姓名
女	100	

图 7-38　学生考试成绩表

◆ 任务实施

1. 整理表格，取消合并单元格

在 Excel 表格中尽量不要合并单元格，否则会丢失部分单元格，使后续数据无法运算。选中所有班级名称并右击，在打开的快捷菜单中选择“设置单元格格式”选项，打开“设置单元格格式”对话框，选择“对齐”选项卡，取消选中“合并单元格”复选框，单击“确定”。单击“开始”选项卡“编辑”选项组中的“查找和选择”下拉按钮，在下拉列表中选择“定位条件”选项，在打开的“定位条件”对话框中，选中“空值”单选按钮，单击“确定”按钮，如图 7-39 所示；直接在当前单元格中输入公式“=B3”，按 Ctrl+Enter 组合键，进行定位填充。

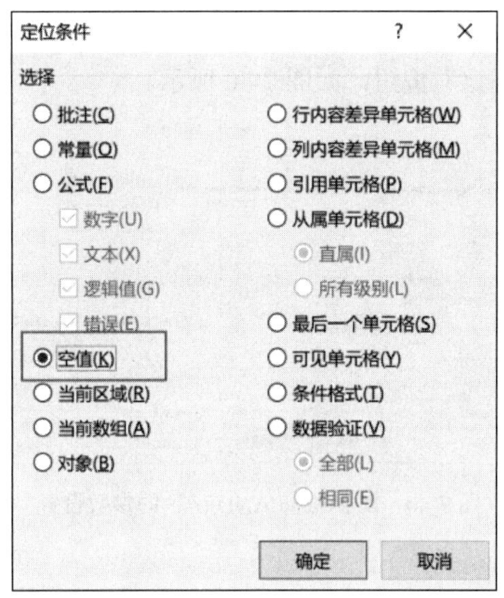

图 7-39　“定位条件”对话框

2. 添加专业数据

利用 RIGHT 函数实现专业数据的填充。在 D3 单元格中输入公式“=RIGHT(B3,2)”，利用公式复制完成所有“专业”列数据的填充。

3. 添加年级数据

利用 CONCAT 和 MID 函数实现年级数据的填充。从学号中可以看到第 5、6 位是入学年份的后两位，先提取出两位字符，再利用 CONCAT 函数将字符串“20”和后两位字符字符串连接。在 E3 单元格中输入公式“=CONCAT(20,MID(C3,5,2))”，利用公式复制完成所有“年级”列数据的填充。

4. 求平均分

利用 AVERAGE 函数计算所有人的平均分，保留 1 位小数。

5. 计算总分

利用 SUM 函数或者按 ALT+=组合键，计算所有人的总分。

6. 排名

利用 RANK.EQ 函数完成名次数据的填充。在 M3 单元格中输入公式“=RANK.EQ(L3,$L$3:$L$62,0)”，利用公式复制完成“名次”列数据的填充。

7. 添加总评数据

利用 IF 函数和逻辑函数实现总评数据的填充。如果 3 门课程成绩都及格，则填充“合格”，否则填充“不合格”。选中 N3 单元格，单击“插入函数”按钮，选择“IF”选项，填入参数，单击“确定”按钮，如图 7-40 所示。

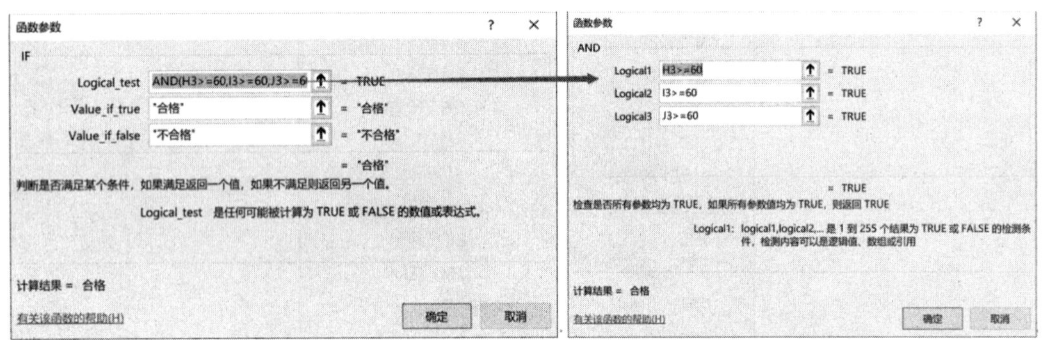

图 7-40　IF 函数和 AND 函数的参数设置

8. 计算 3 科总分和平均分

利用 SUMIF 函数和 AVERAGEIF 函数计算 3 科总分和平均分。在 C68 单元格中输入公式“=SUMIF($B$3:$B$62,B68,$L$3:$L$62)”，利用公式复制完成该列其他数据的填充；在 D68 单元格输入公式“=C68/COUNTIF($B$3:$B$62,B68)”，利用公式复制完成该列其他数据的填充。注意不带格式填充，保留 1 位小数。

9. 统计两个网络班级男生总分的平均分

利用 AVERAGEIFS 函数统计两个网络班级男生总分的平均分。在 C76 单元格中输入公式“=AVERAGEIFS($L$3:$L$62,$B$3:$B$62,B76,$G$3:$G$62,"男")”，利用公式复制将网络 2 班男生的平均分填充完成。

10. 统计总人数和各平均分分数段人数

在 G67 单元格中输入公式“=COUNTA(F3:F62)”，即可计算总人数；在 G68 单元格中输入公式“=COUNTIF(K3:K62,">=90")”，即可计算平均分在 90 分以上的人数；在 G69 单元格中输入公式“=COUNTIFS(K3:K62,">=80",K3:K62,"<90")”，即可计算平均分为 80～90（不含）分的人数。用同样的方法可以完成其他数据的填充。

11. 计算每门课程的最高分和最低分

利用 MAX 和 MIN 函数计算每门课程的最高分和最低分。在 J68 单元格中输入公式

“=MAX(H3:H62)”，在 K68 单元格中输入公式“=MIN(H3:H62)”，即可求出“形势与政治”课程的最高分和最低分。用同样的方法可以计算出另外两门课程的最高分和最低分。

12. 找出“高等数学”成绩为 100 分的女生姓名

利用 DGET 函数找出“高等数学”成绩为 100 分的女生的姓名。已在 F76:G77 建立条件区域，如图 7-38 所示。在 H77 单元格中输入公式“=DGET(B2:N62,F2,F76:G77)”即可。

评价反馈

自评表

序号	评价内容	评价标准	自评分数	教师评分
1	输入公式	会运用公式		
2	选择性粘贴	会灵活运用选择性粘贴		
3	公式复制	会运用单元格的引用及运算公式的复制		
4	数组公式	会运用数组公式		
5	求和函数	会灵活运用 SUM、SUMIF、SUMIFS 函数		
6	统计函数	会灵活运用 COUNT、COUNTA、COUNTIF、COUNTIFS、MAX、MIN 函数		
7	日期和时间函数	会运用 DATE、YEAR、MONTH、DAY、NOW、HOUR、MINUTE 函数		
8	逻辑函数	会灵活运用 IF、IFS、AND、OR 函数		
9	文本函数	会运用 REPLACE、MID、LEFT、RIGHT、CONCAT 函数		
10	查找函数	会运用 VLOOKUP 函数		
考核评价	总分（每项评价内容为 10 分，满分 100 分）			
	指导教师评语			

任务三　分析销售数据表

任务目标

- 会灵活运用排序、筛选、条件格式、超级表等数据呈现方法。
- 会运用分类汇总、数据透视表等。
- 会灵活运用 Excel 进行数据统计和分析。
- 了解图表的基本结构。
- 会运用迷你图。
- 会灵活运用图表、数据透视图。

- 提升对数字的敏感度，能为企业规划方案提供可靠的数据支持。

任务描述

八匹马贸易有限公司要对 6 月份的销售数据进行统计，从而有针对性地分析上半年的销售数据，给销售总监提供正确有效的决策依据。

要求如下。

1）按产品名称的笔画顺序进行升序排序。

2）采用筛选工具，统计 6 月销量最多的 3 笔业务。

3）采用高级筛选功能统计销量超过 800 或者销售金额超过 20000 元的订单。

4）利用分类汇总工具，统计每位业务员一个月的销售额，将结果按降序排序。

5）利用数据透视工具统计每件产品的 6 月总销售额。

6）利用条件格式突出显示销售数据，并将每月销量超过 5000 的数据用红色加粗显示。用“三色交通灯”分别标记上半年销量的前 1/3、中间 1/3 和后 1/3。

7）快速分析各产品上半年销售情况。

8）直观展示各产品上半年的销售数据，并分析后续的销售策略。

任务分析与相关知识

Excel 不仅具有数据计算功能，还具有数据管理功能，特别是在数据分析方面更加便捷高效，使用户可以利用排序、筛选、条件格式、超级表、分类汇总和数据透视表等数据管理显示工具来完成工作。

一、排序

排序是指将工作表中的数据按照一定的规律进行显示。在 Excel 中，用户可以使用默认的排序功能，对文本、数字、时间、日期等数据进行排序，也可以根据排序需要对数据进行自定义排序。排序的方式有升序和降序两种，升序即递增排序，降序即递减排序。

1. 设置单项数据排序

若根据数据清单中某一字段进行排序，则可选中该字段中的任意一个单元格，单击“开始”选项卡“编辑”选项组“排序和筛选”选项中的“升序”按钮 或“降序”按钮 即可。

2. 设置多项数据排序

若要对多列数据进行排序，则需要使用“自定义排序”功能。

选中数据清单中的任意一个单元格，单击“开始”选项卡“编辑”选项组中的“排序和筛选”下拉按钮，在下拉列表中选择“自定义排序”选项，打开“排序”对话框，如图 7-41 所示。在“主要关键字”下拉列表中选择字段名选项，在“次序”列表中选择“升序”、“降序”或“自定义序列”选项；还可以通过单击“添加条件”按钮来增加“次要关键字”等条件。选中“排序”对话框右上方的“数据包含标题”复选框，可将含列标题的第一行从排序区中排除。若有需要还可以单击“选项”按钮来进行相关设置，设置完成后单击“确定”按钮。单击“排序”对话框中的“选项”按钮，打开“排序选项”对话框，可以设置排序方法和排序方向，如图 7-42 所示。

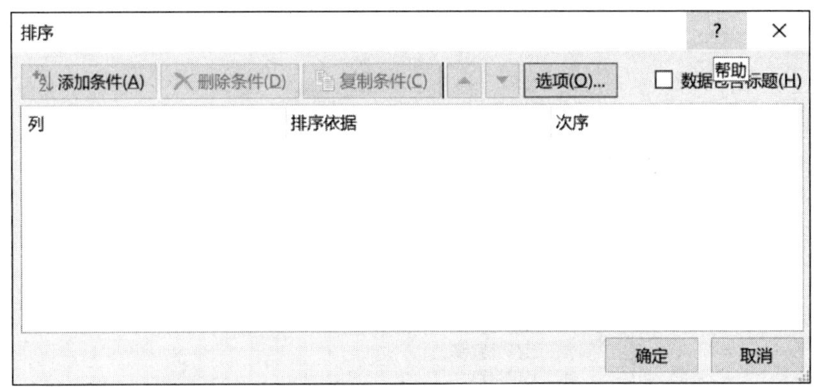

图 7-41 “排序”对话框

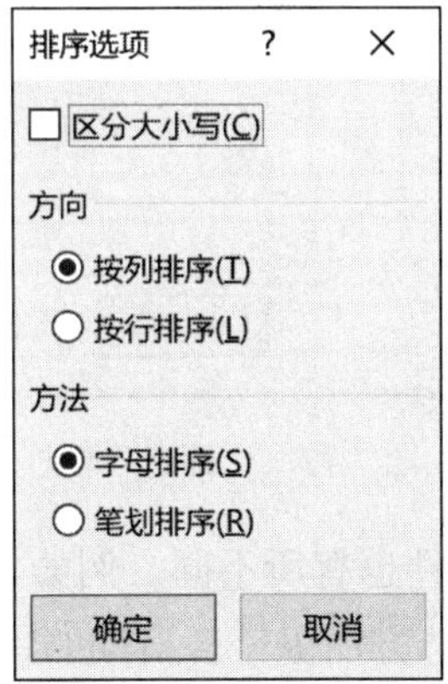

图 7-42 “排序选项”对话框

二、筛选

数据筛选的实质是显示符合条件的信息行，隐藏不符合条件的信息行。Excel 提供了自动筛选和高级筛选两种功能。

1. 设置自动筛选

（1）建立自动筛选

筛选数据最简单的方法是选择“自动筛选”选项。选中数据区域中的任意一个单元格，单击“开始”选项卡“编辑”选项组中的“排序和筛选”下拉按钮，在下拉列表中选择“筛选”选项，此时在每个列标题的右侧出现一个下拉按钮，单击想要查找的字段名的下拉按钮，打开“筛选”面板，如图 7-43 所示，从中选择需要筛选的选项即可。

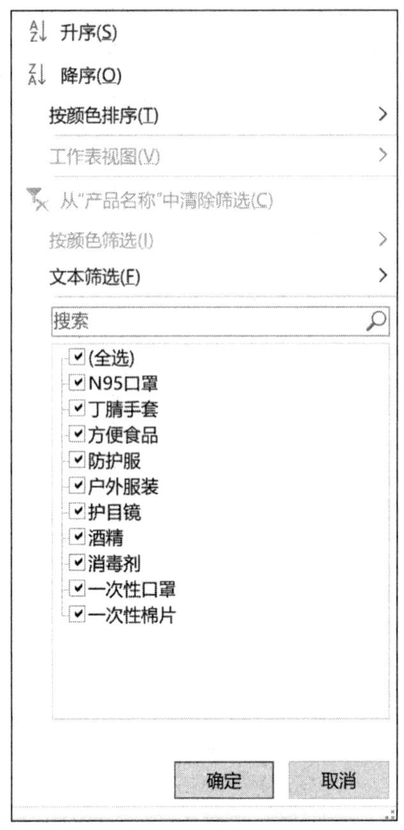

图 7-43 “筛选”面板

不同数据类型支持的筛选条件也有所不同。例如，筛选的数据类型是日期格式时，面板中会自带折叠功能，使得筛选方法更符合日期的特性，以方便操作。其中，选中“全选”复选框表示不对当前字段进行筛选，显示全部记录；“文本筛选”的级联菜单中有 7 个选项，当用户选择“文本筛选”级联菜单中的选项时，会打开“自定义自动筛选方式”对话框，如图 7-44 所示。在该对话框中可设置两个筛选条件，这两个条件之间的关系可以是“与”或者“或”；“数字筛选”的级联菜单中有 11 个选项，设置方法与“文本筛选”基本相同。另外，Excel 还提供了按字体颜色、单元格填充颜色进行筛选的功能。

（2）关闭自动筛选

关闭自动筛选与建立自动筛选的过程一样，即单击“开始”选项卡“编辑”选项组中的“排序和筛选”下拉按钮，在下拉列表中选择“筛选”选项，使该选项处于未选中状态即可。

图 7-44　“自定义自动筛选方式”对话框

2. 设置高级筛选

使用高级筛选可以设置复杂的筛选条件，其功能更加强大。例如，条件关系为“或”时，使用自动筛选就无能为力了。要使用高级筛选对数据进行筛选，必须设置筛选条件。不同于自动筛选，使用高级筛选需要设置一个条件区域，用来指定筛选数据必须满足的条件。

（1）设置条件区域

条件区域和筛选条件的设置应满足以下要求。

1）条件区域与数据区域之间至少留一个空行或空列。

2）条件区域的首行必须是列标题（但不需要包含所有的列标题，只要包含那些条件中使用的列标题），并且要与数据区域的列标题在名称上保证一致。

3）在条件区域列标题下方的若干行中，输入要匹配的条件，条件可以是一个，也可以是多个。在条件区域中输入多个条件时，在同一行输入的条件，它们之间是“与”的关系；在不同行输入的条件，它们之间是“或”的关系。

（2）执行高级筛选

条件区域设置完成后，可以对数据进行高级筛选操作。选中数据区域中的任意一个单元格，单击“数据”选项卡“排序和筛选”选项组中的“高级”按钮，打开“高级筛选”对话框，如图 7-45 所示。如果要通过隐藏不符合条件的数据行来筛选数据，则可选中“在原有区域显示筛选结果”单选按钮。如果要通过将符合条件的数据行复制到工作表的其他位置来筛选数据清单，则可选中“将筛选结果复制到其他位置”单选按钮。在“列表区域”文本框中输入数据区域的引用，在“条件区域”文本框中输入条件区域的引用，输入时也可以通过选择单元格区域的方式进行输入。若选中“将筛选结果复制到其他位置”单选按钮，则在“复制到”文本框中输入工作表中粘贴区域的左上角单元格。单击“高级筛选”对话框中的“确定”按钮，执行高级筛选。如果要更改筛选数据的方式，则可更改条件区域中的值并再次筛选数据。

（3）取消高级筛选

对数据清单进行高级筛选，如果在筛选时选中“在原有区域显示筛选结果”单选按钮，要想取消高级筛选以显示全部记录，则单击“数据”选项卡“排序和筛选”选项组中的“清除”按钮 。

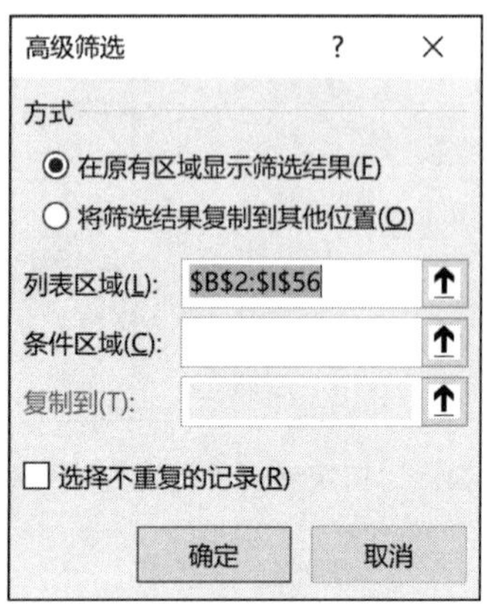

图 7-45 “高级筛选”对话框

三、条件格式

在编辑数据时，用户可以运用条件格式功能，按指定的条件筛选工作表中的数据，并利用颜色突出显示筛选的数据。

选中要设置条件格式的单元格区域，单击“开始”选项卡“样式”选项组中的“条件格式”下拉按钮，在下拉列表中选择相应的选项即可。“条件格式”下拉列表中主要包括以下几个选项。

1. “突出显示单元格规则”选项

“突出显示单元格规则”选项主要用于查找单元格区域中的特定单元格，基于比较运算符来设置这些特定的单元格格式。该选项包括大于、小于、介于、等于、文本包含、发生日期与重复值 7 种常用规则。当用户选择某种规则时，系统会自动打开相应的对话框，在该对话框中主要设置指定值的单元格格式。“突出显示单元格规则”选项之“大于”对话框如图 7-46 所示。

图 7-46 “突出显示单元格规则”选项之“大于”对话框

2. “最前/最后规则”选项

“最前/最后规则”选项是根据指定的截止值查找单元格区域中的最高值或最低值，或查找高于、低于平均值或标准偏差的值。该选项中主要包括前 10 项、前 10%、最后

10 项、最后 10%、高于平均值与低于平均值 6 种常用规则。当用户选择某种规则时，系统会自动打开相应的对话框，在该对话框中主要设置指定值的单元格格式。“项目选取规则”选项之“前 10 项”对话框如图 7-47 所示。

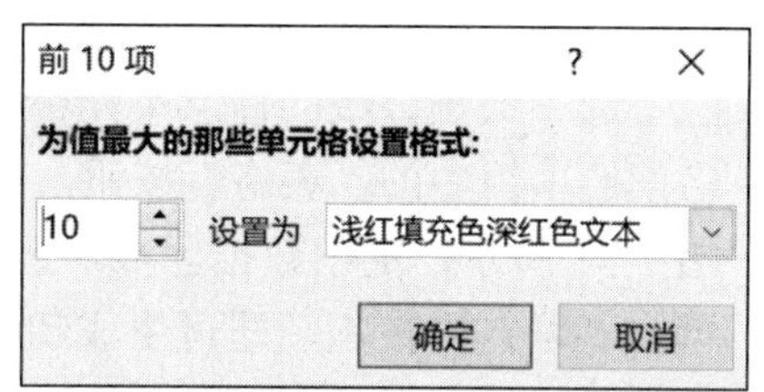

图 7-47 “项目选取规则”选项之“前 10 项”对话框

3. “数据条”选项

“数据条”选项可以帮助用户查看某个单元格相对于其他单元格的值。数据条的长度代表单元格中值的大小，值越大，数据条越长。该选项主要包括渐变填充和实心填充（各 6 种颜色）共 12 种样式，有蓝色数据条、绿色数据条、红色数据条、橙色数据条、浅蓝色数据条与紫色数据条。

4. “色阶”选项

“色阶”选项作为一种直观的指示，可以帮助用户了解数据的分布与变化情况，可分为双色刻度与三色刻度。其中双色刻度表示使用两种颜色的渐变帮助用户比较数据，用颜色表示数值的高、低；而三色刻度表示使用 3 种颜色的渐变帮助用户比较数据，用颜色表示数值的高、中、低。

5. “图标集”选项

“图标集”选项用于对数据进行注释，并可以按阈值将数据分为 3～5 个类别，每个图标代表一个值的范围。例如，在三向箭头图标中，绿色的上箭头表示较高值，黄色的横向箭头表示中间值，红色的下箭头表示较低值。

6. “修改/清除条件格式”选项

单击“开始”选项卡“样式”选项组中的“条件格式”下拉按钮，在下拉列表中选择“管理规则”选项，在打开的“条件格式规则管理器”对话框中，选择需要修改或者清除的规则选项，单击“确定”按钮。若单击“编辑规则”按钮或“删除规则”按钮，则可对规则进行修改和删除。也可以选择“条件格式”→“清除规则”选项，清除单元格、工作表及数据透视表中的条件格式。

四、超级表

相对于普通表格，超级表具有录入数据自动增加边框、自动填充公式、提供汇总行及汇总方式、美化表格等优点。

1. 生成超级表

将普通数据区域生成超级表有以下 3 种方法。

（1）插入表格

选中数据区域的任意单元格，单击“插入”选项卡“表格”选项组中的“表格”按钮，打开“创建表”对话框，如图 7-48 所示，选中数据区域，选中“表包含标题”复选框，单击“确定”按钮，即可生成超级表。

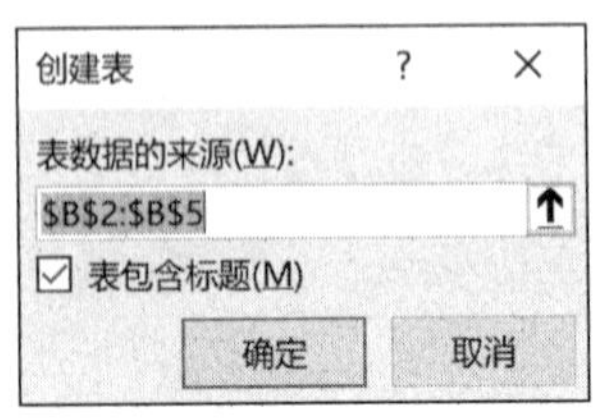

图 7-48 “创建表”对话框

（2）组合键

选中数据区域，按 Ctrl+T 组合键，打开“创建表”对话框，单击“确定”按钮。

（3）套用表格格式

Excel 2019 为用户提供了浅色、中等色与深色 3 种类型共 60 种表格格式。选中需要套用格式的单元格区域，单击“开始”选项卡“样式”选项组中的“套用表格格式”下拉按钮，在下拉列表中选择相应的格式选项，在打开的“创建表”对话框中选择数据来源后，单击“确定”按钮完成操作。

2. 快速查看汇总结果

生成超级表后，只需在“表设计”选项卡“表格样式选项”选项组中选中“汇总行”复选框，就能显示汇总结果。选中已汇总的单元格，单击其右侧下拉按钮，在下拉列表中选择需要汇总的选项就能快速切换汇总方式。

3. 按条件筛选数据

生成超级表后，默认开启“自动筛选”模式，对每一列数据都可进行筛选，具体操作见模块七任务三“二、筛选”。

4. 使用切片器筛选数据

切片器是简化版的筛选器，能让用户更方便快速地按照分类进行筛选。单击“表设计”选项卡“工具”选项组中的“插入切片器”按钮，选择要插入的切片器数据列选项，单击“确定”按钮，即可生成切片器；也可以通过单击或拖动鼠标查看单个分类或多个分类的筛选及汇总结果，但无法设置自定义范围、包含特定文本等筛选条件。

5. 清除超级表

单击“表设计”选项卡“工具”选项组中的“转换为区域”按钮，可将超级表转换为普通数据区域，此操作仅仅转换表格内容，不改变表格样式外观。若要清除表格样式，则可以在选中数据区域后，单击“开始”选项卡“样式”选项组中的“单元格样式”下拉按钮，在下拉列表中选择“常规”选项，即可去掉全部样式。

五、分类汇总

分类汇总是对数据按某一字段进行分类，然后对各类记录的数据进行统计汇总。需要注意的是，用户在分类汇总前必须对数据中要分类汇总的字段进行排序。

选中数据清单中任意一个单元格，单击“数据”选项卡“分级显示”选项组中的“分类汇总”按钮，打开“分类汇总”对话框，如图 7-49 所示。在“分类字段”下拉列表中选择一个字段作为分类汇总字段，如选择“业务员”选项；在“汇总方式”下拉列表中选择一种汇总方式，如选择“求和”选项；在“选定汇总项”框中可指定对哪些字段进行汇总，如选中“销售金额”复选框。单击“确定”按钮，即可得到汇总结果。在分类汇总表的左侧，可看到分级显示符号，如 1 2 3 分别表示 3 个级别。用户可利用此分级显示符号来显示和隐藏细节数据。若用户要显示或隐藏某一级别下的细节行，则可单击该分级显示符号下的 + 或 - 按钮。

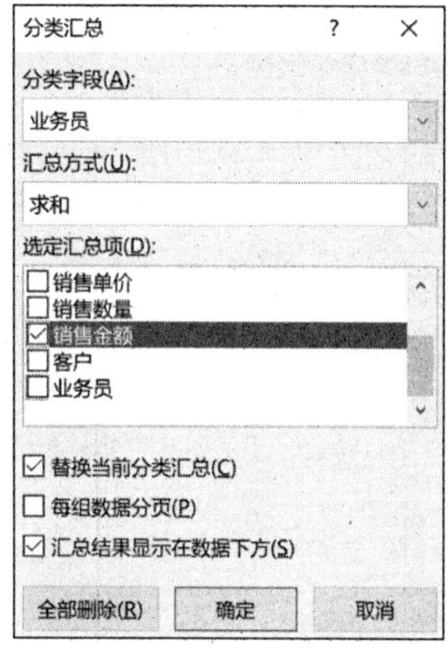

图 7-49 “分类汇总”对话框

若要进一步进行分类汇总，则可在上一次分类汇总的基础上，再次进行分类汇总，其操作过程与上述操作步骤基本相同，但应取消选中“分类汇总”对话框中的“替换当前分类汇总”复选框。

用户若对分类汇总结果不满意，则可将其撤消。打开“分类汇总”对话框，单击“全部删除”按钮即可。

六、数据透视表

数据透视表是一种交互工作表，用于对已有数据清单中的数据进行分类汇总和分析，从而概括出有用的统计数据。

1. 创建数据透视表

以统计“销售表”中不同业务员不同类别产品的销售额为例，介绍数据透视表的具体创建步骤。

选中数据清单中的任意一个单元格，单击“插入”选项卡“表格”选项组中的“数据透视表”按钮，打开“来自表格或区域的数据透视表”对话框，如图 7-50 所示，选择数据区域，单击“确定”按钮。在打开的“数据透视表字段”窗格（图 7-51 ）中，通过拖动鼠标将字段放入相应的单元格区域，如将“业务员”拖动到“行”区域处，将“产品名称”拖动到“列”区域处，将“销售金额”拖动到“值”区域处，其默认汇总方式是求和，可在“值”区域选择汇总方式，此处采用默认，即生成了一张数据透视表。

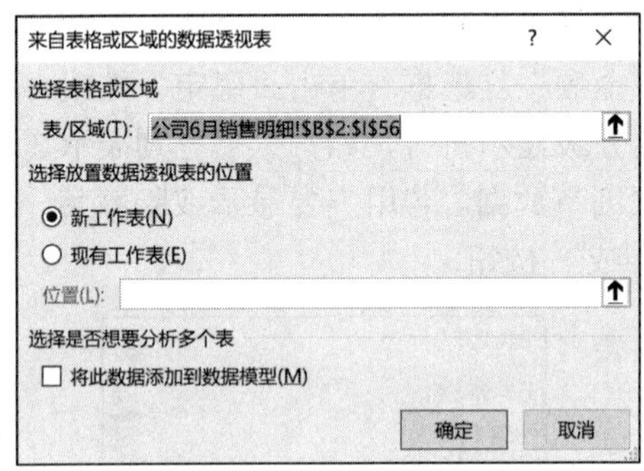

图 7-50 “来自表格或区域的数据透视表”对话框

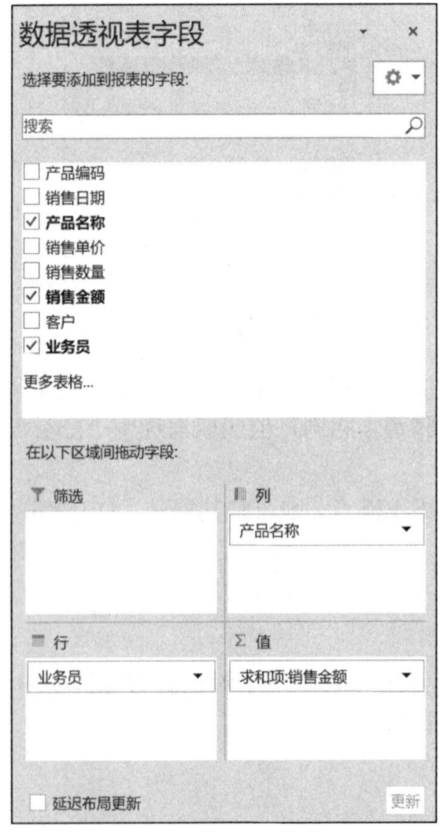

图 7-51 “数据透视表字段”窗格

2. 编辑数据透视表

创建数据透视表后，为了适应分析数据的需求，需要编辑数据透视表，主要包括更改计算类型、设置数据透视表样式、筛选数据等内容。

（1）更改计算类型

在“数据透视表字段”窗格的“值”区域中单击字段名，在打开的下拉列表中选择“值字段设置”选项，如图 7-52 所示，打开“值字段设置”对话框，在该对话框中可以通过选择“计算类型”列表中的选项来确定计算类型。

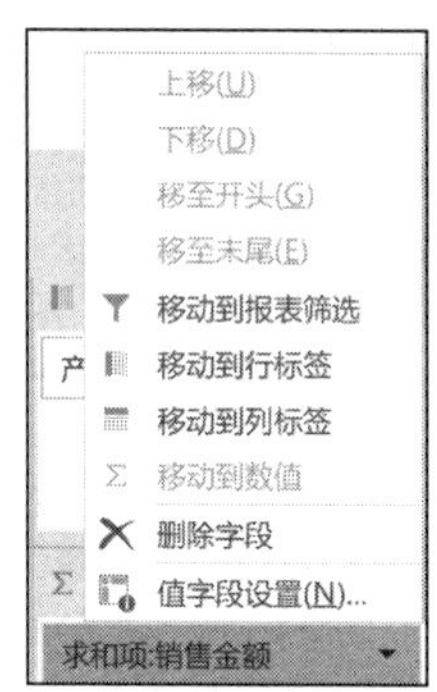

图 7-52　“值”区域下拉列表

（2）设置数据透视表样式

Excel 为用户提供了浅色、中等色、深色 3 种类型共 85 种数据透视表样式。选中数据透视表，单击“设计”选项卡“数据透视表样式”选项组中的“其他”下拉按钮，在下拉列表中选择一种样式即可。

（3）筛选数据

选中数据透视表，在打开的“数据透视表字段”窗格中，将需要筛选数据的字段名称拖动到“筛选”框中。此时在数据透视表上方将显示筛选列表。用户可以单击“筛选”按钮对数据进行筛选，也可以利用切片器进行筛选，详见模块七任务三“四、超级表”的介绍。

3. 删除数据透视表

选中数据透视表报表，单击“数据透视表分析”选项卡“操作”选项组中的“选择”下拉按钮，在下拉列表中选择“整个数据透视表”选项，此时将选中整张数据透视表，然后按 Delete 键，即可删除数据透视表。

七、图表

图表以图形的形式来表示工作表中的数据、数据间的关系及数据变化的趋势，使用户更直观、更形象地了解相关内容。在毕业设计、工作总结、年度报告、行业研究中，很多用户用图表来直观展示数据。

Excel 2019 为用户提供了 16 种标准图表类型，每种图表类型的功能和子类型如表 7-8 所示。

表 7-8　16 种图表类型的功能和子类型

类型	功能	子类型
柱形图	为 Excel 默认的图表类型，以长条显示数据点的值，适用于比较或显示数据之间的差异	簇状柱形图、堆积柱形图、百分比堆积柱形图、三维簇状柱形图、三维堆积柱形图、三维百分比堆积柱形图、三维柱形图
条形图	类似于柱形图，主要强调各数据项之间的差别情况，适用于多个类别的数值大小的比较，常用于名次排行等	簇状条形图、堆积条形图、百分比堆积条形图、三维簇状条形图、三维堆积条形图、三维百分比堆积条形图
折线图	可以将一系列数据组中数据的值表示成点并将其用直线连接起来，适用于显示某段时间内数据的变化及变化趋势。侧重于显示数据点的数值随时间推移的大小变化	折线图、堆积折线图、百分比堆积折线图、带数据标记的折线图、带标记的堆积折线图、带数据标记的百分比堆积折线图、三维折线图
饼图	可以将一个圆面划分为若干扇形面，每个扇形面代表一项数据值，适用于显示各项的大小与各项总和比例的数值	饼图、三维饼图、子母饼图、复合条饼图、圆环图
XY 散点图	用于比较几个数据系列中的数值，或者将两组数值显示为 XY 坐标系中的一个系列，用于表现两组数据之间的相关性	散点图、带平滑线及数据标记的散点图、带平滑线的散点图、带直线和数据标记的散点图、带直线的散点图、气泡图、三维气泡图
雷达图	由一个中心向四周辐射出多条数值坐标轴，使每个分类都拥有自己的数值坐标轴，并用折线将同一系列中的值连接起来，用于多维度的能力指标综合评价	雷达图、带数据标记的雷达图、填充雷达图
面积图	将每一系列数据用直线连接起来，并将每条线以下的区域用不同颜色填充，强调数量随时间而变化的程度，以引起人们对总值趋势的注意	面积图、堆积面积图、百分比堆积面积图、三维面积图、三维堆积面积图、三维百分比堆积面积图
曲面图	类似于拓扑图形，常用于寻找两组数据之间的最佳组合	三维曲面图、三维线框曲面图、曲面图、曲面图（俯视框架图）
股价图	常用于描绘股价走势，也可用于处理其他数据	盘高-盘低-收盘图、开盘-盘高-盘低-收盘图、成交量-盘高-盘低-收盘图、成交量-开盘-盘高-盘低-收盘图
地图	数据区域中有地理区域数据时，可以采用该图表，优点是一目了然、可读性高	
树状图	适用于多类目的数据比较，以颜色区分类别，以面积大小表示数值大小，形成一个个方块，比柱形图更直观，功能类似饼图	
旭日图	主要用于展示数据之间的层级和占比关系，从环形内向外，层级逐渐细分，功能有些像旧版 Excel 中制作的复合环形图，即将几个环形图套在一起	
瀑布图	是柱形图的变体，用于反映两个数据之间演变的过程	
漏斗图	是柱形图的变体，侧重表现流程中的层层转化效果，常用于表示销售过程的各阶段	
直方图	和柱形图类似，常用于展示一组数据的分布状态，借助分布的形状和分布的宽度（偏差），帮助用户确定过程中产生问题的原因	直方图、排列图
箱型图	又称为盒须图、盒式图或箱线图，是一种用于显示一组数据分散情况的统计图	

1. 建立图表

用户可以通过单击“插入”选项卡“图表”选项组中的各类图表按钮或者“推荐的图表”按钮来创建相应类型的图表。

1）利用“图表”选项组建立图表。选中数据区域，选中的区域应包括字段名称行或具有说明意义的最左列，如果用户未在此处做数据选择，则仍可在下面操作中重新选中数据区域。以插入柱形图为例，单击“插入”选项卡“图表”选项组中“柱形图”下拉按钮，在下拉列表中选择“二维柱形图”选项组中的“二维簇状柱形图”选项即可，操作步骤如图 7-53 所示。其他类型的图表建立操作方法与此一样。

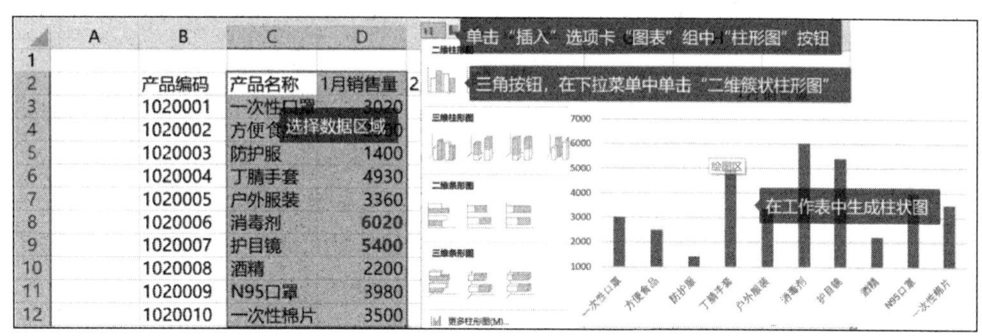

图 7-53　建立图表操作步骤

2）利用“插入图表”对话框建立图表。选中需要创建图表的数据区域，单击“插入”选项卡“图表”选项组中的对话框启动器 或者单击“图表”选项组中的“推荐的图表”按钮，在打开的“插入图表”对话框的“所有图表”选项卡下选择相应的图表类型，如图 7-54 所示。在该对话框中，除包括各种图表类型和子类型外，还包括管理模板与最近使用的两种图表。

2. 添加图表元素

图表由图表区、绘图区、图表标题、数据标签、坐标轴、图例组成，如图 7-55 所示。

（1）图表区

整个图表及图表中的数据称为图表区。鼠标停留在图表元素上时，系统会显示元素的名称，方便用户查找图表元素。

（2）绘图区

绘图区主要显示数据表中的数据，绘图区中的数据会随着工作表中的数据更新而更新。

（3）图表标题

图表标题是说明性的文本。在创建图表时，可以对图表标题进行设计。单击“图表工具-图表设计”选项卡“图表布局”选项组中的“添加图表元素”下拉按钮，在下拉列表中选择“图表标题”选项中的标题显示方式即可。同时右击图表标题，在打开的快捷菜单中选择“设置图表标题格式”选项，在“设置图表标题格式”窗格中对标题进行格式设置。

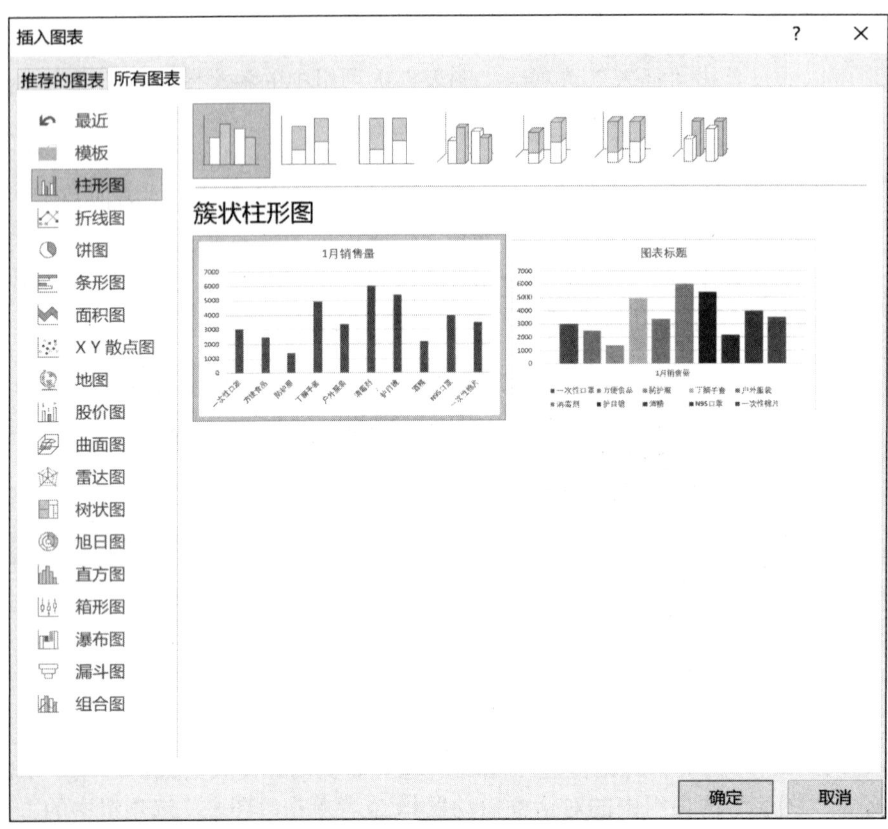

图 7-54 “插入图表”对话框

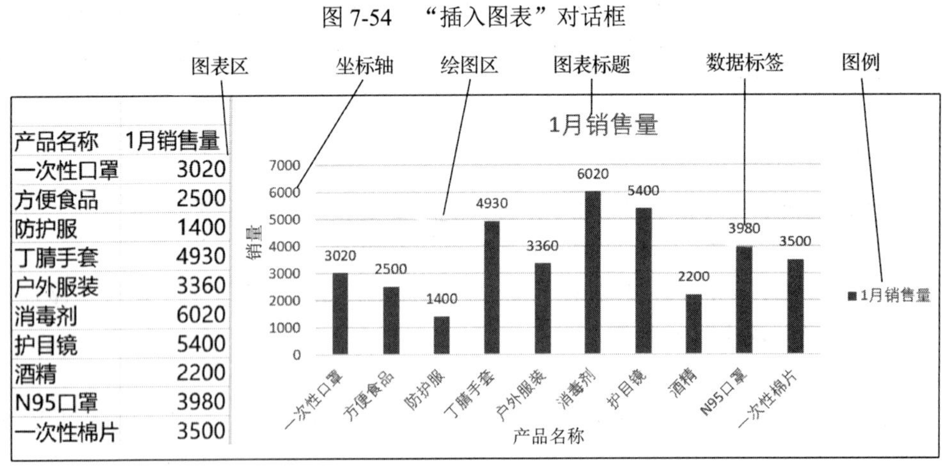

图 7-55 图表元素

（4）数据标签

数据标签用于快速识别图表中的数据，可以显示系列名称、类别名称和百分比等。用户可以为图表中的数据添加数据标签。单击图表中的数据标签，打开“设置数据标签格式”窗格，可以对数据标签的格式进行修改。

（5）坐标轴

在默认情况下，Excel 会自动确定图表中坐标轴的刻度值。用户也可以根据需要自定义刻度。单击图表中的坐标轴，打开“设置坐标轴格式”窗格，可以修改坐标轴格式。

（6）图例

图例是用于标识图表中的数据系列所指定的颜色或图案。单击图表中的图例，打开“设置图例格式”窗格，可以修改图例格式。

3. 编辑图表

创建图表之后，为了使图表更美观，用户可根据需要对图表进行编辑，如进行更改图表类型、添加和删除图表的数据区域、更改图表布局及调整图表大小和位置等操作。单击激活图表后，选项栏中多了“图表工具-图表设计”选项卡和“格式”选项卡。

（1）调整图表

根据工作表的内容与整体布局，调整图表的位置及大小，调整的方法有两种：拖动鼠标和使用选项组。将鼠标指针指向图表的任意一个角上，待鼠标指针变为双向箭头形状↘时，可以放大或缩小图表，当鼠标指针变为十字箭头形状✥时，拖动图表即可移动图表；也可以在选中图表后，在“格式”选项卡“大小”选项组中的“高度”和“宽度”文本框中，直接输入相应的度量值。单击“格式”选项卡“大小”选项组中的对话框启动器，打开“设置图表区格式”窗格，在“大小”区域的“高度”和“宽度”文本框中分别输入高度值和宽度值，也可以按照比例进行缩放。

（2）使用功能区移动图表位置

选择要移动位置的图表，单击“图表工具-图表设计”选项卡“位置”选项组中的“移动图表”按钮，在打开的“移动图表”对话框中选中已有的工作表，也可以选择新建工作表，单击“确定”按钮即可。此功能主要用于图表中不同工作表间的移动，对于同一工作表中的移动建议用鼠标操作。

（3）删除图表

选中图表，按 Delete 键即可。

（4）更改图表类型、数据区域、图表布局

1）更改图表类型。选中图表后，单击“图表工具-图表设计”选项卡“类型”选项组中的“更改图表类型”按钮，在“更改图表类型”对话框中，选择要更改的图表类型和图表子类型，单击“确定”按钮。

2）更改数据区域。选中图表后，单击“图表工具-图表设计”选项卡“数据”选项组中的“选择数据”按钮，在打开的“选择数据源”对话框中重新选择图表数据区域，单击“确定”按钮。

3）快速调整布局。图表布局是指图表及其组成元素，如图表标题、图例、坐标轴、数据标签的显示方式。用户可以根据实际需要更改图表布局，选中图表后，单击“图表工具-图表设计”选项卡“图表布局”选项组中的“快速布局”下拉按钮，在下拉列表中选择需要切换的图表布局选项即可。不同的布局中所包含的图表元素及其位置略有不同。

（5）美化图表

为了使图表更美观，用户可以通过直接套用图表样式来快速美化图表。单击“图表工具-图表设计”选项卡“图表样式”选项组中的其他按钮▾，在下拉列表中选择任意一种样式选项即可。系统默认的样式虽然能满足基本需求，但质量一般，无法突出重点。美化图表的方法如下。

1）美化图表的颜色。图表主要用于传递信息，而色彩无疑是最快速、直接的一种传递信息方式。色彩可分为暖色系、冷色系和中性色系。暖色系包括红色、橙色和黄色；冷色系包括蓝色、浅蓝色和青绿色；中性色系包括白色、黑色、绿色和紫色。一般把要表达的主要内容的颜色设置为暖色系，把次要的辅助内容的颜色设置为冷色系，尽量采用主题颜色中稍淡的颜色。

2）美化图表文字。

① 调整字号。系统默认的字号太小，不利于数据内容的表达。一般将标题字号设置为“14”，将数据标签和图例设置为“12”。

② 标注单位。在数据轴上标注计量单位，有利于快速理解图表中数值的含义。单击“格式”选项卡“插入形状”选项组中的“文本框”按钮，在坐标轴上方拖动鼠标，在打开的“设置坐标轴格式”窗格中输入单位即可。

③ 减少网格线。在默认状态下，图表的网格线过多会影响内容的表达。单击坐标轴数据，单击“格式”选项卡“当前所选内容”选项组中的“设置所选内容格式”按钮，打开“设置坐标轴格式”窗格，重新设置坐标轴最大值、最小值及单位，将网格线控制在3～4根，同时尽量用细且浅色的线来表示网格线。

4. 分析图表

在Excel中还可以在图表基础上添加趋势线、线条、涨/跌住线、误差线等辅助线来分析图表。

（1）趋势线

趋势线可以用来指出数据的发展趋势、预测其他的数据。选中图表后，单击“图表工具-图表设计”选项卡“图表布局”选项组中“添加图表元素”下拉按钮，在下拉列表中的“趋势线”选项中选择要添加的线条选项即可；或者单击图表右上角的添加图表元素按钮+，在“图表元素”栏内选中“趋势线”复选框，在右侧列表中选择要添加的趋势线选项即可。

（2）线条

为折线图表添加线条可以快速准确地查看折点。添加线条的方法与添加趋势线相同，在此不再赘述。

（3）涨/跌住线

涨/跌住线是指表现同一系列最高值和最低值数据差异的柱形线，涨住线为白色，跌住线为黑色。在折线图中可使用涨/跌住线。

（4）误差线

误差线是指代表数据系列中每一数据潜在误差的图形线条，常用的是Y误差线，适用于面积图、条形图、柱形图、折线图和XY散点图。

5. 设置迷你图

迷你图是指适用于单元格的微型图表，它以单元格为绘图区域，可以简单、便捷地绘制出简明的数据小图表，把数据以小图形式呈现在用户面前。迷你图通常包括3种类型：折线图、柱形图和盈亏平衡图。

（1）创建迷你图

选中数据区域后，单击“插入”选项卡“迷你图”选项组中要创建图形的按钮，在打开的“创建迷你图”对话框中，选择数据区域和迷你图所放置的单元格位置，单击“确定”按钮。

（2）编辑迷你图

单击激活迷你图，在“迷你图工具-设计”选项卡中，可以重新编辑数据源、更改迷你图类型、更改数据范围、显示迷你图数据点和美化迷你图。

（3）删除迷你图

单击“迷你图”选项卡“组合”选项组中的“清除”按钮，即可清除迷你图。

任务实施——分析销售数据表

1. 打开工作表

打开文件“7-5（原始）.xlsx”，选择“公司6月销售明细”工作表。

2. 对相关数据排序

本案例是进行单项数据排序，针对文本按笔画顺序进行排序。单击“开始”选项卡“编辑”选项组中的“排序和筛选”下拉按钮，在下拉列表中选择“自定义排序”选项，在打开的“排序”对话框中，单击“添加条件”按钮，在“主要关键字”下拉列表中选择“产品名称”选项，单击“选项”按钮，在打开的“排序选项”对话框中，选中“笔划排序”单选按钮，单击“确定”按钮返回“排序”对话框后，单击“确定”按钮，完成按笔划顺序升序排序，如图7-56所示。

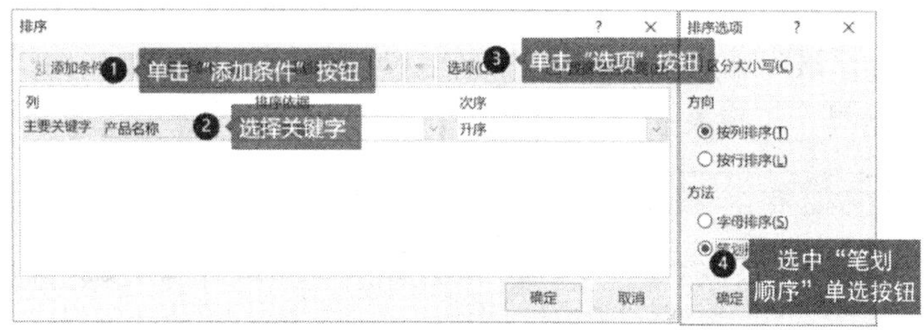

图7-56 按笔画顺序升序排序操作

3. 对数据进行筛选

（1）利用“自动筛选”选项筛选出销量最多的 3 笔业务

选中数据区域的任意一个单元格，单击“数据”选项卡“排序和筛序”选项组中的“筛选”按钮，进入筛选状态，单击“销售数量”下拉按钮，在下拉列表中选择“数字筛选”→“前 10 项...”选项，如图 7-57 所示。在打开的“自动筛选前 10 个”对话框中，选择数字“3”选项，单击“确定”按钮，即可筛选出 6 月份销量最多的 3 笔业务。

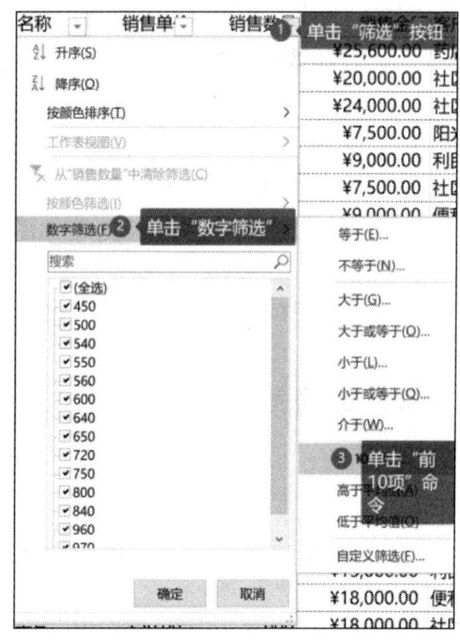

图 7-57　筛选销量前 3 的业务的操作

（2）利用“高级筛选”筛选销量超过 800 或者销售金额超过 20000 的订单

单击“数据”选项卡“排序和筛选”选项组中的“筛选”按钮，使得筛选功能处于关闭状态，即取消自动筛选状态。将“销售数量”和“销售金额”单元格的内容复制到 K2:L2 单元格区域中，在 K3 单元格中输入“>800”，在 L4 单元格中输入“>20000”，如图 7-58 所示。选中数据区域中的任意一个单元格，单击“数据”选项卡“排序和筛选”选项组中的“高级”按钮，打开“高级筛选”对话框，在“列表区域”中选择原数据区域，在“条件区域”中选择 K2:L4 单元格区域，单击“确定”按钮。将筛选后的数据复制到“筛选结果”工作表中。

F	G	H	I	J	K	L
销售数量	销售金额	客户	业务员		销售数量	销售金额
640	¥25,600.00	药店	黄明		>800	
500	¥20,000.00	社区	周韩宇			>20000
600	¥24,000.00	社区	周韩宇			

图 7-58　建立条件区域

完成后，单击“数据”选项卡“排序和筛选”选项组中的“清除”按钮，清除高级筛选状态，删除 K 列和 L 列的条件区域，以免影响后面的数据分析。

4. 对数据进行分类汇总

可以利用 SUMIF 函数统计每位业务员 6 月的销售额，也可以用分类汇总来完成统计。对业务员按字母顺序进行单项数据排序。选中数据区域中的任意一个单元格，单击“数据”选项卡“分级显示”选项组中的“分类汇总”按钮，在打开的“分类汇总”对话框中，在“分类字段”下拉列表中选择“业务员”选项，在“汇总方式”下拉列表中选择“求和”选项，在“选定汇总项”列表中选中“销售金额”复选框，如图 7-59 所示。单击“确定”按钮，得到分类汇总的结果。单击分类汇总表左侧分级显示级别 2，即显示业务员汇总结果。复制的结果不需要显示明细，因此只复制显示的单元格。选中数据区域，单击“开始”选项卡“编辑”选项组中的“查找和替换”下拉按钮，在下拉列表中选择“定位条件”选项，在打开的“定位条件”对话框中选中“可见单元格”单选按钮，单击“确定”按钮，如图 7-59 所示。按 Ctrl+C 组合键复制分类汇总结果，按 Ctrl+V 组合键将其粘贴到“分类汇总结果”工作表 B2:C7 单元格区域中。

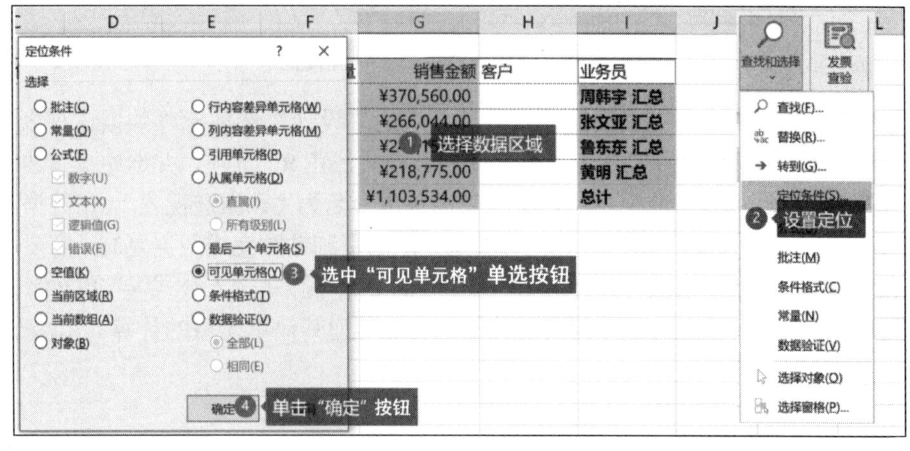

图 7-59　分类汇总结果复制设置

选择“分类汇总结果”工作表中的 B2:C6 单元格区域，单击“数据”选项卡“排序和筛选”选项组中的“排序”按钮，在打开的“排序”对话框中，在“主要关键字”下拉列表中选择“销售金额”选项，在“次序”下拉列表中选择“降序”选项，单击“确定”按钮。

选中分类汇总数据区域的任意一个单元格，单击“数据”选项卡“分级显示”选项组中的“分类汇总”按钮，在打开的“分类汇总”对话框中，单击“全部删除”按钮，恢复原有数据区域。

5. 制作数据透视表

选中数据区域的任意一个单元格，单击“插入”选项卡“表格”选项组中的“数据透视表”按钮，打开“数据透视表”对话框，采用默认的“新工作表”位置放置数据透视表，单击“确定”按钮，打开“数据透视表字段”窗格。在“数据透视表字段”窗格中，将产品名称拖动到“行”区域中，将“销售数量”拖动到“值”区域中，如图 7-60 所示。

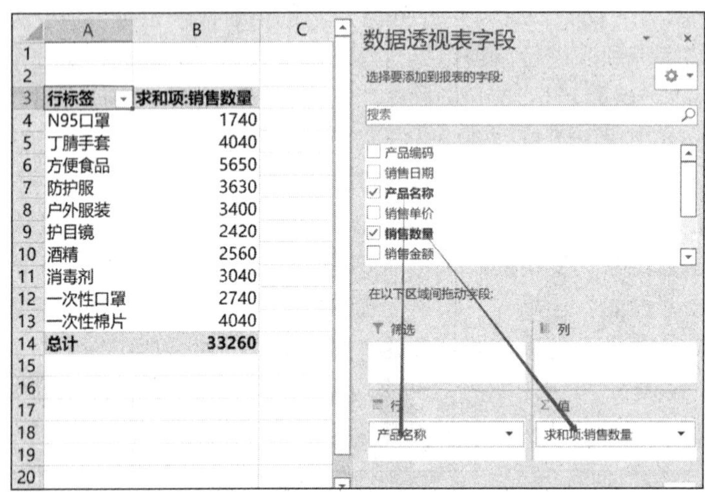

图 7-60 “数据透视表”字段设置

选中数据透视表，单击“数据透视图工具”之“设计”选项卡“数据透视表样式”选项组中的更多按钮，选择“浅蓝，数据透视表样式浅色 9”选项，并选中“镶边行”和“镶边列”复选框。将数据透视表所在工作表名称重命名为“数据透视表”。在数据透视表中，不是按照产品编号进行升序放置的，因此无法用复制粘贴完成数据复制，需要用函数来复制数据。选中“上半年销售统计分析”工作表的 I3 单元格，输入公式“=VLOOKUP(C3,数据透视表!$A$4:$B$13,2,0)”，利用公式复制完成 I 列其他单元格的计算。

6. 用条件格式突出显示销售数据

选中“上半年销售统计分析”工作表中 D3:I12 数据区域，单击“开始”选项卡“样式”选项组中的“条件格式”下拉按钮，在下拉列表中选择“突出显示单元格规则”→“大于...”选项，在打开的对话框中的文本框中输入“5000”，在“设置为”下拉列表中选择“自定义格式”选项，在打开的“设置单元格格式”对话框中，设置“字形”为“加粗”，设置“颜色”为“红色”，单击“确定”按钮后再次单击“确定”按钮。

利用图标集标注数据。选中 J3:J12 数据区域，单击“开始”选项卡“样式”选项组中的“条件格式”下拉按钮，在下拉列表中选择“图标集”→“形状”→“三色交通灯”选项，即可设置上半年销售总量的前 1/3 用绿色灯显示、上半年销售总量的中间 1/3 用黄色灯显示、上半年销售总量的后 1/3 用红色灯显示。

7. 快速分析销售数据

在“上半年销售统计分析”工作表的 C13 单元格中输入“合计”，选中 D3:I12 数据区域，单击该区域右下角的“快速分析”按钮，在打开的菜单中选择“汇总”选项卡，单击在数据下方显示汇总数据的“求和”按钮，如图 7-61 所示。在 D13:I13 单元格区域显示每个月所有产品的总销售量，从数据可以看出第一季度防疫物资的需求量比第二季度多一些。

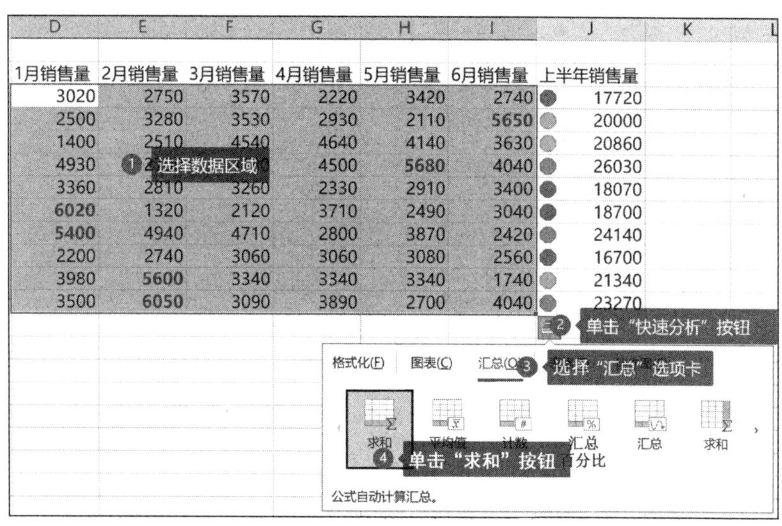

图 7-61　快速分析操作

8. 利用迷你图展示销售量

选中“上半年销售统计分析”工作表中的 K4 单元格，单击“插入”选项卡“迷你图”选项组中的“折线图”按钮，在打开的“创建迷你图”对话框中，输入“D3:I3”数据区域，单击“确定”按钮。利用填充柄为所有的产品都创建迷你折线图。选中 K3:K12 数据区域，在“迷你图工具-设计”选项卡“显示”选项组中选中“高点”和“低点”复选框，即可在折线图中显示最高点和最低点。单击“迷你图工具-设计”选项卡“样式”选项组中的“标记颜色”下拉按钮，在下拉列表中选择“低点”→“橙色”选项，用橙色标记迷你折线图中的低点，用同样的方法可以设置高点为红色标记。从折线图中可以清楚看到各产品的销售趋势，其中方便食品和户外服装的销售量呈现上升趋势。针对这个趋势可以制定下半年的销售策略。

能力拓展——统计水果超市销售数据

◆ 任务要求

某水果卖场主要经营水果零售和批发业务。该专场销售部要针对不同水果近两年的销售情况进行统计分析，将每个季度的销售数据记录在“销售统计”表中，如图 7-62 所示。请帮助卖场销售部对各类水果的销售记录进行统计。

	A	B	C	D
1				
2		水果名称	统计日期	销售总数
3		苹果	2021年3月31日	930
4		橙子	2021年3月31日	935
5		香蕉	2021年3月31日	1415
6		芒果	2021年3月31日	1220
7		草莓	2021年3月31日	960
8		西瓜	2021年3月31日	1585
9		苹果	2021年6月30日	890
10		橙子	2021年6月30日	2580
11		香蕉	2021年6月30日	1745
12		芒果	2021年6月30日	935
13		草莓	2021年6月30日	1185
14		西瓜	2021年6月30日	1440
15		苹果	2021年9月30日	1785
16		橙子	2021年9月30日	2110
17		香蕉	2021年9月30日	2455
18		芒果	2021年9月30日	660
19		草莓	2021年9月30日	495
20		西瓜	2021年9月30日	285
21		苹果	2021年12月31日	1370
22		橙子	2021年12月31日	2035
23		香蕉	2021年12月31日	450
24		芒果	2021年12月31日	925
25		草莓	2021年12月31日	1510
26		西瓜	2021年12月31日	1195
27		苹果	2022年3月31日	1040
28		橙子	2022年3月31日	985
29		香蕉	2022年3月31日	1460
30		芒果	2022年3月31日	1525
31		草莓	2022年3月31日	810
32		西瓜	2022年3月31日	1940
33		苹果	2022年6月30日	790
34		橙子	2022年6月30日	2445
35		香蕉	2022年6月30日	1850
36		芒果	2022年6月30日	715
37		草莓	2022年6月30日	1245
38		西瓜	2022年6月30日	1325
39		苹果	2022年9月30日	1415
40		橙子	2022年9月30日	2660
41		香蕉	2022年9月30日	2690
42		芒果	2022年9月30日	1050
43		草莓	2022年9月30日	1115
44		西瓜	2022年9月30日	345
45		苹果	2022年12月31日	1560
46		橙子	2022年12月31日	2450
47		香蕉	2022年12月31日	550
48		芒果	2022年12月31日	1600
49		草莓	2022年12月31日	795
50		西瓜	2022年12月31日	1555

图 7-62 某水果卖场销售统计表

◆ 任务实施

1. 转换超级表

选中数据区域中的任意一个单元格，单击“插入”选项卡“表格”选项组中的“表格”按钮，打开“创建表”对话框，单击“确定”按钮，或者按Ctrl+L组合键，将数据源转换成超级表。在“表格工具-设计”选项卡“表格样式选项”选项组中，取消选中“筛选按钮”复选框，即使“筛选按钮”处于未选中状态，单击“表格工具-设计”选项卡“表格样式”选项组中的“其他”下拉按钮，在下拉列表中选择“清除”选项，将自动套用的表格样式去掉。

将数据源转换为超级表的好处是方便数据自动扩展。以后增加新的数据，直接在超级表下方继续输入即可，数据透视图所引用的数据源会自动将其包含进去。只需单击“数据透视图分析”选项卡中的“刷新”按钮，即可更新数据透视图，从“根源”上解决了数据动态更新的问题。

2. 插入数据透视图

单击“插入”选项卡“图表”选项组中“数据透视图”下拉按钮，在下拉列表中选择“数据透视图”选项，如图7-63所示，在打开的“创建数据透视图”对话框中，选择“新工作表”选项，单击“确定”按钮。在新的工作表中会得到透视表区域和透视图区域。

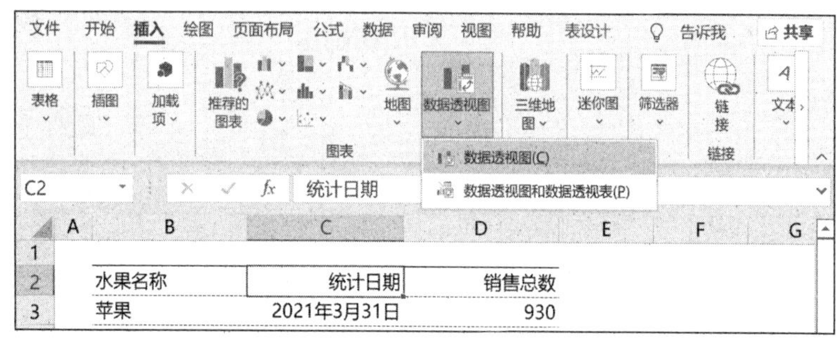

图7-63　插入数据透视图

3. 配置数据透视图

选中数据透视图，打开“数据透视图字段”窗格，将“水果名称”“统计日期”“销售总数”分别拖动到“轴（类别）”框、“图例（系列）”框和“值”框中，如图7-64所示。

统计日期的数据类型是日期格式，因此自动生成了年、季度字段。在“数据透视图字段”窗格中，取消选中“统计日期”复选框，以取消显示。

4. 插入、配置第二个数据透视图

再次插入数据透视图，将“水果名称”和“销售总数”分别拖动到“轴（类别）”框和“值”框中。单击“数据透视图工具-设计”选项卡中“类型”选项组中的“更改

图表类型”按钮，将图表类型更改为饼图，得到各类水果的占比情况。

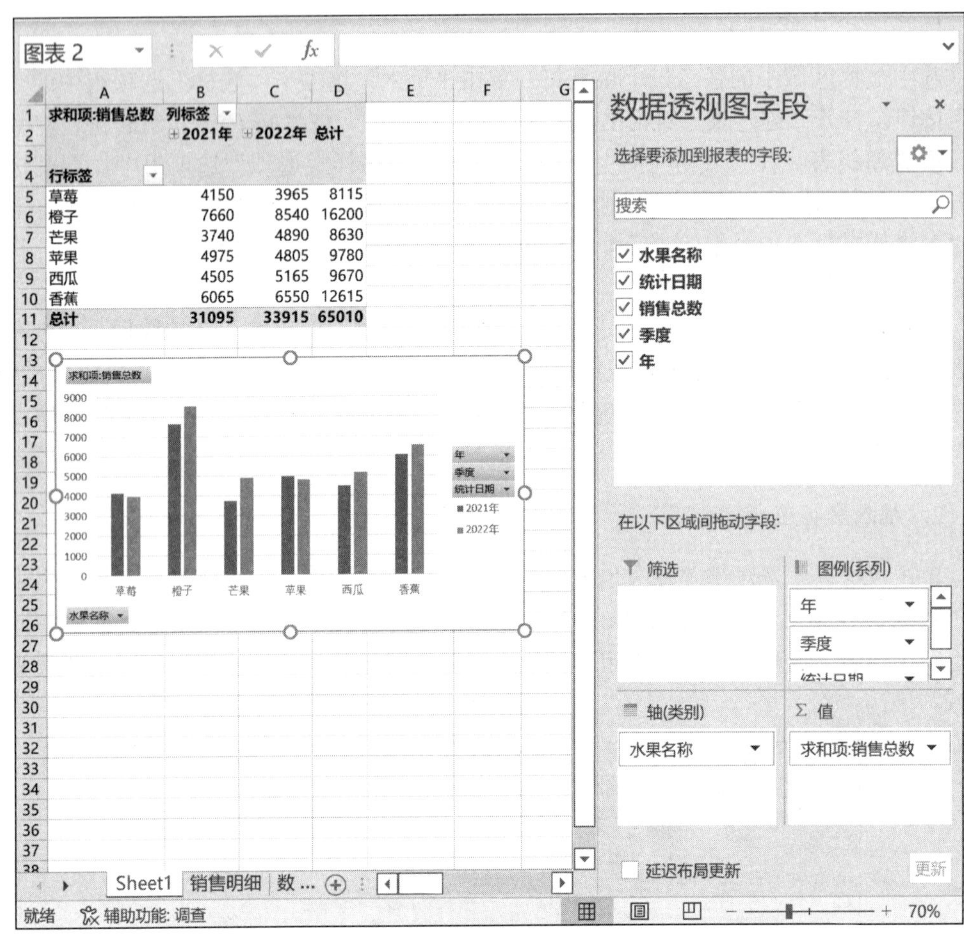

图 7-64　配置数据透视图

5. 移动图表

新建一张工作表，将前面生成的 2 个数据透视图剪切到新工作表中。

6. 插入切片器

选中制作完成的柱形图，单击“数据透视图工具-设计”选项卡“筛选”选项组中的“插入切片器”按钮，在打开的“插入切片器”对话框中，选中“水果名称”“年”“季度”后，单击“确定”按钮。

7. 将切片器关联到其他透视图

选中其中一个切片器，单击“切片器”选项卡“切片器”选项组中的“报表连接”

按钮，在打开的“数据透视表连接”对话框中，选中要关联的数据透视表，单击“确定”按钮，如图 7-65 所示。使用同样的方法，将所有插入的切片器都关联到另一张透视表。

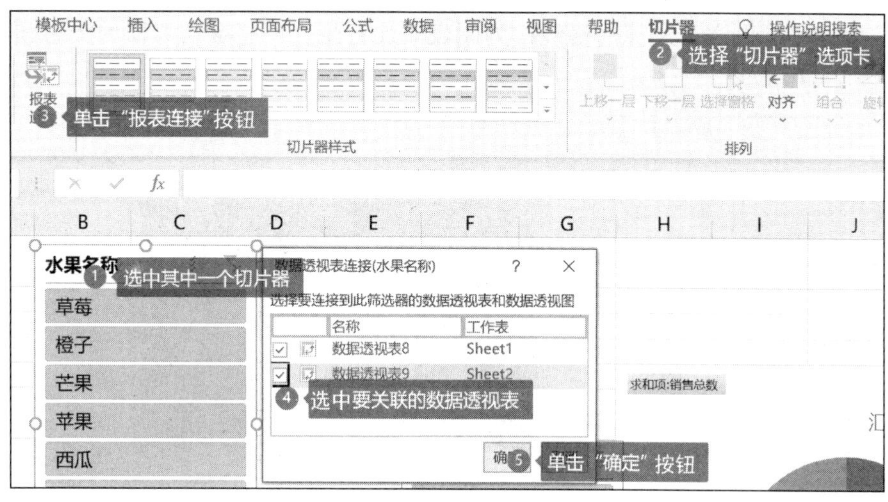

图 7-65　切片器关联

8. 美化图表和切片器

1）设置切片器。单击“切片器工具-选项”选项卡“切片器”选项组中“切片器设置”按钮，在打开的“切片器设置”对话框中，取消选中“显示页眉”复选框，同时选中“隐藏没有数据的项”复选框，如图 7-66 所示。对本案例中所有的切片器都做同样的设置。

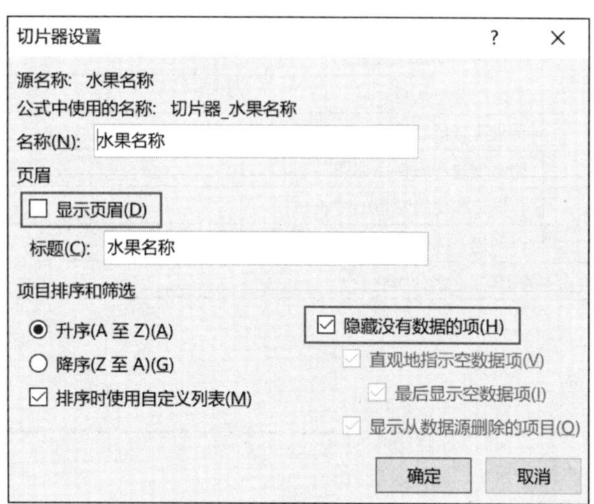

图 7-66　切片器设置

2）设置切片器按钮和大小。将“水果名称”切片器设置为一行显示，单击“水果名称”切片器，在“切片器”选项卡“切片器”选项组中，将“列”设置为“6”。

3）设置图表样式。将饼图设置为“样式 10”。

4）美化动态图表。去掉网格线，为图表添加背景，调整各切片器的大小和位置，效果如图 7-67 所示。

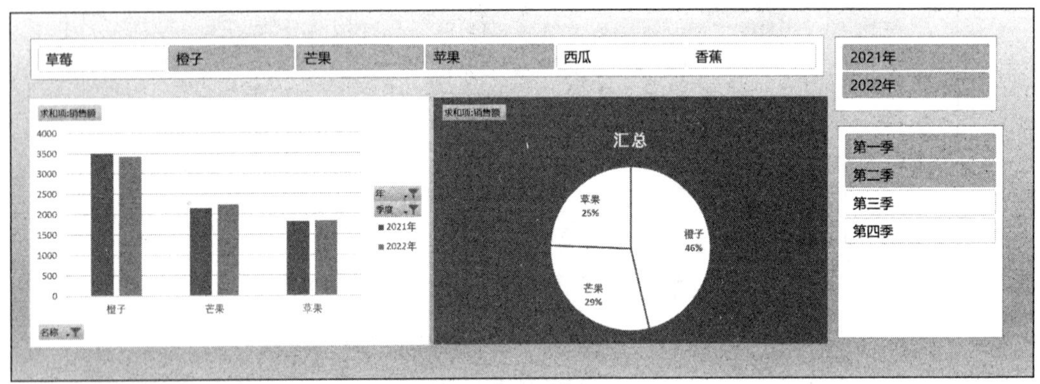

图 7-67　动态图表效果图

评价反馈

自评表

序号	评价内容	评价标准	自评分数	教师评分
1	排序	会灵活运用单个关键字和多个关键字排序，以及自定义排序		
2	自动筛选	会使用自动筛选		
3	高级筛选	会运用高级筛选		
4	条件格式	能够设置包含多个规则的条件格式，并能进行图形化展示		
5	超级表	会创建和编辑超级表		
6	分类汇总	会运用分类汇总		
7	快速分析	会快速分析数据		
8	迷你图	能够创建和编辑迷你图		
9	图表设计	会设计和使用常用的图表		
10	数据透视图表	会创建、编辑数据透视表和数据透视图		
考核评价	总分（每项评价内容为 10 分，满分 100 分）			
	指导教师评语			

模 块 测 试

□ 请扫描二维码，进行本模块学习内容的自我测评。

模块八　演示文稿制作

导读

PowerPoint 是一款文稿演示软件，它不仅可以用于制作图文并茂的幻灯片，还可以给幻灯片配上声音、动画等特殊的演示效果，是制作教学培训课件、学术演讲课件、毕业答辩材料、公司产品介绍、工作总结汇报等电子演示文稿的常用办公软件。PowerPoint 2019 新增了平滑切换、3D 模型、在线插入 SVG（scalable vector graphics，可缩放矢量图形）图标、墨迹书写等功能。

学习目标

知识目标	● 能说明 PowerPoint 2019 窗口的基本组成 ● 能说出 PowerPoint 的视图方式 ● 能概述 PowerPoint 中母版作用与种类
能力要求	● 会使用演示文稿的创建与发布 ● 会运用演示文稿的基本操作 ● 会控制演示文稿外观 ● 会使用演示文稿可视化操作 ● 会使用演示技术 ● 使用演示文稿放映设置
职业素养	● 具有敏锐的洞察力 ● 弘扬精益求精的工匠精神 ● 具有较好的审美和表现能力 ● 具有知识的迁移及创新思维 ● 培养团队意识和良好沟通能力

PowerPoint 是 Office 系列三大产品中最具设计性的软件。本模块以工作汇报总结为典型案例，包括 PowerPoint 模板创建、页内元素设计、动画制作等内容，通过 3 个任务进行分析实战，详细介绍了 PowerPoint 2019 在演示文稿创建、母版的制作和动画的使用等方面的应用，旨在帮助广大学习者厘清演示文稿制作的整体思路。

任务一　设计工作汇报总结模板

任务目标

- 熟悉 PowerPoint 2019 的界面。
- 会运用演示文稿的创建、制作与管理。
- 会使用演示文稿的格式化操作。
- 会控制演示文稿外观的方式。

任务描述

PowerPoint 在我们的日常生活中扮演着重要角色。小明在某公司任职，年终需要做一个年终工作汇报总结。对于一个初学者来说，应如何快速制作一个符合自己需求、相对比较美观的演示文稿？工作汇报总结模板效果如图 8-1 所示。

图 8-1　工作汇报总结模板效果

任务分析与相关知识

根据以上提出的问题进行分析，初学者制作演示文稿主要有两种方式：一点一滴制作或套用现成的模板。不可否认，套用现成的模板在短期内可以使工作更高效，但从长远来看会束缚用户演示文稿制作的设计思维和想法，使其缺乏创造性。但初学者离开模板很难制作出美观的幻灯片，因此对初学者的建议是套用模板并学会自行修改。

一、PowerPoint 2019 界面组成

在 PowerPoint 2019 中，默认的工作簿是扩展名为.pptx 的文件。启动 PowerPoint 2019 后，选择“文件”→“新建”→“空白演示文稿”选项，将打开普通视图窗口界面，如图 8-2 所示，整体界面与 Word、Excel 大致相同。从图 8-2 中可以看到标题栏、选项卡、功能区、幻灯片窗格、幻灯片选项卡、状态栏、备注窗格等。其中，幻灯片窗格是编辑幻灯片的工作区，主要显示幻灯片效果；而幻灯片选项卡主要用于显示幻灯片的缩略图，添加、排列或删除幻灯片，以及快速查看演示文稿中的任意一张幻灯片。

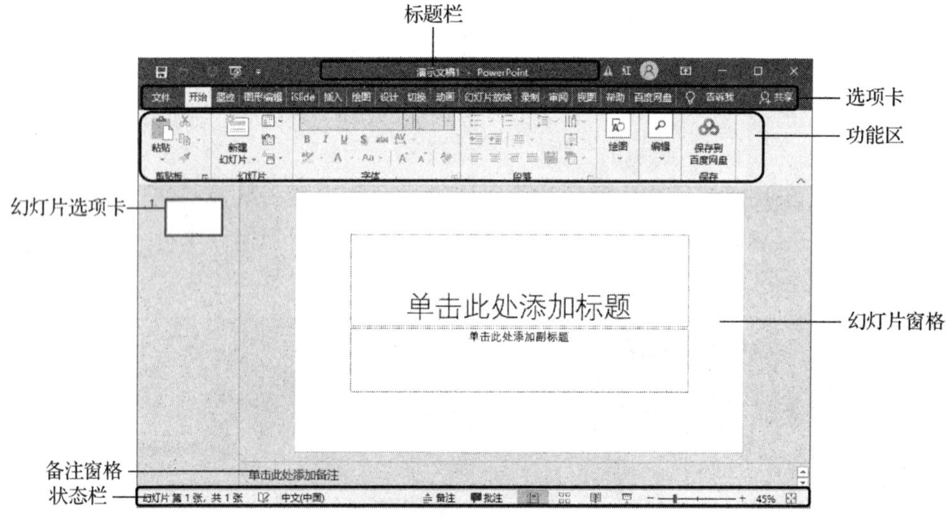

图 8-2　PowerPoint 2019 窗口界面

二、PowerPoint 2019 视图

PowerPoint 2019 为用户提供了普通视图、大纲视图、幻灯片浏览视图、备注页视图、阅读视图、幻灯片放映视图与母版视图方式。各种不同的视图方式主要用于突出编辑过程中的不同部分。用户可以通过单击“视图”选项卡“演示文稿视图”选项组和“母版视图”选项组中的各按钮，在各视图之间切换。用户还可以通过状态栏右边的视图易用栏进行视图切换。在视图易用栏中包含了几个常用视图（普通视图、幻灯片浏览视图、阅读视图和幻灯片放映视图）。各视图方式具体如下。

1）普通视图。普通视图是主要的编辑视图，可用于撰写和设计演示文稿。普通视图有 3 个工作区：幻灯片选项卡、幻灯片窗格和备注窗格。

2）大纲视图。大纲视图由大纲选项卡、幻灯片窗格和备注窗格 3 部分组成，其中大纲选项卡是以大纲的形式显示幻灯片的文本，主要用于查看或创建演示文稿的大纲。

3）幻灯片浏览视图。幻灯片浏览视图可使用户以缩略图形式查看幻灯片，使用户在创建演示文稿及准备打印演示文稿时，可以轻松地对演示文稿的顺序进行排列和组

织。用户还可以在幻灯片浏览视图中添加节，并按不同的类别或节对幻灯片进行排序。

4）备注页视图。用户可以在备注页视图中输入要应用于当前幻灯片的备注，便于打印出来在放映演示文稿时进行参考。

5）阅读视图。如果希望在一个设有简单控件的窗口中查看演示文稿，而不想使用全屏的幻灯片放映视图，则可以使用阅读视图。

6）幻灯片放映视图。幻灯片放映视图是以全屏方式从头开始或从选中的幻灯片开始逐一放映的一种形式，使用户可以看到图形、计时、电影、动画效果和切换效果在实际演示中的具体效果。若要结束放映，则可按 Esc 键，或右击该幻灯片，在打开的快捷菜单中选择“结束放映”选项。

7）母版视图。母版视图包括幻灯片母版视图、讲义母版视图和备注母版视图。母版是存储有关演示文稿信息的主要幻灯片，其中包括背景、颜色、字体、效果、占位符的大小和位置等信息。使用母版视图的主要优点在于，在母版上可以对与演示文稿关联的样式进行全局更改。

三、演示文稿的创建、制作与管理

1. 创建演示文稿

启动 PowerPoint 2019 后，选择“文件”→“新建”→“空白演示文稿”选项，即可自动创建名为“演示文稿 1”的空白文档。也可通过当前活动的 PowerPoint 2019 演示文稿来创建新的文稿，主要包括以下两种方式。

（1）创建空白演示文稿

选择“文件”→“新建”选项，在右侧的“新建”窗格中，选择“空白演示文稿”选项，即可创建一个空白演示文稿。

（2）搜索联机模板和主题创建

使用搜索 Office 联机模板和主题来创建演示文稿。选择“文件”→“新建”选项，在“新建”窗格的下方搜索栏内输入需要的主题，在搜索到的可用模板中选择相应的模板，单击“创建”按钮。

2. 制作演示文稿

在每张幻灯片中，最主要的内容是文本，因此制作演示文稿的主要操作是文本的输入，利用左边的大纲选项卡或右边的幻灯片窗格均可实现文本的输入。

（1）在幻灯片窗格中输入文本

这种方式是在普通视图中进行的，具体又分为利用占位符输入文本和利用文本框输入文本两种方式。

1）利用占位符输入文本。在新建幻灯片时，PowerPoint 会为用户提供一种自动版式（空白版式除外）。这些版式中使用了很多占位符，因此用户可根据自己的需要来替换占位符中的文本。“内容与标题”版式的幻灯片如图 8-3 所示。

图 8-3 “内容与标题”版式的幻灯片

2）利用文本框添加文本。当需要在幻灯片的占位符以外的位置添加文本时，可单击“插入”选项卡“文本”选项组中的“文本框”按钮来插入文本框。

（2）在大纲选项卡中输入文本

在演示文稿的大纲视图方式下，左侧窗格中的大纲选项卡由每张幻灯片的标题和正文组成。用户通过大纲选项卡可快速录入和编辑多张幻灯片的文本内容。

3. 管理演示文稿

管理演示文稿主要包括插入幻灯片、删除幻灯片、移动幻灯片和复制幻灯片等操作。

（1）插入幻灯片

PowerPoint 允许用户向演示文稿中插入新幻灯片，或者从其他演示文稿中插入幻灯片。用户为已存在的演示文稿插入新的幻灯片，主要有以下 3 种方法。

1）使用“幻灯片”选项组。选中幻灯片，单击“开始”选项卡“幻灯片”选项组中的“新建幻灯片”按钮，可在选择的幻灯片之后插入新的幻灯片。

2）使用快捷菜单的“新建幻灯片”选项。右击当前幻灯片，在打开的快捷菜单中选择“新建幻灯片”选项，可在当前幻灯片之后插入新的幻灯片。

3）使用键盘插入。选中某张幻灯片，按 Enter 键即可在当前幻灯片后插入一张新幻灯片。

用户也可通过插入文件的方法将另一个演示文稿中的全部或部分幻灯片插入当前幻灯片中。选中需要获得幻灯片的演示文稿，并设置插入点位置。单击“开始”选项卡“幻灯片”选项组中的“新建幻灯片”下拉按钮，在下拉列表中选择“重用幻灯片”选项，打开如图 8-4 所示的“重用幻灯片”窗格，可单击“浏览”按钮找寻需要插入的演示文件。用户可根据需要选择“保留源格式”选项，插入部分或全部幻灯片。

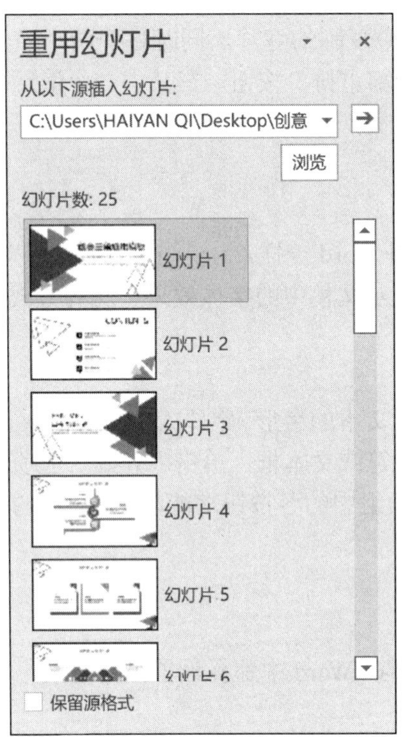

图 8-4　“重用幻灯片”窗格

（2）删除幻灯片

在普通视图的幻灯片选项卡、大纲选项卡上或幻灯片浏览视图中，选中要删除的一张或多张幻灯片，按 Delete 键即可；也可以右击选中的幻灯片，在打开的快捷菜单中选择“删除幻灯片”选项。

（3）移动幻灯片

在移动幻灯片时，用户可以一次移动单张或同时移动多张幻灯片。也可在普通视图中的幻灯片选项卡或大纲选项卡或幻灯片浏览视图下移动幻灯片。

选中需要移动的幻灯片，利用鼠标将其拖动到合适的位置；或者选中需要移动的幻灯片，单击“开始”选项卡“剪贴板”选项组中的“剪切”按钮，或按 Ctrl+X 组合键，选中要放置幻灯片的位置，单击“开始”选项卡“剪贴板”选项组中的“粘贴”按钮，或按 Ctrl+V 组合键即可。

（4）复制幻灯片

用户可以通过复制幻灯片的方法来保持新建幻灯片与已建幻灯片版式和设计风格的一致性。

1）在同一个演示文稿中复制幻灯片。选中需要复制的幻灯片，单击“开始”选项卡“剪贴板”选项组中的“复制”按钮，或单击“开始”选项卡“幻灯片”选项组中的“新建幻灯片”下拉按钮，在下拉列表中选择“复制选定幻灯片”选项即可。

2）在不同的演示文稿中复制幻灯片。同时打开两个演示文稿，单击“视图”选项卡“窗口”选项组中的“全部重排”按钮。在其中一个演示文稿中选择需要移动的幻灯片，用鼠标将其直接拖动到另一个演示文稿中即可。

四、演示文稿的格式化

使用 PowerPoint 与使用 Word 一样，为了演示文稿的整体效果，需要设置文本格式。设置文本格式主要是设置演示文稿中的字体效果、对齐方式、文字方向等。

1. 设置字体格式

设置字体格式就是设置文本的字形、字体或字号等效果。选中需要设置格式的文字，也可以选择包含文字的占位符或文本框，单击“开始”选项卡“字体”选项组中的相关按钮进行设置。“字体”选项组中的各按钮功能与 Word 中的相应按钮功能一样，在此不多做说明。

2. 设置段落格式

在 PowerPoint 中可以像在 Word 中那样设置段落格式，即设置行距、对齐方式、文字方向等格式。

3. 设置对齐方式

幻灯片中的文字一般属于不同级别的标题，相当于 Word 中的段落，用户可设置其对齐方式。选中需要对齐的内容，单击“开始”选项卡“段落”选项组中的对齐按钮，其含义分别为左对齐、居中、右对齐、两端对齐和分散对齐。

4. 设置分栏

单击“开始”选项卡“段落”选项组中的“分栏”下拉按钮，在下拉列表中可直接设置将文本内容以两列或三列的样式进行显示；同时也可选择“更多栏”选项，在打开的“栏”对话框中设置“数量”和“间距”选项值。

5. 设置行距

选中需要设置行距的文本信息，单击“开始”选项卡“段落”选项组中的“行距”下拉按钮，在下拉列表中选择相应的选项；也可以在下拉列表中选择“行距选项”选项，在打开的“段落”对话框中，设置“间距”选项组中的“行距”选项和“设置值”微调框中的值。

6. 设置文字方向

选中需要更改方向的文字，单击“开始”选项卡“段落”选项组中的“文字方向”下拉按钮，在下拉列表中选择相应的选项即可。

7. 设置项目符号和编号

项目符号和编号一般用在层次小标题的开始位置，其作用是突出这些小标题，使幻灯片更有条理性、易于阅读。在 PowerPoint 中提供了多种项目符号和编号类型，用户可修改它们的格式，还可以使用图形项目符号。

（1）添加项目符号和编号

选中需要设置项目符号或编号的段落，单击“开始”选项卡“段落”选项组中的“项目符号”下拉按钮，在下拉列表中选择需要的项目符号选项；也可在下拉列表中选择“项目符号和编号...”选项，打开如图 8-5 所示的“项目符号和编号”对话框，在“项目符号”选项卡中选择需要设置的项目符号选项；也可在“编号”选项卡中选择所需的编号，单击“确定”按钮。

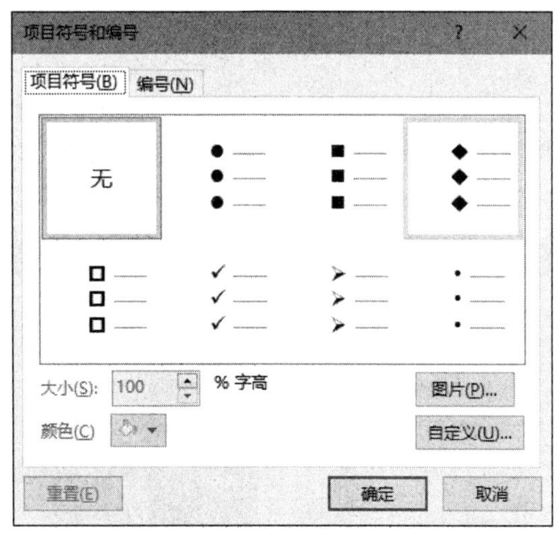

图 8-5　“项目符号和编号”对话框

“项目符号”选项卡中包括以下几种选项。

1）大小。选择该选项可以按照比例调整项目符号的大小。

2）颜色。选择该选项可以设置项目符号的颜色，包括主题颜色、标准色与自定义颜色。

3）图片。选择该选项可以在打开的“图片项目符号”对话框中设置项目符号的显示图片。

4）自定义。选择该选项可以在打开的“符号”对话框中设置项目符号的字体、字符代码等样式。

5）重置。选择该选项可以恢复到最初状态。

在“编号”选项卡中增加了“起始编号”选项，选择该选项可以在文本框中设置编号的开始数字。

（2）删除项目符号

用户若想删除项目符号，则可选中要删除项目符号的内容，单击“开始”选项卡“段落”选项组中的“项目符号”下拉按钮，在下拉列表中选择“无”选项即可。

五、控制演示文稿的外观设计

创建演示文稿后，通常要求演示文稿具有统一的外观。PowerPoint 的一大特点就是可以使演示文稿中的幻灯片具有统一的外观，外观主要包括主题、模板、版式和母版。

主题与模板

1. 设置主题

主题是一组预定义的颜色、字体和视觉效果，可使幻灯片具有统一、专业的外观。它是控制演示文稿统一外观最有效、最快捷的一种方法。一套完整的主题包括 4 个要素：颜色、字体、效果、背景样式。用户可根据需要自定义主题，可在“设计”选项卡“变体”选项组中自定义主题的 4 要素。

（1）主题颜色

PowerPoint 为用户提供了多种主题颜色。用户既可以根据幻灯片内容选择既有的主题颜色，也可以自定义主题颜色。单击“设计”选项卡“变体”选项组中的“颜色”下拉按钮，在下拉列表中选择“自定义颜色”选项，打开“新建主题颜色”对话框，如图 8-6 所示。

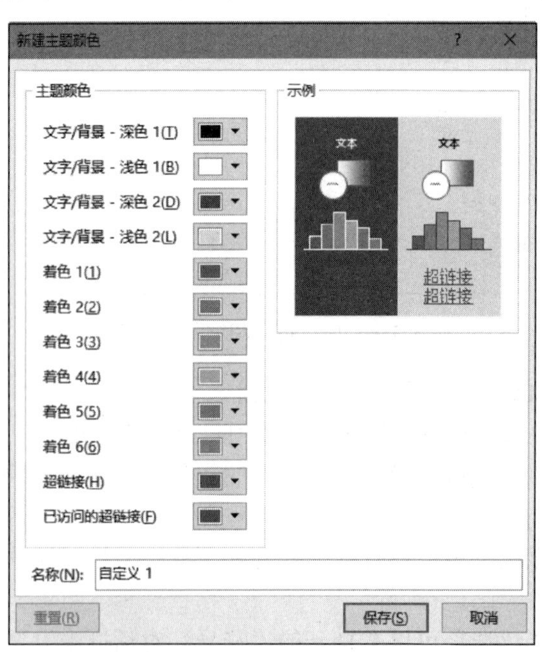

图 8-6 “新建主题颜色”对话框

在新建主题颜色时，用户可以自定义文字/背景、着色与超链接三大类颜色。可在“新建主题颜色”对话框的“名称”文本框中自定义新建主题颜色的名称，如不满意新创建的主题，则可以单击“重置”按钮进行重新设定。

（2）主题字体

PowerPoint 为用户提供了多种主题字体，同时用户还可以创建自定义主题字体。单击“设计”选项卡“变体”选项组中的“字体”按钮，在下拉列表中选择“自定义字体”选项，打开“新建主题字体”对话框，如图 8-7 所示。在该对话框中，用户可以根据需要对西文和中文字体进行设置。

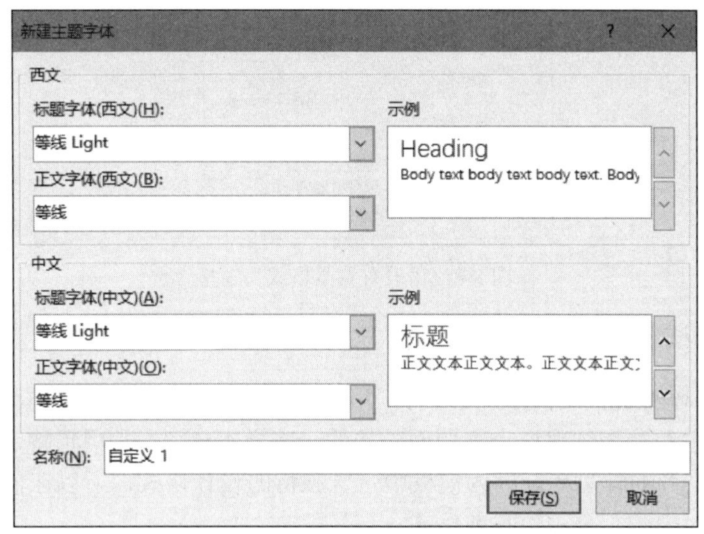

图 8-7　“新建主题字体”对话框

（3）效果

PowerPoint 为用户提供了多种效果。用户可单击“设计”选项卡“变体”选项组中的“效果”下拉按钮，在下拉列表中选择需要的效果选项，这里的效果主要是针对形状而言的。

（4）背景样式

用户若想单独修改某张幻灯片的效果，则可使用背景样式为幻灯片设置不同颜色、图案或纹理的背景，也可用图片作为幻灯片背景；但若需要对多张幻灯片进行设置，则建议使用母版操作。需要注意的是，一张幻灯片中只能使用一种背景类型。

选中需要添加背景的幻灯片，单击“设计”选项卡“变体”选项组中的“背景样式”下拉按钮，在下拉列表中选择“设置背景格式”选项，或直接单击“设计”选项卡“自定义”选项组中的“设置背景格式”按钮，此时窗口右侧会出现“设置背景格式”窗格，如图 8-8 所示。在“填充”选项组中可选择纯色填充、渐变填充，图片或纹理填充和图案填充等效果，同时还可设置背景图形是否隐藏。最后可将此设置应用于当前幻灯片或应用于全部幻灯片。

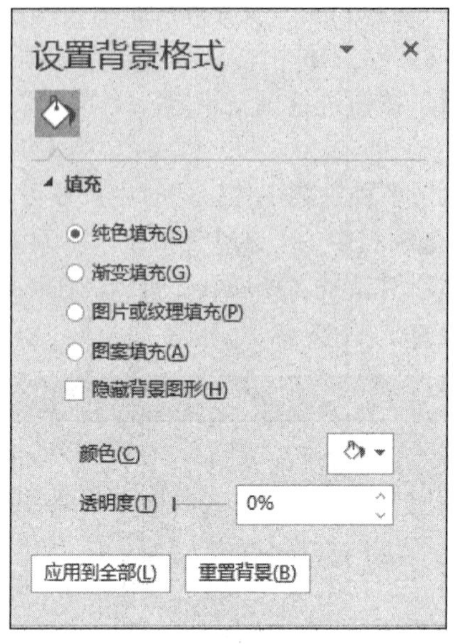

图 8-8 “设置背景格式”窗格

2. 制作模板

在使用 PowerPoint 制作演示文稿时，用户往往需要使用模板来制作精美的幻灯片。模板是指一个主题及为体现这个主题而外加的一些样本内容，常用于特定目的，如制作销售演示文稿、商业计划等。因为模板中包含独特的设计格式，所以在使用模板时，用户需要编辑模板中的部分占位符或格式。

（1）更改模板文字

更改模板文字的操作，与在幻灯片中输入文字一样。在模板中单击需要更改文字的占位符，删除原有文字并输入新文字即可。用户也可以选中需要更改的文字，单击“开始”选项卡“字体”选项组中更改文字的字体、字号的按钮等进行设置。

（2）更改模板图片

在默认的普通视图中，用户往往无法选中模板中的图片，需要单击“视图”选项卡“母版视图”选项组中的“幻灯片母版”按钮，切换到幻灯片母版视图，才可以选中需要更改的图片、删除或重新设置图片格式。

3. 设置版式

创建新幻灯片时，用户可从预先设计好的幻灯片版式中选择需要的版式，版式内容包括标题、文本和图表等占位符。用户可根据需要进行修改。选中幻灯片后，单击“开始”选项卡“幻灯片”选项组中的“版式”下拉按钮，在下拉列表中选择需要的版式选项，就可以更改幻灯片的版式。应用新版式后，所有幻灯片中原有的内容不会改变，但会被重新排列。

对每张幻灯片来说，版式是一种排版格式，可以帮助用户对幻灯片上放置的文字、图片等内容进行更加合理、简洁的布局，同时用户可通过母版来修改版式。

4. 创建母版

母版是模板的一部分，是存储版式、主题、背景和幻灯片等信息的模板，主要用来定义演示文稿中所有幻灯片的格式，其内容主要包括文本与对象在幻灯片中的位置、文本与对象占位符的大小、文本样式、效果、主题颜色、背景等信息。其中，占位符是一种带有虚线或阴影线边缘的框，顾名思义是用来占位置的符号，可以用来放置标题、正文、图片、表格、图表等对象，并且只能在母版视图里设置占位符。

用户可以通过设置母版来创建一个具有特色风格的幻灯片模板。PowerPoint 中的母版有幻灯片母版、讲义母版和备注母版。

幻灯片母版

（1）幻灯片母版

用户要切换到幻灯片母版，应单击“视图”选项卡“母版视图”选项组中的“幻灯片母版”按钮，此时原来的“幻灯片”窗格变成“幻灯片母版”窗格，如图 8-9 所示，包括左侧的幻灯片缩略图窗格和右侧的母版窗格两部分。

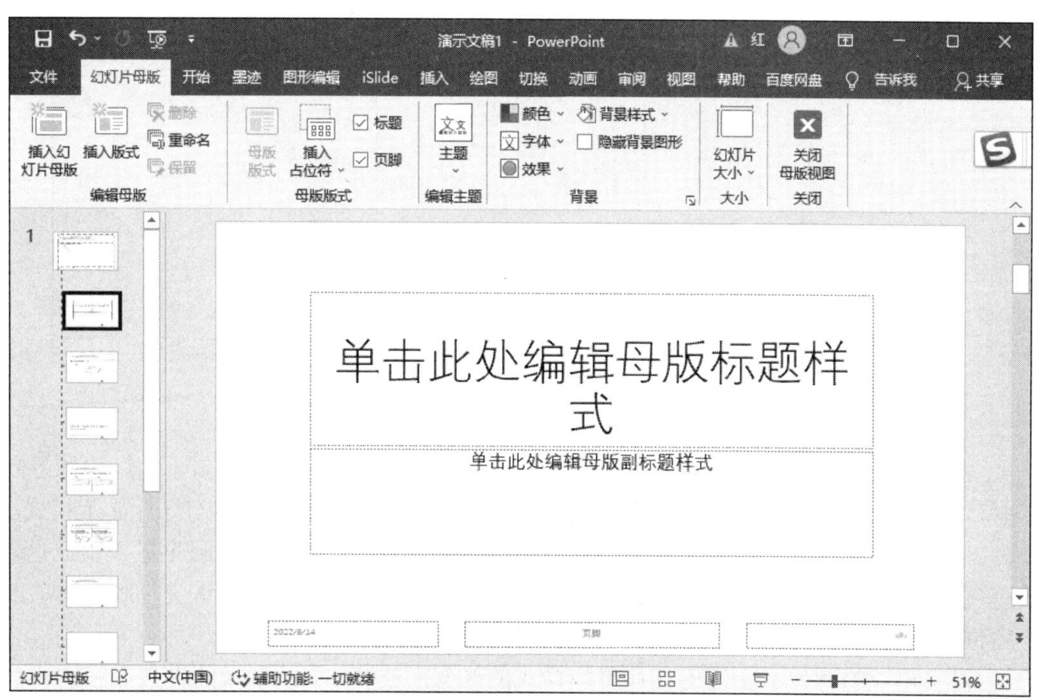

图 8-9 “幻灯片母版”窗格

在左侧的幻灯片缩略图中，第一页是母版式，余下的都是子版式。母版式里放置的任何元素，都能直接出现在幻灯片中的所有页面里，如公司的 logo 等；放置在子版式里的元素则需要用户手动调出才会显示。右侧的母版窗格则主要包括标题区、对象区、日期区、页脚区和数字区。对幻灯片母版的修改操作主要包含更改占位符的格式、更改文本格式、更改层次文本的项目符号及设置页眉页脚等。注意，这些占位符中的提示文字在幻灯片中并不会真正显示。

（2）讲义母版

讲义母版主要以讲义的方式来展示演示文稿内容。因为在幻灯片母版中已经设置了主题，所以在讲义母版中无须再设置主题、只需设置页面设置、占位符与背景即可。单击“视图”选项卡“母版视图”选项组中的“讲义母版”按钮，此时“幻灯片”窗格变成“讲义母版”窗格，如图 8-10 所示。

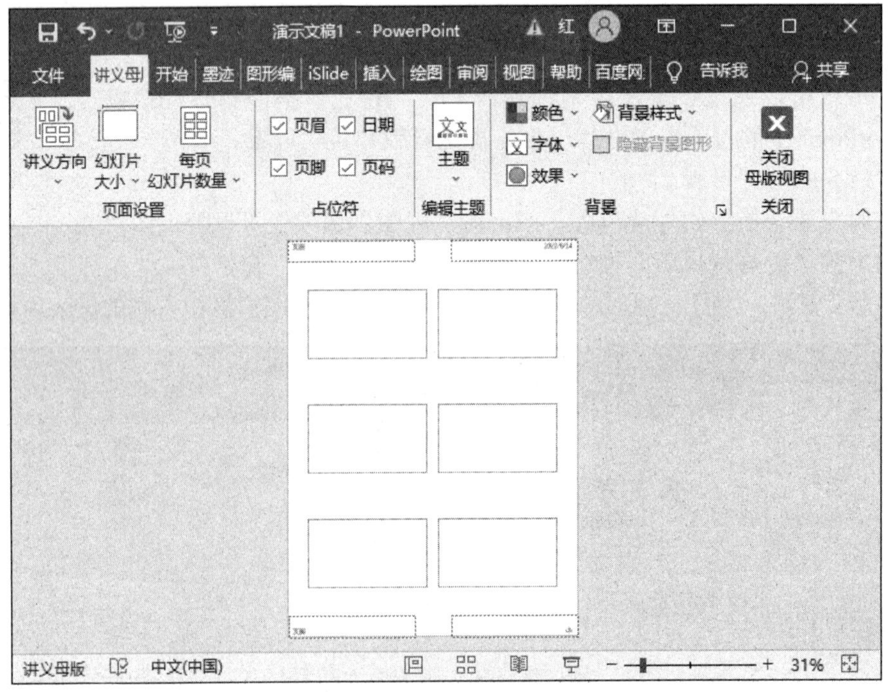

图 8-10 “讲义母版”窗格

在“讲义母版”选项卡“页面设置”选项组中可以设置讲义的方向、幻灯片的方向与每页幻灯片的数量。通过页面设置，可以根据讲义内容设置合适的幻灯片显示模式。

讲义母版包括 4 个可以输入文本的占位符，即页眉区、页脚区、日期区及页码区，这些占位符格式的设置方法与前面介绍的类似。用户可以通过选中“讲义母版”选项卡“占位符”选项组中的各复选框来确定是否显示这些占位符。

讲义母版的背景不会因幻灯片母版样式的改变而改变，系统默认的讲义母版的背景为纯白色背景。用户可根据幻灯片内容与讲义形式，单击“讲义母版”选项卡“背景”选项组中的“背景样式”下拉按钮，在下拉列表中选择需要的样式选项即可。

（3）备注母版

PowerPoint 为每张幻灯片设置了一个备注页，供用户添加备注信息。设置备注母版与设置讲义母版大体一致，无须设置母版主题，只需设置幻灯片方向、备注页方向、占位符与背景样式即可。备注母版中主要包括页眉区、日期区、幻灯片图像区、正文区、页脚区及页码区 6 个占位符，其格式设置与前述类似。

任务实施——设计工作汇报总结模板

快速制作符合自己需求的年终工作汇报总结模板，首先应下载一个类似的模板雏形，其次对现有的幻灯片模板结构进行观察，分析其合理性及存在的问题，最后通过幻灯片母版完成对现有模板的改造。

1．下载模板雏形

可以通过 PowerPoint 内部下载链接或通过微软官方模板网站下载免费模板。启动 PowerPoint 2019，选择“文件”→“新建”选项，在“新建”窗格下方的“搜索联机模板和主题”搜索栏内搜索总结类模板，选中一个模板，如“清新蓝绿总结报告”模板，进行模板的创建，如图 8-11 所示。

图 8-11　“清新蓝绿总结报告”模板

此外，还可通过 Office Plus 微软官方模板网站进行下载，在 Office Plus 官网上选择“柔和蓝色工作总结通用模板”选项，下载即可（注意：下载模板需要先登录该网站）。打开下载后的模板，如图 8-12 所示。将该模板另存为“工作汇报总结.pptx”，本案例后续分析制作将以该模板为雏形。

图 8-12 “柔和蓝色工作总结”模板

2. 分析现有模板结构

观察后发现，该工作汇报总结模板的幻灯片母版中包含了封面页、目录页、副标题页、内容页及结束页，母版结构相对完整，但纵观幻灯片页面，大部分元素都是做在页面上的，而并没有做相应母版的规范设计，因此需要做适当调整。

3. 模板规范设计

模板改造是对幻灯片母版的规范设计。将幻灯片中固定不变的元素放到对应的母版页中，使用对应的占位符代替可变元素。模板规范设计时先在版式中选择对应母版页，再通过填充占位符来进行相应内容的修改。

（1）封面页的母版设计

封面页的初始效果与改造后效果对照，如图 8-13 所示。删除封面页中无用的页面元素，选中封面页中的固定元素，如汇报人和汇报时间前面的图标，打开幻灯片母版视图，将其拷贝至母版子版式下对应封面页中。也可自行制作该图标，将在模块八任务二中做详细介绍。对于页面中的可变元素，如汇报人和汇报时间，可进入幻灯片母版视图，利用“母版版式”选项卡下的插入文本占位符来实现代替。将字号设置为“18”，设置对齐文本为“中部对齐”，设置标题为“工作汇报总结模板”。

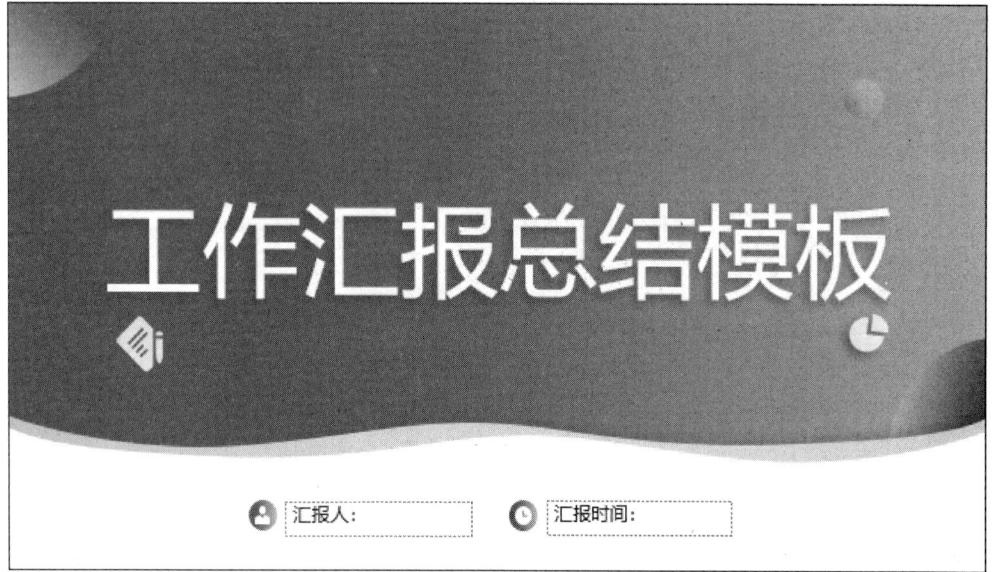

图 8-13　封面页初始效果与改造后效果对照

（2）目录页的母版设计

目录页的初始效果与改造后效果对照，如图 8-14 所示。拷贝页面的固定元素至母版对应目录页中，这里的固定元素主要是指既有图形，也可以自行制作这些图形，图形详细制作方法在模块八任务二中讲解。对于页面中的内置箭头图标，可进入幻灯片母版视图，利用“母版版式”选项卡下的插入图片占位符来实现代替。这样在应用该版式后的页面上，就可以通过单击该图片占位符任意置换图标内容了。同理，对于页面上的可变文本，可通过插入文本占位符来实现代替，具体操作不再赘述。

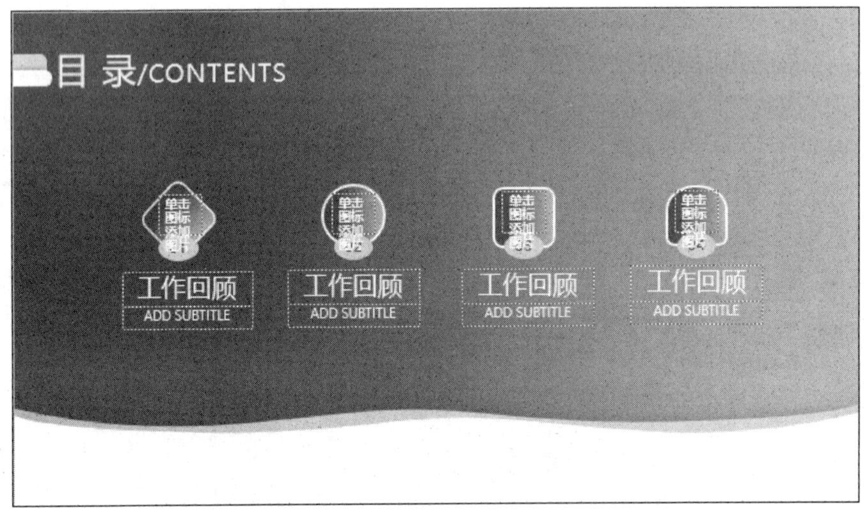

图 8-14　目录页初始效果与改造后效果对照

（3）副标题页母版设计

副标题页的初始效果与改造后效果对照，如图 8-15 所示。分析页面的固定元素和可变元素进行相应模板改造，基本操作与上同。

图 8-15　副标题页初始效果与改造后效果对照

（4）内容页与结束页母版设计

内容页与母版页的母版设计相对简单，请自行参考如图 8-16 所示的内容页与结束页效果进行操作。

图 8-16　内容页与结束页效果

至此，“工作汇报总结”模板的改造基本完成，通过对该幻灯片母版进行规范设计后，当前“工作汇报总结”模板的版式界面如图 8-17 所示，后续在创建新幻灯片时可根据需要自行应用相应的版式。

图 8-17　“工作汇报总结”模板的版式界面

能力拓展——制作“西湖十景”景点介绍的演示文稿

◆　任务要求

制作一个介绍杭州“西湖十景”景点的演示文稿，要求主题切合、字体美观大方、版式与母版设计合理，效果如图 8-18 所示。

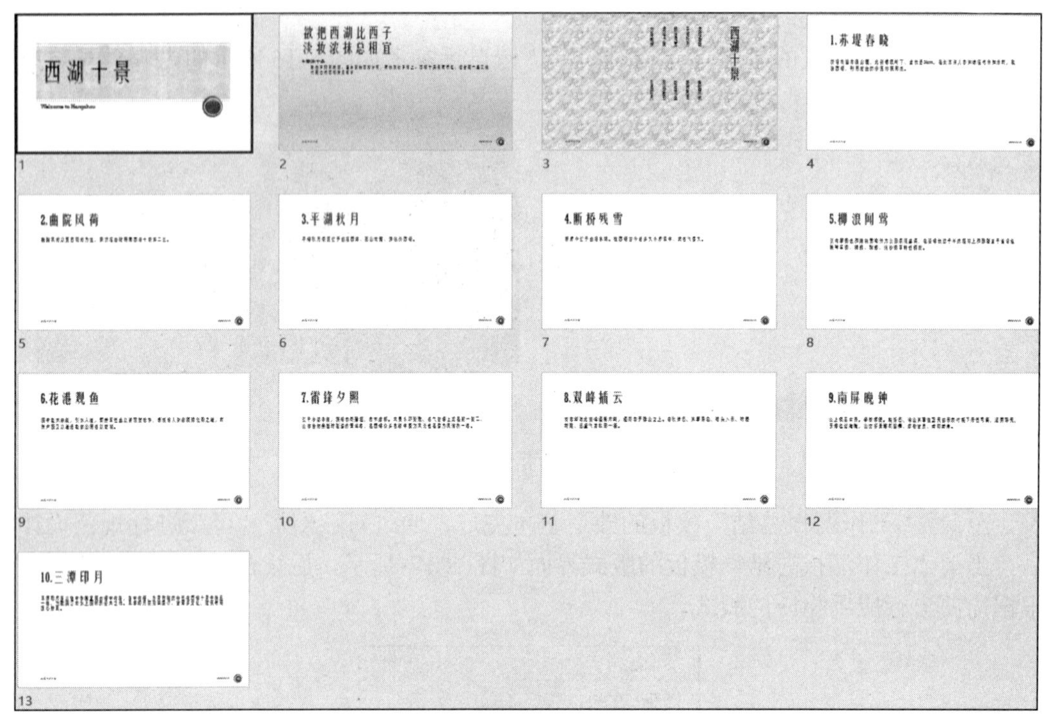

图 8-18 “西湖十景”演示文稿效果

◆ 任务实施

1. 打开文件

打开素材“西湖十景.pptx”演示文稿，将其另存为“西湖十景（效果图）.pptx”。

2. 设置版式

在演示文稿中，除第一张幻灯片采用“标题”版式外，其余都采用“标题和内容”版式。

3. 设置格式

设置标题幻灯片标题文本字体为“微软雅黑”、字号为“54”；设置副标题字体为“Impact”、字号为“44”。设置其余幻灯片标题字体为“黑体”“加粗”，设置字号为“44”；设置第 2 张幻灯片中的“西湖十景”文字字体为“隶书”，设置其他文本的字体效果为“阴影”。

设置各张幻灯片标题的对齐方式为居中，设置第 3 张幻灯片文本间行距为 1.5 倍，设置其他幻灯片文本间行距为 1.2 倍。

4. 添加项目符号

给第 2 张幻灯片中的第一段文本添加项目符号“◆”，去掉各张幻灯片文本中的各种项目符号。

5. 设置主题

将演示文稿主题设置为“木材纹理”。

6. 设置母版

修改幻灯片母版，使每张幻灯片页脚区中的各部分内容字体为“隶书”、字形为“粗体”。

7. 修改版式

设置第 3 张幻灯片的版式为“竖排标题与文本”。

8. 设置背景

设置第 2 张幻灯片的背景渐变填充色为“浅色渐变-个性色 3”，设置第 3 张幻灯片的背景纹理为“白色大理石”。

9. 添加页脚

给各张幻灯片（不包括标题幻灯片）添加日期（采用自动更新模式，格式为默认），为幻灯片编号，设置页脚内容为“西湖十景介绍”。

评价反馈

自评表

序号	评价内容	评价标准	自评分数	教师评分
1	演示文稿基本操作	会使用演示文稿的新建、打开和保存		
2	幻灯片基本操作	能够进行演示文稿的选中、插入、删除、移动及复制等		
3	演示文稿的格式化操作	会灵活运用字体、段落格式、行距的设置，能够添加项目符号和编号等		
4	演示文稿模板的使用方法	能够利用常用模板新建演示文稿及自行下载免费模板		
5	演示文稿母版的使用方法	能够理解母版的意义，能够结合占位符完成母版的改造与设置		
6	演示文稿版式和主题的使用方法	能够合理修改幻灯片版式及自定义主题设置		
考核评价	总分（第 1～4 项评价内容为 15 分，第 5～6 项评价内容为 20 分，满分 100 分）			
	指导教师评语			

任务二　丰富工作汇报总结页面元素

任务目标

- 会控制演示文稿可视化。
- 会运用图形绘制与编辑。
- 会使用图片、表格及图表的插入及编辑。
- 会灵活运用页面元素的排版及布局。

任务描述

基于已规范好的“工作汇报总结”模板，根据自己的需求来设计与制作具体的页内元素，包括图片和图标的插入与编辑、规则及不规则图形的绘制、图表及表格的设计等，进而完成对页面对象合理的排版和布局，其中包括对 SmartArt 工具的合理运用。

任务分析与相关知识

在 PowerPoint 2019 中，用户可在幻灯片中插入图片、图形、图表、表格等对象，也可插入音频、视频等多媒体对象，使演示文稿更具吸引力。

一、图片、图标的添加

1. 插入图片

在 PowerPoint 2019 中插入图片的具体操作过程与在 Word 中插入图片一样，可单击“插入”选项卡“图像”选项组中相应的按钮来插入图片。在图片导入后，可通过拖动鼠标调整图片位置及大小。选中该图片后，单击“图片格式”选项卡中相应的按钮可对其进行进一步的编辑，如图片的裁剪、抠图、柔化及透明度的调整等。

2. 插入图标

在演示文稿制作过程中，常会使用一些图标来增强内容的感染力。在 PowerPoint 2019 中新增了插入图标功能，且提供了标志和符号、动物、技术和电子、贸易等多种类型的图标，使用户可以像插入图片一样插入需要的图标。

插入图标后，选中该图标，单击“图形格式”选项卡中各按钮，可对其进行进一步的操作，如图 8-19 所示。如果单击“更改图形”下拉按钮，在下拉列表中选择“从图标”选项，则可对当前选中的图标进行替换操作。单击“图形样式”选项组中的各按钮，可对当前图标的填充、轮廓及效果做相应的修改。同时，当图标是由多个图形组合而成的时，可以单击“图片格式”选项卡“排列”选项组中的“组合”下拉按钮，在下拉列表中选择“取消组合”选项，可以对其中的部分对象进行单独编辑。

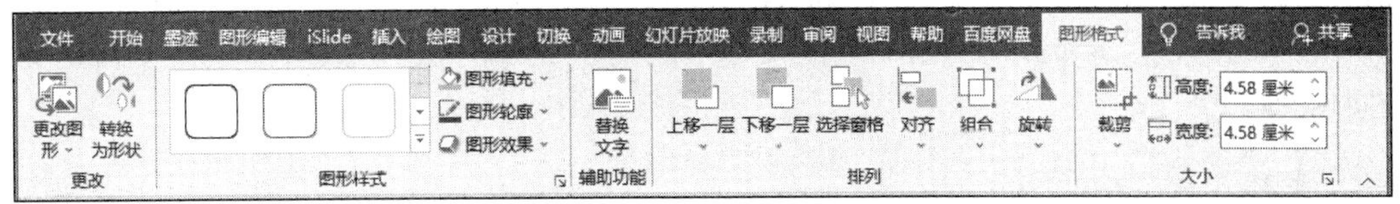

图 8-19　“图形格式”选项卡

二、图形的绘制

1. 添加 SmartArt 图形

在制作演示文稿过程中，往往需要利用流程图、层次结构图及列表来显示幻灯片的内容。PowerPoint 为用户提供了列表、流程、循环等 8 类 SmartArt 图形。用户可单击“插入”选项卡“插图”选项组中的“SmartArt”按钮，在打开的“选择 SmartArt 图形”对话框中，选择需要插入的图形，如图 8-20 所示。

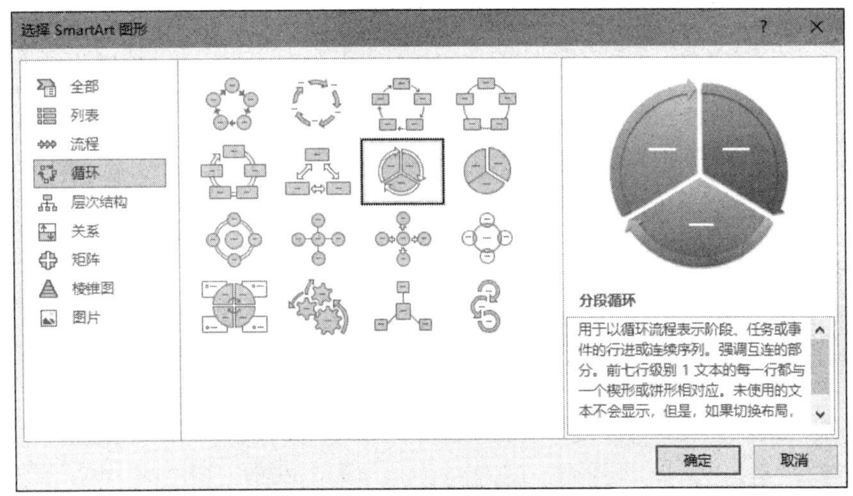

图 8-20　“选择 SmartArt 图形”对话框

当选中并插入某个 SmartArt 图形后，可单击“SmartArt 工具”选项卡中的各按钮，对当前对象进行进一步的编辑。单击“SmartArt 设计”选项卡“创建图形”选项组中的“添加形状”按钮，可在原有插入图形的基础上继续添加形状，如图 8-21 所示；在“SmartArt 设计”选项卡“SmartArt 样式”选项组中可对 SmartArt 图形进行色彩设置、样式应用等。

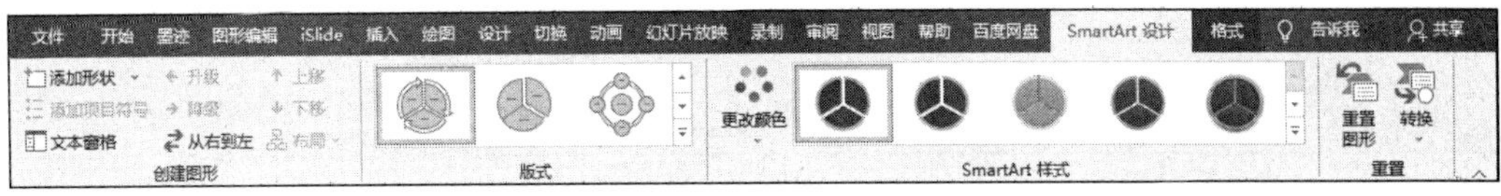

图 8-21　“SmartArt 设计”选项卡

2. 绘制形状

PowerPoint 提供了大量的形状来满足用户的需求。用户可以单击“插入”选项卡“插图”选项组中的“形状”按钮来绘制自定义图形，其基本方法与 Word 中的绘制自定义图形类似。

三、表格、图表的添加

1. 插入表格

在 PowerPoint 中插入和编辑表格的方法与在 Word 中插入和编辑表格的方法类似，可单击“插入”选项卡“表格”选项组中的“表格”按钮，拖动鼠标选择需要的表格效果并创建表格。用户可以通过“表格设计”选项卡和“布局”选项卡来对表格进行美化。

2. 插入图表

在 PowerPoint 中利用图表可清晰、简洁地演示数据。我们已经介绍了在 Excel 中图表的制作方法，因此可以直接通过复制、粘贴的方式将制作好的图表插入幻灯片中。

新建一个演示文稿，修改幻灯片版式为“标题和内容”。单击内容占位符中的图表，打开“插入图表”对话框，选择需要新建的图表类型，单击“确定”按钮。此时在 PowerPoint 中出现一个图表，同时打开一张在 Excel 窗口中的数据表，如图 8-22 所示。用户可直接在 Excel 数据表中修改数据形成新表，此时也可利用“图表设计”选项卡、“布局”选项卡和“格式”选项卡来对一些项目进行重新设置，其基本操作和 Excel 中的相应操作相似。

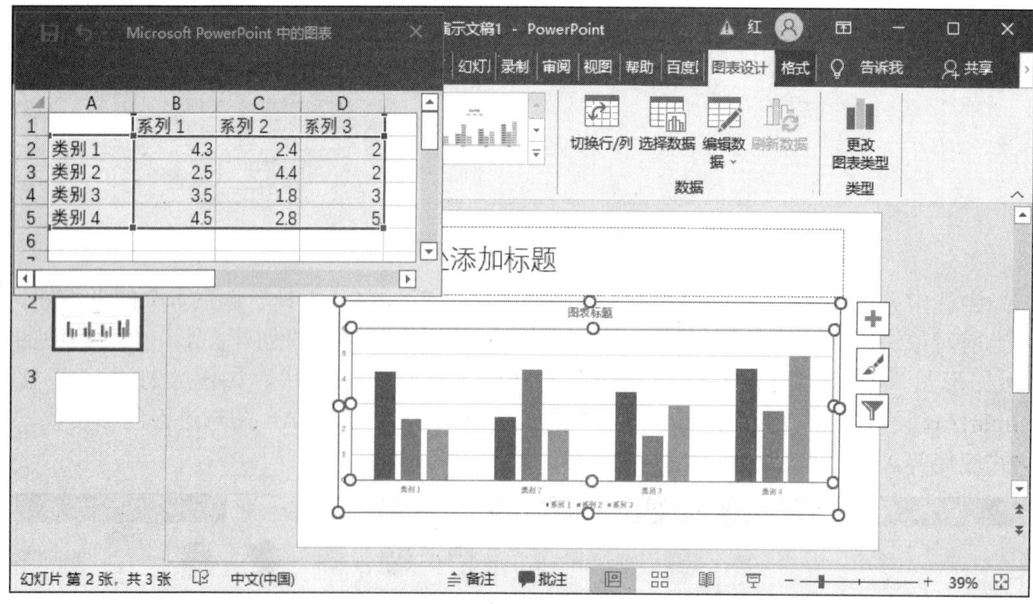

图 8-22　插入图表示例

若要返回 PowerPoint，则可单击幻灯片内图表以外的任何位置。用户可根据需要对创建后的图表的位置和大小进行改动。

四、音频、视频的添加

在幻灯片中不仅可以插入图形、图片，还可以添加多媒体效果，如插入影片、声音、CD 音乐及录制旁白等。由于多媒体效果的插入方式类似，在此我们仅介绍视频的插入方法。

用户可以将文件中的视频、来自网站的视频、剪辑视频插入幻灯片中。选择需要插入多媒体内容的幻灯片，单击“插入”选项卡“媒体”选项组中的“视频”下拉按钮，在下拉列表中选择“此设备”选项，在打开的“插入视频文件”对话框中，选择须插入的视频文件，单击“插入”按钮，即可插入本地视频。通过联机搜索方式插入视频，以及其他多媒体效果的插入方式与此类似，不再详述。

任务实施——丰富工作汇报总结页面元素

对于演示文稿而言，基本的页面元素包括文字、图片、图标和形状等。参考“工作汇报总结”模板效果，利用形状来完成演示文稿背景的制作；结合现有图标和自制图形完成页面中图标元素的打造；完成页面中清晰规范的表格设计。与此同时，还需要保证页面整体排版布局的美观合理，包括页面文字元素的合理对齐；结合形状完成图片特效的布局。正确使用排版神器 SmartArt。

1. 利用形状制作页面背景

启动 PowerPoint 2019，打开“工作汇报.pptx”文件，以封面页为例进行页面背景制作的介绍，效果如图 8-23 所示。

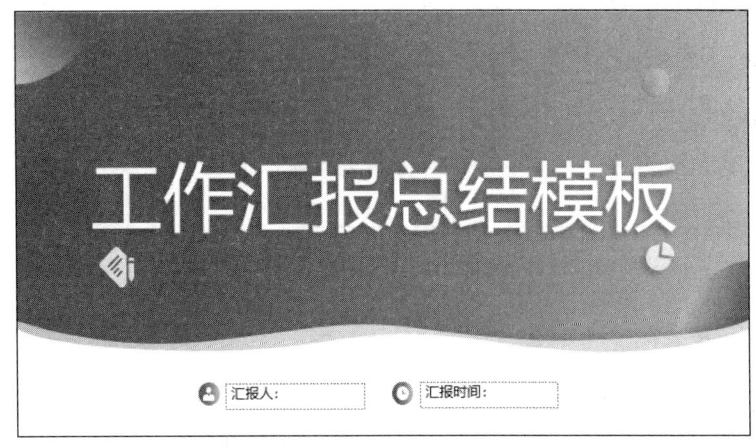

图 8-23　封面页效果

新建一个“空白页”版式的幻灯片，进入幻灯片母版视图，利用取色器吸取效果图背景色，制作出蓝色背景。绘制一个白色矩形，并对其编辑顶点，通过添加顶点及调整方向手柄制作出不规则形状，如图 8-24（a）所示；用同样的方法制作另一个不规则形状，并对该形状进行渐变填充，如图 8-24（b）所示，最终将两形状做合理位置调整，并进行组合。其他页面背景图形也是通过形状绘制及相应的渐变效果实现的，请自行思考完成。

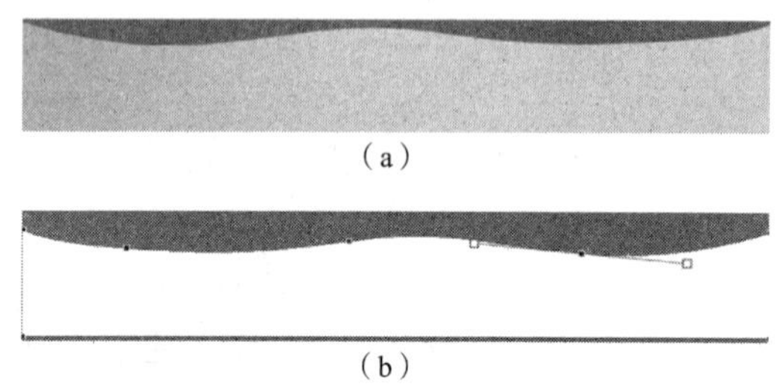

图 8-24　不规则形状分解图

2. 制作图形元素

以目录页为例介绍用自制形状结合固有图标元素制作特殊图形的方法，效果如图 8-25 所示。

插入形状“圆角矩形”，旋转 45°，进行适当的渐变填充，设置轮廓线为“白色”、“实线”、宽度为“4.5 磅”；在其下方插入浅黄的椭圆形状，并在其上放置对应的文本；在圆角矩形中插入图片占位符，调整占位符大小位置，并输入适当的提示性文本，制作完成一个图形元素，效果如图 8-26 所示。余下几个图形元素的制作与此类似，请自行完成。思考：此处为何不直接插入既定的图标元素？

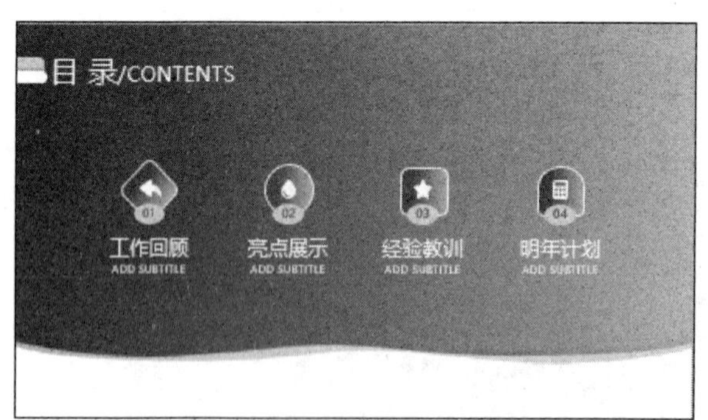

图 8-25　目录页效果图

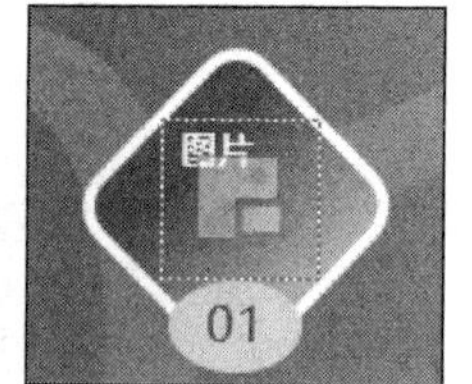

图 8-26　图形元素效果图

3. 设计规范表格

在幻灯片内容页设计过程中，通常会用一些表格来呈现数据，除了使用 PowerPoint 自带的表格样式，还可以根据整个幻灯片的色彩搭配风格，更换表格线条粗细、背景色彩等，使表格更加美观。下面以“联想品牌专区报价”表为例，进行表格的规范设计介绍，该表原始表如图 8-27 所示，改造后的效果如图 8-28 所示。

关键词	物料类型	流量来源	日均历史检索量(千)	月刊报价（万元）	月刊报价（万元）	PC全年购买（万元）
联想A	标准	PC	110	137	66.5	657.8
联想B	标准	无线	25.2	26	12	
联想乐	标准	无线	33.8	90	67.5	432
联想phone	标准	PC	178.9	13	8.5	
联想G	标准	PC	6.8	112	108	1099
总计:			354.7	378	262.5	2188.8

图 8-27　“联想品牌专区报价”原始表

关键词	物料类型	流量来源	日均历史检索量(千)	月刊报价（万元）	月刊报价（万元）	PC全年购买（万元）
联想A	标准	PC	110.0	137	66.5	657.8
联想B	标准	无线	25.2	26	12.0	
联想乐	标准	无线	33.8	90	67.5	432.0
联想phone	标准	PC	178.9	13	8.5	
联想G	标准	PC	6.8	112	108.0	1099.0
总计:			354.7	378	262.5	2188.8

图 8-28　“联想品牌专区报价”表改造后效果

去除原表格所有默认格式，设置其为无填充色；设置文本左对齐、数据右对齐，且保持小数点后位数一致；调整表格线条的粗细和颜色，让表格更具层次感；添加衬底，凸显表格的重点数据，如表头和总计。

4. 排版和布局页面

基本的页面元素包括文字、图片、图标和形状等。页面布局的基本原则是使页面元素尽可能多地对齐，同时对文字多采用“两端对齐”的排版方式，使文档更整洁、美观，“亮点展示”内容页效果如图 8-29 所示。除此之外，在幻灯片制作时，还经常需要对图片和文字进行排版，以下介绍 SmartArt 在多图和图文排版时的奇特功效。

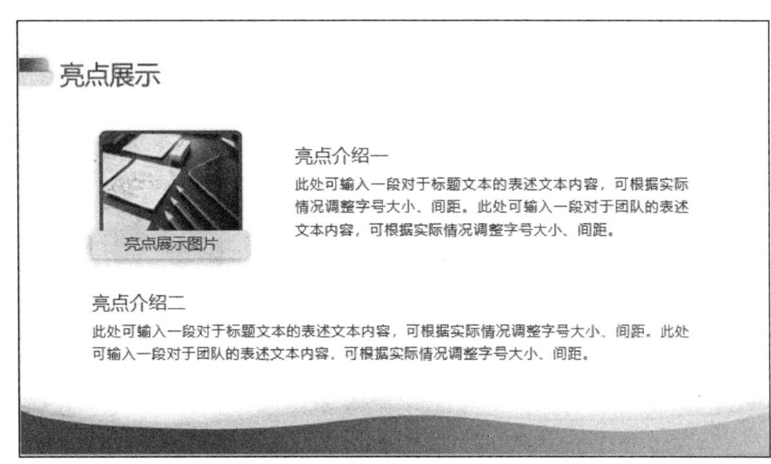

图 8-29　“亮点展示”内容页效果

（1）文字转图形

SmartArt 可以一键将文字生成图形。“实施阻碍”内容页如图 8-30 所示，选中左侧的文本内容，单击“开始”选项卡“段落”选项组中的“转为 SmartArt 图形”按钮，即可产生页内图中所示的某一个 SmartArt 图形。SmartArt 图形插入完毕后，利用“SmartArt 工具”选项卡可对当前对象进行进一步的编辑，如在原有图形的基础上继续添加形状，对 SmartArt 图形进行色彩设置、样式应用等。单击“SmartArt 设计”选项卡“重置”选项组中的“转换”按钮，可将当前 SmartArt 图形快速转换回文本。

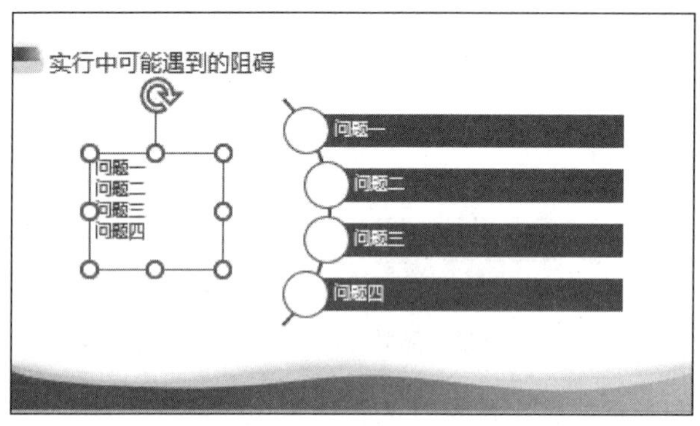

图 8-30　“实施阻碍”内容页

（2）图片创意排版

利用 SmartArt 的创意图片排版功能，可快速实现“团队建设”内容页排版，效果如图 8-31 所示。插入需要的所有素材图片，全选图片，单击“格式”选项卡“图片样式”选项组中的“图片版式”按钮，根据需要选择合适的排版类型。调整图片的位置和比例，利用“SmartArt 工具-格式”选项卡可替换选中的图形或文本元素的形状外观，调整样式及填充效果等。

图 8-31　“团队建设”内容页效果

能力拓展——制作新员工入职培训的演示文稿

◆ 任务要求

制作一个用于新员工入职培训的演示文稿，其中包括企业简介、企业文化、职场礼仪等相关内容。在该演示文稿中应用合适的主题，辅以恰当的图片以增强效果，使用 SmartArt 快速完成排版，利用适当的图表以增强说服力，效果如图 8-32 所示。

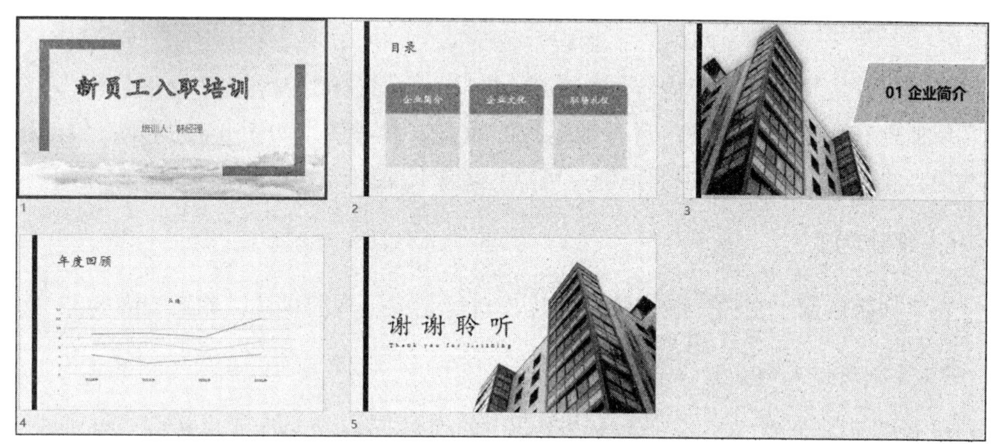

图 8-32 “新员工入职培训”演示文稿效果

◆ 任务实施

1. 新建文稿

新建一个空白演示文稿，将演示文稿的主题设置为“剪切”。

2. 插入艺术字

在第一张幻灯片中插入艺术字并设置为“深绿色，深色上对角线，清晰阴影”，设置艺术字内容为“新员工入职培训”，设置字体为“华文楷体”，设置字号为“80”；为第一张幻灯片添加副标题，内容为“培训人：韩经理”，设置字体为“微软雅黑”，设置字号为“28”；为该幻灯片添加“背景.png”图片。

3. 新建幻灯片

新建一张应用“标题和内容”版式的幻灯片，设置标题内容为“目录”；在内容区域添加水平项目符号列表，并更改该列表上部形状为“矩形：圆顶角”；设置列表内容分别为“企业简介”“企业文化”“职场礼仪”，设置字号为“32”。

4. 插入图形与图片

新建一张应用“标题和内容”版式的幻灯片，删除标题占位符，插入一个平行四边形，设置填充色为“水绿色”，设置形状轮廓为“白色”，调整为合适大小；为该形状添加文字，内容为“01 企业简介”，设置字体为“微软雅黑”，设置字号为“48”，设置字形为“黑色，加粗”；在内容区插入图片“企业.png”，调整为合适的位置与大小，可自行设置图片样式、图片效果等。

5. 插入图表

新建一张应用“标题和内容”版式的幻灯片，设置标题内容为“年度回顾”，在内容区域插入一张堆积折线图，进行数据源的设置，参考效果如图 8-32 所示；修改图表标题为“业绩”，删除图表中的图例；可自行调整图表样式、图表效果等。

6. 设计尾页

新建一张应用“空白”版式的幻灯片，自行完成尾页的设计，效果如图 8-32 所示。

7. 完善演示文稿

参考“01 企业简介”，可自行补充完善“02 企业文化”“03 职场礼仪”两部分相关页的内容，使其成为一个完整的“新员工入职培训”演示文稿。

评价反馈

自评表

序号	评价内容	评价标准	自评分数	教师评分
1	演示文稿版式和主题的使用	能够新建幻灯片及合理修改幻灯片版式与主题		
2	演示文稿可视化操作	会灵活运用艺术字、形状、图表、图片等的插入与编辑方法		
3	图形的绘制与编辑	会灵活运用图形绘制与编辑		
4	演示文稿母版的使用	能概述母版的意义，会在母版中完成固定元素的添加		
5	SmartArt 图形的有效使用	会灵活利用 SmartArt 进行多图文排版		
考核评价	总分（每项评价内容为 20 分，满分 100 分）			
	指导教师评语			

任务三 制作工作汇报总结展示效果

任务目标

- 会运用演示技术。
- 会灵活运用幻灯片动画与切换。
- 会运用超链接与动作按钮的设置。
- 会使用幻灯片的放映与发布。

任务描述

小明在制作好各页内元素的“工作汇报总结”演示文稿的基础上，根据自己的需求为某些特定的对象添加相应的动画展示效果，在幻灯片页之间添加一定的平滑切换效果，并对演示文稿的整体外观进行设置。

任务分析与相关知识

在 PowerPoint 中，在演示文稿中不仅可以添加音频、视频等多媒体对象，还可以添加动画效果和转换效果，以此来增加演示文稿的动态性和多样性。动画效果与切换效果是 PowerPoint 中元素动态出现的两种方式。

一、演示文稿的设置

1. 设置幻灯片的动画效果

PowerPoint 2019 为用户提供了进入、强调、退出等十几种内置动画效果。用户可以为幻灯片中的文本、形状、图像及其他对象设置动画效果，突出重点，并提高演示文稿的趣味性。

（1）添加动画效果

选中幻灯片中的对象，单击“动画”选项卡“动画”选项组中的各种动画效果按钮，即可添加动画效果。用户也可以选择“动画”选项卡“动画”选项组的“其他”下拉按钮，在下拉列表中选择更多的动画效果，如选择“更多进入效果”选项，则会打开“更改进入效果”对话框，如图 8-33 所示。选择需要的效果后，单击“确定”按钮即可。使用同样的方法，可以添加更多的强调效果或退出效果。

（2）更改、删除和调整动画顺序

为对象添加动画效果后，单击对象前面的动画序列按钮，在“动画”选项组中单击另外一种动画效果按钮，即可更改当前的动画效果。

为多个对象添加动画效果，可以单击“动画”选项卡“高级动画”选项组中的“动画窗格”按钮，打开“动画窗格”窗格，如图 8-34 所示。在“动画窗格”窗格中，除了可以改变动画的播放顺序，单击动画对象右边的下拉按钮，在下拉列表中还可以对动画播放的开始时间、声音效果等进行设置；同时在下拉列表中选择“删除”选项，可以非常方便地删除该动画，删除动画也可直接选中对象并按 Delete 键。

图 8-33 “更改进入效果”对话框

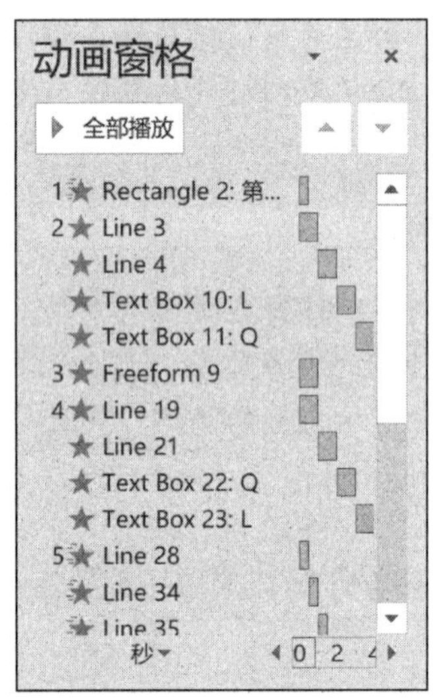

图 8-34 “动画窗格”窗格

（3）设置动画路径

除了预设动画，用户还可以为对象创建动画路径，让幻灯片中的对象沿指定的路径移动。选中要设定的对象，单击“动画”选项卡“高级动画”选项组中的“其他动作路径”按钮，在打开的“添加动作路径”对话框中选择需要设置的动作路径即可。

2. 设置幻灯片的切换效果

切换效果是指幻灯片之间过渡时的动态效果。PowerPoint 2019 为用户提供了大量的切换效果，总共包括细微、华丽、动态内容三大类型，每个类型又分为十几种不同的效果。选中要设置切换效果的幻灯片，单击“切换”选项卡“切换到此幻灯片”选项组中的“其他”下拉按钮，在下拉列表中选择一种切换效果即可；用户还可以单击“切换”选项卡“计时”选项组中的各按钮来设置幻灯片切换的声音、速度及切换的方式。

二、超链接、动作按钮的设置

1. 设置超链接

在 PowerPoint 2019 中，用户可以在演示文稿中给文本、图形或形状等对象添加超链接，通过超链接可跳转到演示文稿不同的位置、其他文件或网页等。

（1）创建超链接

选中需要创建超链接的对象，单击“插入”选项卡“链接”选项组中的“超链接”按钮，打开“插入超链接”对话框，如图 8-35 所示。在该对话框中，可创建“现有文件或网页”超链接、“本文档中的位置”超链接、“新建文档”超链接和“电子邮件地址”超链接。用户可根据需要进行选择，选择完成后单击“确定”按钮。

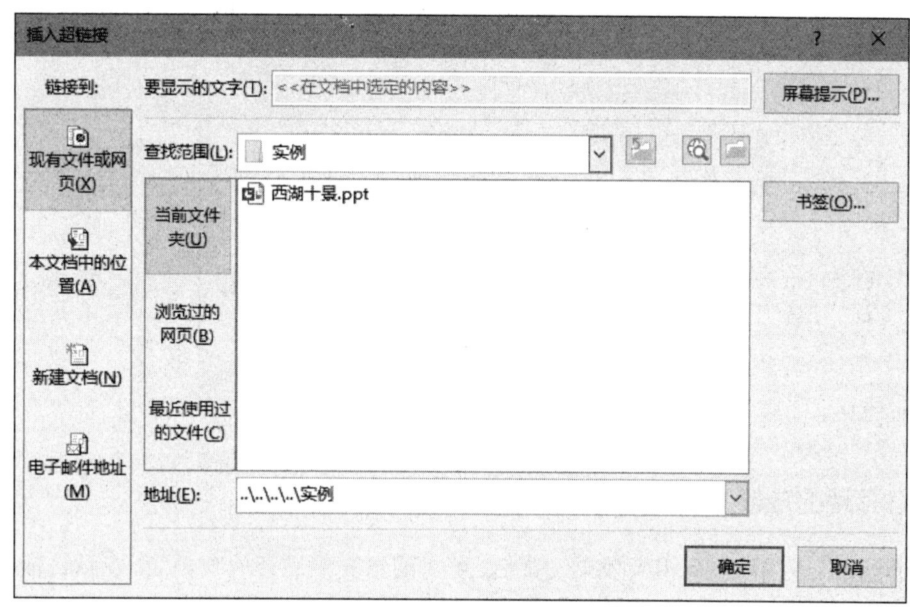

图 8-35　“插入超链接”对话框

（2）编辑超链接

用户可对一个已存在的超链接进行修改。选中超链接对象，单击“插入”选项卡“链接”选项组中的“超链接”按钮，或右击超链接对象，在打开的快捷菜单中选择“编辑超链接”选项，在打开的“编辑超链接”对话框中，做相应的修改，单击“确定”按钮即可。

（3）删除超链接

删除超链接时，可在“编辑超链接”对话框中单击“删除链接”按钮，或直接右击要删除超链接的对象，在打开的快捷菜单中选择“取消超链接”选项。

2. 添加动作按钮

动作按钮是指预先设置好带有特定动作的图形按钮，可以在放映幻灯片时实现跳转的目的。单击“插入”选项卡“插图”选项组中的“形状”下拉按钮，在下拉列表的“动作按钮”选项组中选择任意一种按钮。在幻灯片中适当位置拖动鼠标绘制按钮，当松开鼠标时，会打开“操作设置”对话框，如图 8-36 所示。在该对话框中，用户可根据需要进行对动作按钮创建超链接、播放声音或运行程序等操作。

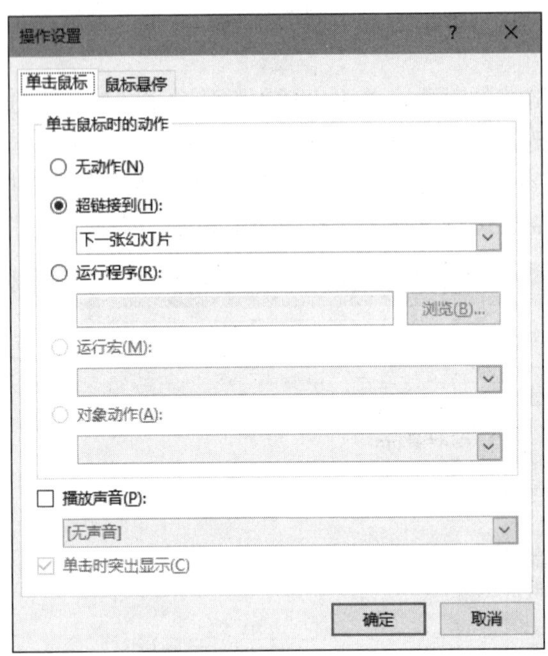

图 8-36 “操作设置”对话框

三、幻灯片的放映

创建完幻灯片并进行相应效果设置后，可对演示文稿进行放映预演。在默认情况下，幻灯片放映的方式为普通手动放映。用户可以根据实际需要，设置幻灯片的放映方法，如自动放映、自定义放映和排练计时放映等。

1. 设置放映方式

单击“幻灯片放映”选项卡“设置”选项组中的“设置幻灯片放映”按钮，打开“设置放映方式”对话框，如图 8-37 所示。在该对话框中，可以对“放映类型”“放映幻灯片”“推进幻灯片”等选项进行设置，设置完成后单击“确定”按钮。各选项功能如下。

1）“放映类型”选项。该选项中的演讲者放映（全屏幕）用于运行全屏显示的演示文稿，是最常用的一种放映方式；观众自行浏览（窗口）用于运行小屏幕的演示文稿；在展台浏览（全屏幕）可自动反复运行演示文稿，直到按键终止。

2）“放映幻灯片”选项。该选项用来选择需要放映的幻灯片段的范围。

3）“推进幻灯片”选项。该选项用来指定幻灯片放映时采用人工换片还是自动换片。

2. 设置放映方法

（1）普通手动放映

单击“幻灯片放映”选项卡“开始放映幻灯片”选项组中的“从头开始”或“从当前幻灯片开始”按钮，即可从演示文稿的第一张幻灯片或当前幻灯片开始放映。按 F5

键可直接从头放映幻灯片，按 Shift+F5 组合键或状态栏上的“幻灯片放映”按钮，可从当前幻灯片开始放映。

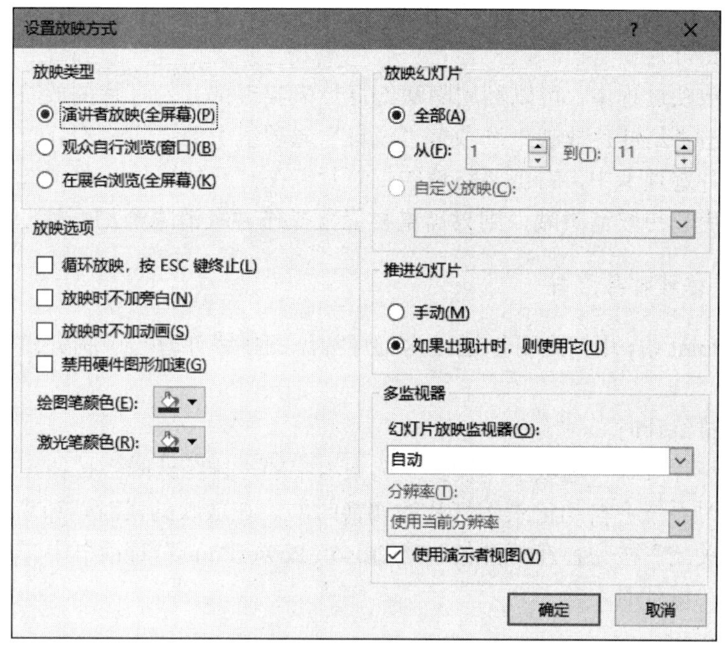

图 8-37　“设置放映方式”对话框

（2）自定义放映

使用自定义放映功能可根据需要将现有演示文稿中的幻灯片进行分组，从而产生满足不同场合需要的演示文稿版本。

1）创建自定义放映。单击“幻灯片放映”选项卡“开始放映幻灯片”选项组中“自定义幻灯片放映”下拉按钮，在下拉列表中选择“自定义放映”选项，在打开的“自定义放映”对话框中，单击“新建”按钮，打开如图 8-38 所示的“定义自定义放映”对话框。在该对话框中可添加需要放映的多张幻灯片，还可以调整放映顺序等；在“幻灯片放映名称”文本框中输入自定义的放映名称后，单击“确定”按钮即可。

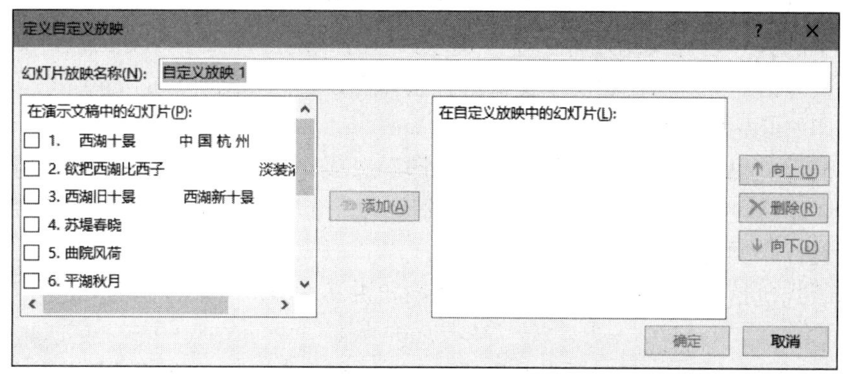

图 8-38　“定义自定义放映”对话框

2）编辑和删除自定义放映。重新打开“自定义放映”对话框，选中需要操作的自定义放映，单击右侧“编辑”按钮，打开“定义自定义放映”对话框，可对创建的自定义放映进行重新编辑；若单击右侧“删除”按钮，则可删除选中的自定义放映。

（3）隐藏幻灯片

在自定义放映过程中，可以利用隐藏幻灯片来实现部分幻灯片的放映。选中要隐藏的幻灯片，单击“幻灯片放映”选项卡“设置”选项组中的“隐藏幻灯片”按钮；或在左侧窗格幻灯片选项卡中，右击要隐藏的幻灯片，在打开的快捷菜单中选择“隐藏幻灯片”选项。若用户想取消隐藏，则只需重复以上操作并取消隐藏幻灯片即可。

3. 添加排练计时与旁白

在 PowerPoint 中，用户还可以通过为幻灯片添加排练计时与录制旁白来完善幻灯片的功能。

（1）设置排练计时

单击“幻灯片放映”选项卡“设置”选项组中的“排练计时”按钮，切换到幻灯片放映视图，此时系统会自动记录幻灯片的切换时间。在放映结束时，或者单击“录制”工具栏中的“关闭”按钮，在打开的“Microsoft PowerPoint”对话框中，单击“是”按钮，即可保存排练计时。

（2）录制旁白

单击“幻灯片放映”选项卡“设置”选项组中的“录制”下拉按钮，在下拉列表中选择“从当前幻灯片开始”或“从头开始”选项，在打开的“录制幻灯片演示”对话框中单击“开始录制”按钮，进入录制界面。单击录制界面左上角的“录制”按钮进行录制，当录制结束返回普通视图后，可看到每张幻灯片右下角添加了一个小喇叭图标。用户可以单击“播放/暂停”按钮预览插入的旁白效果。

四、演示文稿的输出

输出演示文稿是将演示文稿打印到纸张中。在 PowerPoint 2019 中，可以将演示文稿输出为图片或幻灯片放映等多种形式。

用户可以单击“设计”选项卡“自定义”选项组中的“幻灯片大小”下拉按钮，在下拉列表中选择“自定义幻灯片大小”选项，打开“幻灯片大小”对话框，如图 8-39 所示。在该对话框中对当前的演示文稿进行整体性设置，如幻灯片的高度和宽度、页面方向和打印的起始幻灯片等。

打印演示文稿可以选择“文件”→“打印”选项，在“打印”窗格中可设置打印的份数、幻灯片打印的页码范围；选择“整页幻灯片”选项可设置打印版式，选择“颜色”选项可设置打印颜色等。

打印版式包括整页幻灯片、备注页、大纲和讲义，用户可以根据需要进行选择。具体如下。

1）整页幻灯片。使用该版式每页打印一张幻灯片，打印出来的效果与幻灯片窗格中显示的一样。

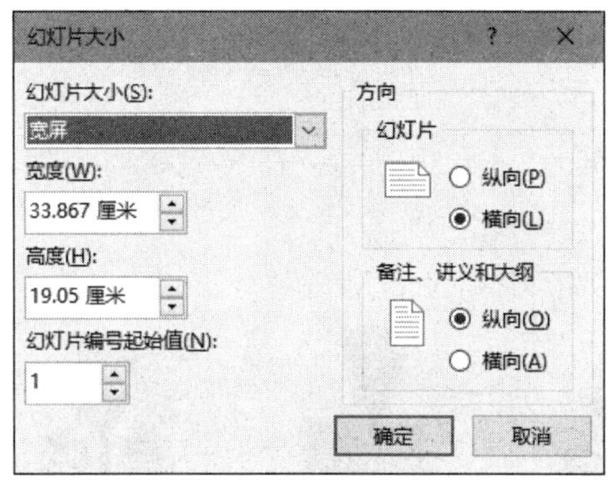

图 8-39 “幻灯片大小”对话框

2）备注页。使用该版式在打印幻灯片时，同时打印备注。

3）大纲。使用该版式可以打印出所有文本或仅打印幻灯片标题。

4）讲义。使用该版式可将多张幻灯片打印在一页上。

如果要在打印页面中添加页眉和页脚，则可单击“打印”窗格底部的“编辑页眉和页脚”链接，在打开的“页眉和页脚”对话框中选择“备注和讲义”选项卡，然后输入具体的页眉和页脚，单击“全部应用”按钮即可。

项目实施——制作工作汇报总结展示效果

合理的动态展示能让整个演示文稿的展示更加流畅自然，产生锦上添花的效果。在 PowerPoint 中，元素的动态展示主要有两种方式：切换效果和动画效果。以下将为“工作汇报总结.pptx”内容页添加一定的动态展示效果，如图片出现的平滑切换动画效果、文字的延迟出现效果；幻灯片页面间的切换效果及整体的输出设置效果等。

1. 设置图片平滑切换动画效果

启动 PowerPoint 2019，打开“工作汇报总结.pptx”文件，以“团队建设”内容页为例设置动画效果，如图 8-40 所示。

对该页上的 3 幅图片（从左到右分别为图 1、图 2、图 3）分别设置动画效果为自右侧“飞入”；为避免同时飞入的杂乱感，对图 2 和图 3 分别设置适当的延迟时间，如 0.5 秒；考虑对图 2 做特别强调，因此可再为该对象添加一个动画效果，如脉冲。其余可根据个人需求做合理的设置和调整，完成后自行预览展示效果。

2. 设置文字延迟飞入效果

文字是幻灯片页面中的基本元素，在 PowerPoint 中针对文字有特殊的一种动画效果，即文本框动画。以封面页为例，设置标题文字的延迟飞入效果，如图 8-41 所示。

图 8-40　设置“团队建设”动画效果

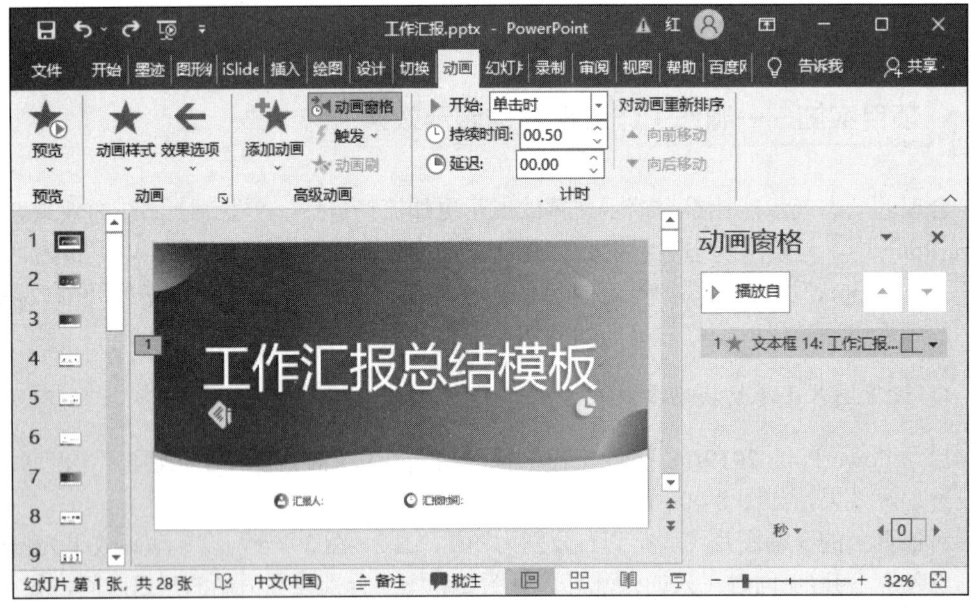

图 8-41　设置“封面页”文字动画效果

选中标题文字，设置其动画效果为自右侧“飞入”；打开“动画窗格”，单击该动画效果下拉按钮，在下拉列表中选择“效果选项”选项，打开如图 8-42 所示的“飞入”对话框，在“效果”选项卡“增强”选项组中选择“动画文本”为“按字母顺序”，并设置字母间合适的延迟时间，如 50%。可根据个人需求调整具体参数，完成后自行预览展示效果。

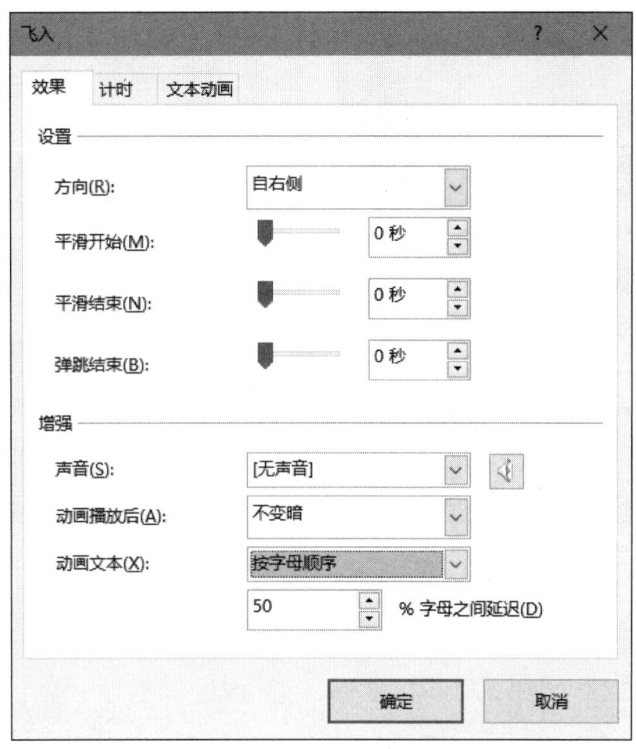

图 8-42 “飞入”动画设置对话框

3. 设置幻灯片切换效果

切换是页与页之间过渡时的动态效果，一般根据主题和情景来选择合适的切换效果，重在多试用、多体会。

设置目录版式页的切换效果为水平“随机线条”；设置副标题版式页的切换效果为“立方体”；设置内容版式页的切换效果为“揭开”；设置结束版式页的切换效果为“淡入/淡出”。

4. 设置演示文稿的输出

设置整个演示文稿的高度为20cm，并确保大小合适。

能力拓展——制作毕业论文答辩的演示文稿

◆ 任务要求

制作一个用于毕业论文答辩的演示文稿，巩固前期对母版设计的学习，辅以合适的页面设计及图片选取，为不同的页面元素添加适当的动画效果；添加恰当的页间切换效果，并结合超链接和动作按钮实现演示过程的流畅展现，效果如图 8-43 所示。

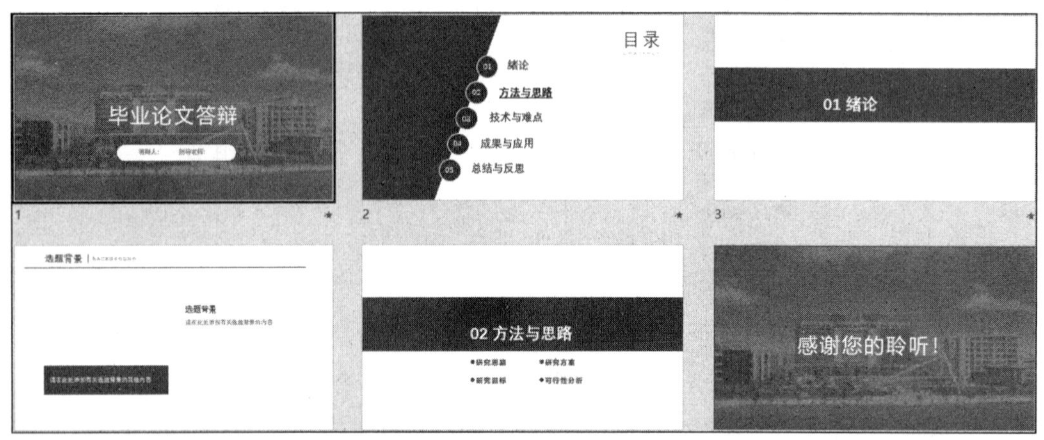

图 8-43 “毕业论文答辩”演示文稿效果

◆ 任务实施

1. 新建演示文稿

新建一个空白演示文稿，将演示文稿保存为“毕业论文答辩.pptx”。

2. 制作母版幻灯片

为第一张幻灯片添加背景图“校园.jpg”，将其裁切至合适的大小。为该背景图覆盖一个矩形，设置填充色为“深青”“30%透明度”。在该幻灯片标题占位符里输入提示性文本“毕业论文答辩”，设置字体为“微软雅黑”、字号为“54”。同法制作副标题占位符，参考效果图输入提示性文本。在副标题下方插入一个形状“圆角矩形”，用白色填充，并调整其整体大小及圆角大小。注意调整元素图层间的层次关系。最后将该页母版幻灯片重命名为“封面页”。

3. 设置版式

参考“封面页”版式的设计，自行完成效果图中其余幻灯片的版式设计，如“目录页”“副标题页”“内容页”“结束页”。

4. 设置动画

设置封面页标题文本“毕业论文答辩”的进入动画为自右侧“飞入”，同时设置动画文本“按字母顺序”出现的字母间延迟为“20%”。

设置目录页动画。设置文字“目录”动画效果为“劈裂”。为编号 01 的组合形状设置自左侧“飞入”效果，自“上一动画之后”开始，持续时间为“0.5 秒”。设置文字“绪论”动画效果为“自右侧飞入”，也是自“上一动画之后”开始，持续时间为“0.5 秒”。同样，利用动画刷效仿“01 绪论”幻灯片动画效果，完成 02～05 各目录页的动画效果设置，注意合理调整动画顺序。

5. 添加超链接

为目录中的文本“方法与思路”创建超链接，将其链接至第 5 张幻灯片；设置未访问的超链接颜色为蓝色，设置已访问的超链接颜色为紫色。

6. 添加动作按钮

在第 4 张幻灯片中的合适位置上创建一个“后退或前一项”动作按钮，并将其链接至第 2 张幻灯片。

7. 设置幻灯片切换

设置第 3 张及第 5 张幻灯片的切换效果为“揭开”。

8. 设置幻灯片放映

在幻灯片放映结束时，取消以黑屏幻灯片结束的效果。

评价反馈

自评表

序号	评价内容	评价标准	自评分数	教师评分
1	版式及相关的格式化操作	能在母版中进行幻灯片的设计及版式的应用，能够进行字体、项目符号等的设置		
2	形状与图片的基本处理操作	会进行插入形状、图片及处理相关细节的操作		
3	演示文稿的动画效果	会灵活使用网页元素动画效果		
4	演示文稿切换效果	会灵活运用幻灯片切换效果		
5	演示文稿中的超链接与动作按钮	会灵活运用超链接及制作动作按钮		
6	演示文稿的放映	能够合理设置幻灯片的放映		
考核评价	总分（第 3、第 6 项评价内容为 20 分，其余各项评价内容为 15 分，满分 100 分）			
	指导教师评语			

模块测试

□ 请扫描二维码，进行本模块学习内容的自我测评。

参 考 文 献

方风波，钱亮，杨利，2021．信息技术基础（微课版）[M]．北京：中国铁道出版社．

莫新平，吕学芳，姚晓艳，2020．大学信息技术项目教程（微课+活页版）[M]．北京：清华大学出版社．

宋益众，金信苗，2018．计算机应用基础[M]．北京：科学出版社．